普通高等教育人工智能与机器人工程专业系列教材

机器人操作系统基础

何　苗　马晓敏　陈晓红　编著

机械工业出版社

当前，机器人操作系统（Robot Operating System，ROS）已成为机器人研发领域的主流通用软件平台和事实标准。本书较为系统地介绍了 ROS 的基本概念及开发方法，提供了大量的实例代码和具体的实验，能够帮助 ROS 零基础读者了解并快速走上 ROS 的开发实践之路。本书共 10 章，分别为 ROS 概述、Ubuntu 系统基础、Python 语言基础、ROS 架构与体系、ROS 编程基础、机器人传感系统、机器人视觉系统、机器人建模与仿真、ROS 综合实例以及 ROS 实验。

本书可作为高等院校机器人工程或机电、自动化、计算机等相近专业的本科生教材，也可作为相关专业的研究生参考教材，还可供其他类型院校相关专业师生、工程技术人员及自学者参考。

本书配有电子课件和源代码，欢迎选用本书作教材的老师登录 www. cmpedu. com 注册下载，或发 jinacmp@ 163. com 索取。

图书在版编目（CIP）数据

机器人操作系统基础/何苗，马晓敏，陈晓红编著. —北京：机械工业出版社，2022. 3（2024. 7 重印）
普通高等教育人工智能与机器人工程专业系列教材
ISBN 978-7-111-70114-9

Ⅰ. ①机… Ⅱ. ①何…②马…③陈… Ⅲ. ①机器人-操作系统-程序设计-高等学校-教材 Ⅳ. ①TP242

中国版本图书馆 CIP 数据核字（2022）第 017729 号

机械工业出版社（北京市百万庄大街 22 号 邮政编码 100037）
策划编辑：吉 玲 责任编辑：吉 玲 侯 颖
责任校对：陈 越 王明欣 封面设计：张 静
责任印制：邓 博
北京盛通数码印刷有限公司印刷
2024 年 7 月第 1 版第 5 次印刷
184mm×260mm · 15 印张 · 376 千字
标准书号：ISBN 978-7-111-70114-9
定价：49. 00 元

电话服务
客服电话：010-88361066
010-88379833
010-68326294

网络服务
机 工 官 网：www. cmpbook. com
机 工 官 博：weibo. com/cmp1952
金 书 网：www. golden-book. com
机工教育服务网：www. cmpedu. com

前　言

随着机器人技术的快速发展，越来越丰富与复杂的机器人本体及硬件（如控制器、传感器、驱动器等）对机器人系统的研发提出了巨大挑战，特别是对机器人软件系统的代码复用和模块化需求日益强烈。

从2007年，机器人操作系统（Robot Operating System，ROS）在斯坦福大学诞生以来，它便得到了广大机器人研发人员的广泛关注。ROS是各类智能机器人的基础性运行与软件开发平台。ROS不仅提供了硬件抽象描述、底层设备控制、常用功能实现、进程间消息传递，以及程序包管理等机器人运行的支撑功能，还集成了大量用于获取、编辑、编译代码以及跨计算机运行程序所需的工具、库函数和协议，从而简化了在各种机器人平台上实现复杂而健壮的机器人行为的过程，为机器人研究和开发提供了代码复用和模块化的支持。从2010年1.0版本发布以来，ROS已成为机器人研发领域的主流通用软件平台和事实标准。

作为一本面向ROS零基础读者的入门教材，本书重点介绍了ROS的总体框架和编程方法。同时，对ROS开发常用工具（如三维可视化工具RViz、可视化调试工具rqt、三维仿真工具Gazebo等）和常用功能包（如机器人视觉、机械臂控制、SLAM（同步定位与地图构建制等）的使用方法进行了讲解，提供了具体的实验课程方案，可以有效帮助初学者快速理解ROS的基本概念并开展具体的实践，从而为后续从事机器人技术研发工作奠定基础。

本书共10章，可以分为4部分。第1部分为ROS开发的知识基础（第1~3章），主要介绍学习ROS之前所应掌握的知识基础，包括ROS概述、Ubuntu系统的基本概念和具体使用方法，一定的面向对象编程知识（以Python为例），以及ROS开发环境的搭建。第2部分为ROS开发的编程基础（第4、5章），主要介绍ROS中的关键概念和系统架构，并且以工作空间和功能包、话题通信机制、服务通信机制为核心介绍ROS程序的开发方法。第3部分为ROS常用功能包和开发工具的使用方法（第6~9章），包括机器人建模与仿真工具、机器人传感器、机器人视觉等，涉及移动机器人、机械臂控制、SLAM等应用领域。第4部分为ROS实验（第10章），主要为前述理论内容结合具体的实验设备可开展的实验，此部分内容重在提升读者的实践动手能力，实现理论学习与实际应用相结合。

在本书的编写过程中，得到了编者所带研究生及重庆安尼森智能科技有限公司周诗宇的鼎力相助，他们为本书的资料收集、图形绘制和实验验证做了大量工作，在此深表感谢。

本书由重庆理工大学何苗（第1~3、8、9章）、西安工程大学马晓敏（第4~7章）、重庆大学陈晓红（第10章）共同编写。

由于编者水平有限，书中难免存在缺点和不足，恳请广大读者批评指正。

编者

目　录

第1章 ROS概述

导读

本章从ROS的起源开始，简要介绍ROS的发展背景、历程、特点和趋势，以帮助读者能够对ROS的概况有一个初步的了解。同时，本章也简要介绍一下ROS应用及开发环境的安装方法，从而带领读者正式走上ROS的开发实践之路。

1.1 ROS简介

1.1.1 ROS的产生背景

机器人所具备的感知、规划、动作和协同等能力不仅来源于其机械本体和硬件组成（核心控制器、传感器、驱动器、通信接口等），更来源于运行在其特定硬件平台之上的软件系统。机器人软件操作系统不仅能够实现机器人运动位置控制、姿态轨迹规划、操作顺序管理、人机交互及多机协同等功能，而且还能够支持机器人软件与系统的仿真、开发、测试与验证等环节。

随着机器人技术的快速发展，机器人平台与硬件设备越来越丰富，也越来越复杂。不同厂商的产品可能拥有各自不同的软件系统，厂商往往只提供了固定的操作方式和有限的编程接口来供用户使用。对于机器人开发者来说，基于这些产品做进一步研发，不仅会受到诸多限制，而且还需要不断重新开发不少共性功能，如坐标变换、模块间通信等。这就导致了时间的浪费和资源的分散，使得开发者无法全身心投入到更有意义和价值的技术研发中。同时，机器人软件操作系统开发本身也存在很多共性问题，如易用性、开发效率、跨平台、多编程语言、分布式部署、代码可重用等。这些问题导致机器人软件系统的代码复用和模块化需求越来越强烈，从而对机器人软件操作系统的开发提出了巨大挑战。

为此，全球各地的开发者和研究机构纷纷投入到机器人通用软件框架的研发工作中，产生了多种优秀的机器人软件框架，如Player、YARP、OROCOS、Carmen、Orca、MOOS和Microsoft Robotics Studio等。其中，最优秀的软件框架之一就是机器人操作系统（Robot Operating System，ROS）。

ROS是一个适用于机器人的开源操作系统（Meta - operating System）。它提供了类似计算机操作系统所提供的功能，如硬件抽象描述、底层设备控制、常用功能实现、进程间消息传递以及程序包管理等。此外，它还集成了大量用于获取、编辑、编译代码以及跨计算机运行程序所需的工具、库函数和协议，从而简化了在各种机器人平台上实现复杂而健壮的机器人行为的过程。

ROS 的主要设计目标是为机器人研究和开发提供代码复用的支持。为此，ROS 采用了一种分布式架构，使得框架中的每个功能模块都可以被独立地设计和编译，并在运行时以松散耦合的方式组合起来。同时，ROS 中的功能模块可以按照功能包和功能包集的方式分组，因而可以更容易地共享和发布。ROS 还支持代码库的联合系统，使得协作亦能被分发。

1.1.2 ROS 的发展历程

ROS 起源于 2007 年斯坦福大学人工智能实验室的 STAIR 项目与机器人技术公司 Willow Garage 的个人机器人项目（Personal Robotics Program）之间的合作，2008 年之后，改由 Willow Garage 来进行推动。随着该项目研发的 PR2 机器人在 ROS 框架基础上实现了打台球、插插座、叠衣服、做早饭等不可思议的功能（如图 1-1 所示），ROS 也得到越来越多的关注。2010 年，Willow Garage 正式以开放源代码的形式发布了 ROS 框架，很快就在机器人研究领域掀起了学习与应用 ROS 的热潮。2012 年，Willow Garage 将 ROS 交由一家新成立的非营利性机构——开源机器人基金会（Open Source Robotics Foundation，OSRF）来维护，旨在通过接受个人、公司和政府的赞助，独立地推动 ROS 以开源的方式发展。

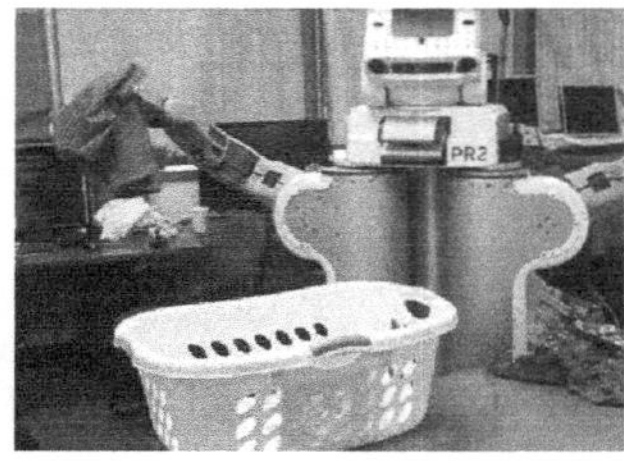

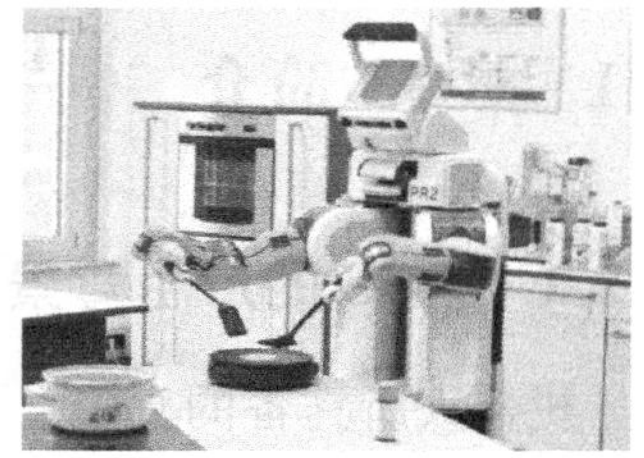

图 1-1 PR2 机器人的主要应用

自 OSRF 接管 ROS 的开发以来，每年都会发布一个新版本，相关信息见表 1-1。在短短的几年时间里，ROS 得到了广泛的应用，各大机器人平台几乎都支持 ROS 框架，如 Pioneer、TurtleBot、Aldebaran Nao、Softbank Pepper、UR、Shadow Hand、Lego NXT、AscTec Quadrotor 等，其范围涵盖了移动机器人、人形机器人、机械臂、无人飞行器等热点领域。NASA（美国国家航空航天局）甚至还开发了第一个在太空中运行 ROS 的机器人 Robotnaut 2，帮助宇航员维护和修理国际空间站。另外，OSRF 还在多个国家组织了 ROS 开发者论坛，出版了大量 ROS 书籍，并启动了许多教育培训计划。与此同时，国内机器人领域也掀起了研究和应用 ROS 的浪潮。不少高校、科研院所和高新企业已经在 ROS 的集成方面取得了显著成果，如百度 Apollo 汽车、优必选机器人、大疆无人机等。

表 1-1 ROS 发布版本的相关信息

发行版本	发布日期	停更日期	适用平台	支持语言
ROS Box Turtle	2010. 3	废弃	Ubuntu Hardy（8. 04 LTS） Ubuntu Intrepid（8. 10） Ubuntu Jaunty（9. 04） Ubuntu Karmic（9. 10）	C + + 03 Boost 1. 37 Lisp SBCL 1. 0. 38 Python 2. 5
ROS C Turtle	2010. 8	废弃	Ubuntu Jaunty（9. 04） Ubuntu Karmic（9. 10） Ubuntu Lucid（10. 04 LTS） Ubuntu Maverick（10. 10）	C + + 03 Boost 1. 37 Lisp SBCL 1. 0. 38 Python 2. 5

（续）

发行版本	发布日期	停更日期	适用平台	支持语言
ROS Diamondback	2011. 3	废弃	Ubuntu Lucid（10. 04 LTS） Ubuntu Maverick（10. 10） Ubuntu Natty（11. 04）	C + + 03 Boost 1. 40 Lisp SBCL 1. 0. 38 Python 2. 6
ROS Electric Emys	2011. 8	废弃	Ubuntu Lucid（10. 04 LTS） Ubuntu Maverick（10. 10） Ubuntu Natty（11. 04） Ubuntu Oneiric（11. 10）	C + + 03 Boost 1. 40 Lisp SBCL 1. 0. x Python 2. 6
ROS Fuerte Turtle	2012. 4	废弃	Ubuntu Lucid（10. 04 LTS） Ubuntu Oneiric（11. 10） Ubuntu Precise（12. 04 LTS）	C + + 03 Boost 1. 40 Lisp SBCL 1. 0. x Python 2. 6
ROS Groovy Galapagos	2012. 12	2014. 7	Ubuntu Oneiric（11. 10） Ubuntu Precise（12. 04 LTS） Ubuntu Quantal（12. 10）	C + + 03 Boost 1. 46 Lisp SBCL 1. 0. x Python 2. 7
ROS Hydro Medusa	2013. 9	2015. 5	Ubuntu Precise（12. 04 LTS） Ubuntu Quantal（12. 10） Ubuntu Raring（13. 04）	C + + 03 Boost 1. 48 Lisp SBCL 1. 0. x Python 2. 7
ROS Indigo Igloo	2014. 7	2019. 4 （Trusty EOL）	Ubuntu Saucy（13. 10） Ubuntu Trusty（14. 04 LTS）	C + +03 Boost 1. 53 Lisp SBCL 1. 0. x Python 2. 7
ROS Jade Turtle	2015. 5	2017. 5	Ubuntu Trusty（14. 04） Ubuntu Utopic（14. 10） Ubuntu Vivid（15. 04）	C + + 03 Boost 1. 54 Lisp SBCL 1. 1. 14 Python 2. 7
ROS Kinetic Kame	2016. 5	2021. 4 （Xenial EOL）	Ubuntu Wily（15. 10） Ubuntu Xenial（16. 04）	C + + 11 Boost 1. 55 Lisp SBCL 1. 2. 4 Python 2. 7
ROS Lunar Loggerhead	2017. 5	2019. 5	Ubuntu Xenial（16. 04） Ubuntu Yakkety（16. 10） Ubuntu Zesty（17. 04）	C + + 11 Python 2. 7 Lisp SBCL 1. 2. 4
ROS Melodic Morenia	2018. 5	2023. 5 （Bionic EOL）	Ubuntu Artful（17. 10） Ubuntu Bionic（18. 04）	C + + 14 Python 2. 7 Lisp SBCL 1. 3. 14

如今，国内外使用ROS框架开发的机器人已多达上百种，大部分常见传感器在ROS上也得到了较好的支持，基于ROS开发的功能包更是呈指数级增长，涵盖了模拟仿真、硬件驱动、环境感知、运动控制、定位导航、视觉识别等各个方面。同时，这些成果也在不断地反哺ROS社区，促进了开源社区的繁荣发展。从2010年发布1.0版本以来，ROS已成为机器人领域的事实标准。它拥有最丰富的机器人功能库，非常便于机器人软件框架的组织和快速搭建原型。因此，ROS也是最适合用于教学的机器人开发平台。

1.1.3 ROS的构成和特点

ROS的宗旨在于构建一个能够整合不同研究成果，实现算法发布、代码重用的通用机器人软件平台。其核心虽然是通信机制，但如今实际上是由四个部分组成，分别是通信机制、开发工具、应用功能和生态系统，如图1-2所示。

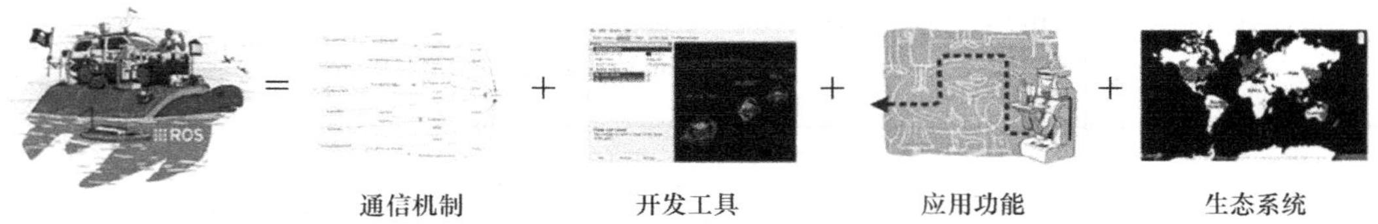

图1-2　ROS的基本组成

ROS采用了基于TCP/IP的分布式通信机制，来实现模块间点对点的松散耦合连接，从而可以执行多种类型的通信，如基于服务（Service）的同步RPC通信、基于主题（Topic）的异步数据流通信及用于数据存储的参数服务器等。

ROS集成了丰富的开发工具，常见的有三维可视化工具RViz，命令行工具rostopic、rosservice、rosnode、rosparam等，轻量化可视化工具rqt_graph（显示计算图）、rqt_bag（显示数据包）、rqt_plot（绘制数据曲线）等，编译和测试工具catkin、gtest等，第三方工具Gazebo、MATLAB、Qt Creator、SolidWorks等。

ROS涵盖了底层驱动、上层功能、控制模块、常用组件等四类功能。ROS中提供了很多常用硬件的驱动功能包，如摄像头、伺服电动机等；提供了SLAM、导航、定位、图像处理、机械臂控制等众多机器人常用的上层功能；提供了一个控制框架ros_control，以及针对不同类型机器人（移动机器人、机械臂等）的常用控制器ros_controllers；也提供了一些常用组件，如TF（坐标运算的数学库）、URDF（机器人建模工具）和Message等。

ROS拥有一个庞大的开源社区，这奠定了ROS生态系统的基础，可以提供从硬件到软件、从框架到功能、从驱动到应用的全方位机器人技术。随着众多机器人基础工具和应用功能的不断融入、全球范围内众多开发者的持续支持、第三方开源软件的逐渐吸收，使得ROS生态系统中的各部分协调统一、相互促进、共同成长，成为一个整体，形成了目前最大的机器人知识库。

从总体上看，ROS具有如下几个特点：

1. 点对点设计

ROS将每个工作进程都看作一个节点，使用节点管理器进行统一管理，并提供了一套消息传递机制。这些节点可以运行在任意具备网络连接的主机上，从而实现分布式计算。这种点对点的设计可以分散由定位、导航、视觉识别、语音识别等功能带来的实时计算压力，适应多机器人的协同工作。

2. 多语言支持

ROS 不依赖特定的编程语言，它目前已经支持 C + + 、Python、Lisp、Octave、Java 等多种现代编程语言。为了支持多语言编程，ROS 使用了一种独立于编程语言的接口定义语言（Interface Definition Language，IDL）来描述模块之间的消息接口，并且实现了多种编程语言对 IDL 的封装，从而使得开发者可以同时使用多种编程语言来完成不同模块的开发。

3. 精简与集成

ROS 框架具有的模块化特点使得每个功能模块代码可以单独编译，并且使用统一的消息接口让模块的移植和复用更加便捷。同时，ROS 开源社区中集成了大量已有开源项目中的代码。例如，从 Player 项目中借鉴了驱动、运动控制和仿真方面的代码，从 OpenCV 中借鉴了视觉算法方面的代码，从 OpenRAVE 中借鉴了规划算法方面的代码。开发者可以利用这些资源实现机器人应用的快速开发。

4. 开源且免费

ROS 所有的源代码全部公开发布，从而极大地促进了 ROS 框架各层次错误更正的效率。同时，ROS 遵循 BSD 协议，给使用者较大的自由，允许个人修改和发布新的应用，甚至可以进行商业化开发和销售。这就使得 ROS 拥有了强大的生命力。在短短的几年内，ROS 软件包的数量呈指数级增长，从而大大加速了机器人应用的开发。

1.1.4 ROS 的发展趋势

作为一个开放源代码软件系统，ROS 构建了一个能够整合不同研究成果，实现算法发布、代码重用的机器人软件平台，解决了机器人技术研发中大量的共性问题，但它依然存在很多缺陷与不足，例如，ROS 中没有构建多机器人系统的标准方法，ROS 无法在 Windows、macOS 等系统上应用或功能受限，ROS 缺少实时性方面的设计，ROS 系统整体运行效率低等。总的来说，ROS 的稳定性欠佳，从而导致机器人技术研发从原型样机到最终产品的产品化过程非常艰难。

为此，在 ROSCon 2014 年会上，OSRF（开源机器人基金会）正式发布了新一代的 ROS 设计架构（Next - generation ROS：Building on DDS），即 ROS 2；并在 2015 年 8 月发布了 ROS 2 的 Alpha 版本，2016 年 12 月发布了 Beta 版。随后，OSRF 于 2017 年 12 月发布了 ROS 2 的第一个发行版本 Ardent Apalone，从而开创了下一代 ROS 开发的新纪元。截至 2021 年 6 月，最新版为 2020 年 6 月发布的 ROS 2 Foxy Fitzroy。

相比之前的 ROS，ROS 2 的改进主要是采用了 DDS（数据分发服务）这个工业级的中间件来负责可靠通信、通信节点动态发现，并用共享内存的方式使得通信效率更高，从而让 ROS 更符合工业级的运行标准。ROS 2 是 ROS 的功能扩展和性能优化，其设计目标主要体现在以下几个方面：

1）支持多机器人系统，包括不可靠的网络。

2）消除原型样机和最终产品之间的鸿沟。

3）可以运行在小型嵌入式平台上。

4）支持实时控制。

5）提供跨系统平台支持。

总体来看，目前 ROS 2 还处于发展阶段，机器人技术研发仍然建议以 ROS 为主。但是随着人工智能和机器人技术的不断发展，在未来，ROS 扮演的角色会更加重要，ROS 2 所占据的比例也将会越来越大。

1.2 ROS 的安装

1.2.1 操作系统与 ROS 版本的选择

ROS 目前主要支持 Ubuntu 系统，同时也可以在 Debian、OS X、Android、Arch 等系统上运行。虽然 ROS 在同一时期提供了多个版本，但本书建议读者选择 ROS 的长期支持版本作为学习验证版本。本书选择 2016 年发布的拥有众多学习资源的 ROS Kinetic Kame 以及与之适应的 Ubuntu 16.04 来搭建应用实践环境。由于后续安装环节将在 Ubuntu 上进行，如缺少 Ubuntu 基础的读者，可以直接先学习第 2 章的内容。在具备一定的 Ubuntu 操作基础之后，再来学习 ROS 的安装。

1.2.2 安装及 ROS 环境配置

ROS 有两种安装方式，即软件源安装和源码编译安装。软件源（Repository）包含了大量专门为 Ubuntu 构建的可用软件包，只需通过简单的命令即可从软件源中找到并完成下载和安装。源码编译的方法则相对复杂，需要手动解决复杂的软件依赖关系，更适合那些对系统比较熟悉而且希望在未支持的平台上安装 ROS 的开发者。本节主要介绍 ROS 的软件源安装方法。

1. 配置 Ubuntu 系统软件源

Ubuntu 的软件源分为四个类别，每个类别对应不同的等级，包括软件开发团队对某个程序的支持程度以及该程序与自由软件观念的符合程度。安装 ROS 时首先要配置 Ubuntu 允许 Restricted（设备专用驱动程序）、Universe（社区维护的免费开源软件）和 Multiverse（受版权或法律问题限制的软件）等软件源。这些可通过 Ubuntu 软件中心的软件源配置界面进行设置。

2. 添加 ROS 软件源

source.list 是 Ubuntu 系统中保存软件源地址的文件。安装前需要将 ROS 软件源地址添加到 source.list 文件中，以确保后续安装可以准确找到 ROS 相关软件的下载地址。

在 Ubuntu 终端中输入如下命令，即可添加 ROS 官方（packages.ros.org）的软件源：

```
$ sudo sh -c'echo "deb http://packages.ros.org/ros/ubuntu $(lsb_release -sc) main" > /
etc/apt/sources.list.d/ros-latest.list'
```

为提高下载速度，也可以使用任意一种国内镜像源，例如：

1）中国科学技术大学（USTC）镜像源。

```
$ sudo sh -c'./etc/lsb-release && echo "deb http://mirrors.ustc.edu.cn/ros/ubuntu/
$DISTRIB_CODENAME main" >/etc/apt/sources.list.d/ros-latest.list'
```

2）清华大学镜像源。

```
$ sudo sh -c'./etc/lsb-release && echo "deb http://mirrors.tuna.tsinghua.edu.cn/ros/
ubuntu/
$DISTRIB_CODENAME main" >/etc/apt/sources.list.d/ros-latest.list'
```

3. 添加密钥

在 Ubuntu 系统中，每个发布的 Debian（Ubuntu 系统专属安装包格式）软件包都是通过密钥认证的，因此，需要通过 apt - key 将从 ROS 软件源下载软件包的密钥添加到系统中。具体命令如下：

```
$ sudo apt - key adv - - keyserver'hkp://keyserver. ubuntu. com:80' - - recv - key
C1CF6E31E6BADE8868B172B4F42ED6FBAB17C654
```

4. 安装 ROS

安装之前输入如下命令，以确保能够从源中获取最新的软件包：

```
$ sudo apt - get update
```

ROS 中集成了大量的功能包、函数库和工具。所以，ROS 官方为用户提供了四种默认配置。

1）桌面完整版安装（Desktop - Full）：推荐安装。本版本包括了 ROS 基础功能（核心功能包、构建工具和通信机制）和机器人通用函数库、功能包（2D/3D 感知功能、机器人地图建模、自主导航等）以及各类工具（RViz 可视化工具、Gazebo 仿真环境、rqt 工具箱等）。

```
$ sudo apt - get install ros - kinetic - desktop - full
```

2）桌面版安装（Desktop）：该版本是完整版的精简版，仅包含 ROS 基础功能、机器人通用函数库、rqt 工具箱和 RViz 可视化工具。

```
$ sudo apt - get install ros - kinetic - desktop
```

3）基础版安装（ROS - base）：基础版仅保留了没有任何 GUI 的 ROS 基础功能。因此，该版本所需空间最小，非常适合嵌入式系统的使用。

```
$ sudo apt - get install ros - kinetic - ros - base
```

4）独立功能包安装（Individual Package）：主要用于后期使用中根据需求单独安装特定的 ROS 功能包。

```
$ sudo apt - get install ros - kinetic - PACKAGE
```

上述命令中的 PACKAGE 代表需要安装的功能包名，如安装机器人 SLAM 地图建模 gmapping 功能包时，可使用如下命令：

```
$ sudo apt - get install ros - kinetic - slam - gmapping
```

如要查找可用的包，可使用如下命令：

```
$ apt - cache search ros - kinetic
```

5. 初始化 rosdep

rosdep 的主要功能是为要编译的某些源代码安装系统依赖，同时也是某些 ROS 核心功能组件所必须用到的工具。因此，在使用 ROS 之前，需要初始化 rosdep。安装完成后需使用如下命令初始化 rosdep。初始化完成之后 ROS 系统就已经成功安装到计算机中，并且可以开始后续的开发工作了。

```
$ sudo rosdep init
$ rosdep update
```

6. 设置环境变量

ROS 需要依据一些环境变量来定位文件，以方便每次打开终端（Ubuntu 默认使用的终端是 bash）时找到命令所在的位置。因此在运行 ROS 之前，还需要使用以下命令执行 ROS 提供的脚本 setup. bash，来对环境变量进行简单的设置：

```
$ echo "source /opt/ros/kinetic/setup. bash" > > ~/. bashrc
$ source ~/. bashrc
```

如果使用的终端是 zsh，则需要运行以下命令进行设置：

```
$ echo "source /opt/ros/kinetic/setup. zsh" > > ~/. zshrc
$ source ~/. zshrc
```

如果安装了多个 ROS 版本，~/. bashrc 命令只会执行当前正在运行的 ROS 版本中的 setup. bash 文件。

如果希望改变当前终端所使用的环境变量，可输入以下命令：

```
$ source /opt/ros/ROS - RELEASE/setup. bash
```

其中，ROS - RELEASE 代表希望使用的 ROS 版本（如 melodic、lunar、kinetic、indigo 等）。

7. 安装相关依赖包

为了创建和管理自己的 ROS 工作区，可以使用各种各样的工具，如 rosinstall 就是一个经常使用的命令行工具，它可以方便地通过一条命令就轻松下载和安装 ROS 中的功能包程序。为便于后续开发，在 Ubuntu 上可通过如下命令安装这个工具：

```
$ sudo apt - get install python - rosdep python - rosinstall python - rosinstall - generator python - wstool
build - essential
```

8. 注意事项

ROS 的安装对于初学者来说是入门的第一道门槛。对 Ubuntu 系统操作方式不熟悉、网络不好、硬件条件较差等原因都会造成安装的失败。其中，在执行 rosdep 命令进行 ROS 初始化的时候更是特别容易出错。下面为操作时可能会遇到的一些注意事项。

1）若系统之前没有安装 rosdep，则无法执行 rosdep 命令，可使用如下命令先安装 rosdep。

```
$ sudo apt install python - rosdep
```

2）rosdep init 语句执行问题。常见的错误就是无法从 raw. githubusercontent. com 网址下载相应文件。解决方案是找到该网址的正确 IP，然后修改 hosts 文件即可。

3）rosdep update 语句执行问题。常见的错误就是各种“unable to process source”。解决方案是反复执行 rosdep update 语句，或将网络链接更换为手机热点方式。

1.2.3 ROS 测试

为验证 ROS 是否成功安装，可以通过 roscore 命令来测试 ROS 是否可以正常使用：

```
$ roscore
```

详细安装及相关测试步骤可参见第 10.1 节基础实验部分。

本 章 小 结

本章主要介绍 ROS 的产生背景、构成特点、发展历程与趋势等内容，学习了 ROS Kinetic Kame 发行版在 Ubuntu16. 04 系统下的安装方法。通过本章的学习，读者可以从认识 ROS 开始，逐步走上机器人开发实践之路。

本章习题

1-1　ROS 是什么？

1-2　ROS 是由哪几部分构成的？

1-3　ROS 有什么不足？

1-4　ROS 2 的设计目标是什么？

1-5　根据 ROS 安装步骤完成 Ubuntu 上的 ROS 安装。

第2章 Ubuntu系统基础

导读

本章主要介绍了 Ubuntu 系统的发展历程、文件系统、目录结构、常用命令等内容。通过本章的学习，可以让读者对 Ubuntu 系统的基本概念和具体使用方法有一个初步的了解，从而为后续在 Ubuntu 系统上进行 ROS 的开发实践奠定基础。

2.1 Ubuntu 简介

Ubuntu（又称乌班图）是一个由 Canonical 公司打造以桌面应用为主的开源 GNU/Linux 操作系统。它基于 Debian GNU/Linux 开发，支持 x86、AMD64（即 x64）、ARM 和 PPC 等主流架构。Ubuntu 具有操作简单、使用方便、安全性高、更新周期短等优点，被广泛应用于个人计算机、智能手机、服务器、云计算以及智能物联网设备。

Ubuntu 的目标在于为一般用户提供一个最新的、同时又相当稳定的主要由免费开源软件构建而成的操作系统。Ubuntu 强大的命令使得系统的操作更加简单，从而让个人计算机或企业应用变得简单易用。Ubuntu 所有系统相关的任务均需使用 Sudo 指令是它的一大特色，这种方式比传统的以系统管理员账号进行管理工作的方式更为安全。这也是 Linux、UNIX 系统的基本思维之一。

Ubuntu 每六个月发布一个新版，以便人们实时地获取和使用新软件。截至 2021 年 6 月，最新版为 Ubuntu 21.04 Hirsute Hippo。Ubuntu 共有八个长期支持版本（Long Term Support，LTS），分别为：Ubuntu 6.06 Dapper Drake、Ubuntu 8.04 Hardy Heron、Ubuntu 10.04 Lucid Lynx、Ubuntu 12.04 Precise Pangolin、Ubuntu 14.04 Trusty Tahr、Ubuntu 16.04 Xenial Xerus、Ubuntu 18.04 Bionic Beaver 和 Ubuntu 20.04 Focal Fossa。LTS 版一般都有 5 年支持周期。

目前，Ubuntu 的应用从桌面到服务器、从操作系统到嵌入式系统、从零散的应用到整个产业都越来越广泛。特别是在服务器操作系统市场格局中，Ubuntu 占据了越来越多的市场份额，已形成了大规模的应用局面。Ubuntu 主界面如图 2-1 所示。

图 2-1 Ubuntu 主界面

2.2 目录和文件系统

和 Linux 系统一样，Ubuntu 的文件系统被组织成一个有层次的树形结构。文件系统的最上层是/，或称为根目录。在 Linux 的设计理念中，一切皆为文件——包括硬盘、分区和可插拔介质。这就意味着所有其他文件和目录（包括其他硬盘和分区）都位于根目录中。在根（/）目录下，有一组重要的系统目录，在大部分 Linux 发行版里都通用。直接位于根（/）目录下的常见目录及其内容见表 2-1 和图 2-2 所示。

表 2-1 Ubuntu 根目录下常见目录及其内容

目录名	目录内容
/bin	重要的二进制（Binary）应用程序
/boot	启动配置文件
/cdrom	光盘目录，如果插入光盘会出现光盘内容
/dev	设备驱动文件，如鼠标、键盘、硬盘等
/etc	配置文件、启动脚本等
/home	本地用户主目录
/lib	系统库文件，包括各种程序所需的共享动态链接库
/lib64	64 位的系统库文件
/media	挂载可移动介质，如 CD、数字照相机等
/mnt	挂载文件系统，如 U 盘等
/opt	提供一个供可选的应用程序（即第三方应用程序）安装目录，通常 ROS 也是默认安装在 opt 路径下
/proc	特殊的动态目录，用以维护系统信息和状态，包括当前运行中的进程信息
/root	超级管理员 root 的用户主文件夹，超级管理员拥有最高级的权限，能够对系统中几乎所有的文件系统可读/可写/可执行的操作
/run	保存从系统诞生到当前的关于系统信息的文件
/sbin	重要的系统二进制文件，存放系统管理员可执行的命令

（续）

目录名	目录内容
/snap	snap 应用框架的程序文件
/srv	系统存储的服务相关数据
/sys	系统文件，系统中的设备和文件层次结构信息
/tmp	临时文件
/usr	绝大部分所有用户都能访问的应用程序和文件
/var	经常变化的文件，如日志或数据库等

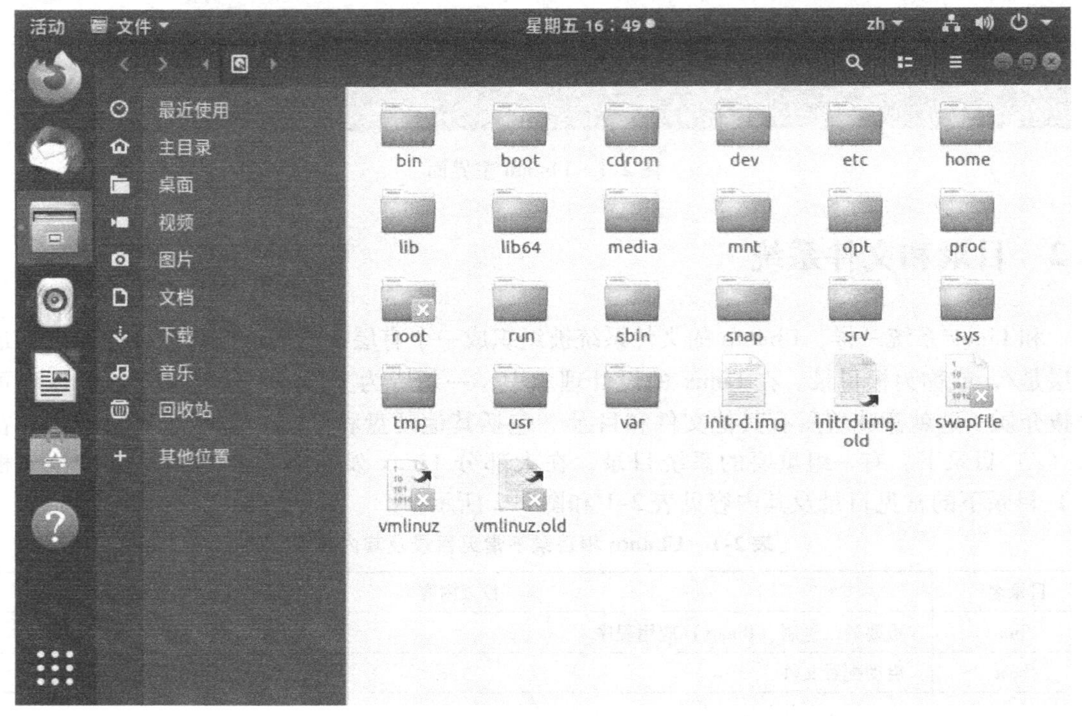

图 2-2　Ubuntu 根目录下常见目录

2.3　常用命令

Ubuntu 中很多工作都可以在桌面环境下完成，但有时这些图形工具会不够用，例如，需要高效且批量处理一些日常工作，远程连接到服务器进行管理配置而远程服务器不提供桌面环境等，这个时候就可以采用命令行模式来完成。相比图形化操作，命令行应用具有更好的可扩展性和灵活性，可以给用户带来更大的想象空间，是 Linux/Ubuntu 的典型标志。

Shell 是 Linux/Ubuntu 中的一个命令行解释器，其种类繁多，Ubuntu 默认使用的是其中的 BASH Shell。BASH Shell 直接从键盘接收指令，再传递这些指令到操作系统内核，从而让用户能够更有效地控制计算机。如果要熟练使用 Linux/Ubuntu 系统，命令行操作是必须要掌握的。只要熟记常用命令，使用 Shell 并不像想象的那么困难。本节主要介绍 Ubuntu 中常用的命令。

2.3.1 Shell 命令

在 Ubuntu 中可以有许多方式打开 Shell，最普通的方式是通过终端打开。单击桌面菜单的左下角的【显示应用程序】→【全部】→【终端】命令，或者使用快捷键〈Ctrl + Alt + T〉，都可以打开终端窗口，如图 2-3 所示。

图 2-3　在 Ubuntu 中打开终端窗口的方法

在终端窗口（如图 2-4 所示）中可以看到一行字符串：hm@ hm – machine：~$。这就是命令提示符，和 DOS 命令提示符 C：\ >类似。不同的是，在该字符串的“@”字符前是用户名（登录系统的用户账户），之后是主机名，这两项都是在安装 Ubuntu 时设置的。上例提示符说明用户名是 hm，主机名是 hm – machine。在冒号之后的“~”字符代表用户的主目录，即/home/hm/。在创建了一个用户账号后，如果以这个用户身份登录，当打开终端时，默认会在该用户的主目录下。“$”字符代表这是一个普通用户，非超级用户。在$字符后就可以输入命令了。

2.3.2 sudo 命令

Linux/Ubuntu 系统的 root 用户具有系统的管理权限。出于安全考虑，普通用户并不具备这一权限。Ubuntu 上可以使用“sudo”命令来执行管理任务。当用户运行一个要求 root 权限的应用程序时，“sudo”会要求用户输入自己的密码，这样可以确保恶意程序无法损害系统，还可以提醒用户应该小心谨慎地对待自己将要执行的管理动作。在将要输入的命令行里使用“sudo”，直接在想执行的命令前加上“sudo”即可。

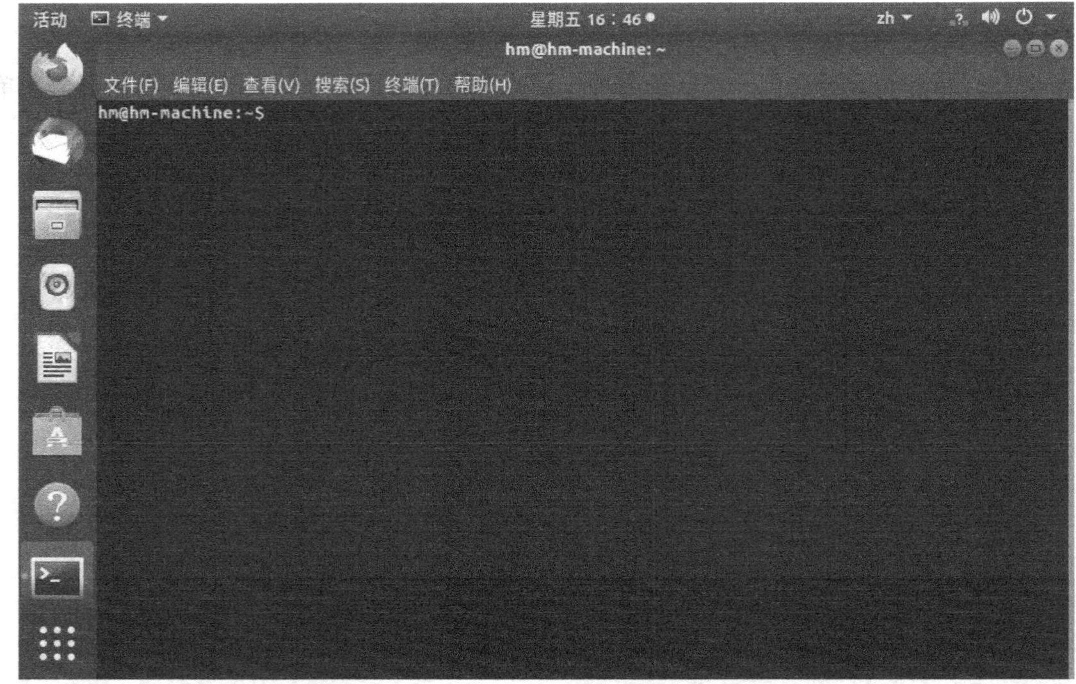

图 2-4　终端窗口

2.3.3　文件目录类命令

Ubuntu 中的文件目录类命令见表 2-2。

表 2-2　文件目录类命令

序号	命令	含义
1	ls [选项]（-a：增加显示隐含目录；-l：使用长列表形式）	显示目录文件列表
2	cd [目录名]（cd ~：进入用户 home 目录；cd ..：进入上一级目录）	改变当前目录
3	pwd	查看自己所在目录
4	mkdir [选项] [目录名]	创建目录
5	rmdir [目录名]	删除空目录
6	cp [选项] [源文件] [目标文件]（-r：包含目录）	复制文件
7	mv [选项] [源文件] [目标文件]	移动文件
8	rm [文件或目录名]	删除指定的目录或文件
9	find 或者 locate [命令名]	查找文件
10	echo [字符串]	显示命令行中的字符串
11	more [文件名] 或者 less [文件名]	浏览文件
12	touch [选项] [文件名]	改变文件或目录时间

2.3.4　程序运行类命令

Ubuntu 中的程序运行类命令见表 2-3。

表 2-3　程序运行类命令

序号	命令	含义
1	whereis［命令名］	查询命令以及包含该命令字符串的文件
2	help［命令名］	查看帮助，显示 shell 内部的帮助信息
3	man［命令名］	更多帮助
4	info［命令名］	查看帮助，显示 Linux 中的指令帮助、配置文件帮助和编程帮助等信息
5	echo $PATH	查看系统路径
6	echo $SHLVL	查看当前 shell 堆栈
7	source［文件名］	加载环境变量

2.3.5 软件包管理命令

Ubuntu 中的软件包管理命令见表 2-4。

表 2-4　软件包管理命令

序号	命令	含义
1	sudo apt install［软件包名］	安装软件包
2	sudo apt remove［软件包名］	卸载软件包
3	sudo apt update	获取新的软件包列表
4	sudo apt upgrade	升级有可用更新的系统
5	sudo apt list	根据名称列出软件包
6	sudo apt help	列出更多命令和选项

本 章 小 结

本章概括性地介绍了 Ubuntu 系统的组成和特点、文件系统及其目录结构，并重点介绍了 Ubuntu 系统的常用命令，主要包括 Shell 命令、sudo 命令、文件目录类命令、程序运行类命令和软件包管理命令。通过这些命令的练习，可以为 ROS 的安装和开发打下坚实的基础。

本 章 习 题

2-1　简述 Ubuntu 的特点。

2-2　如何获得 Ubuntu？

2-3　什么是文件系统？

2-4　什么是文件目录？文件目录包括哪些具体内容？

2-5　Shell 的含义和作用是什么？

2-6　Ubuntu 系统有哪些常用的基本命令？

2-7　练习常用的 Ubuntu 命令。

第 3 章 Python语言基础

导读

本章在简要介绍 Python 特点的基础上，对 Python 语言的基本语法、常用语句、函数与模块、类与对象等内容进行了介绍。通过本章的学习，读者能够对 Python 语言有一个初步的了解，能基本看懂简单的 Python 程序，从而为后续 ROS 程序的开发奠定基础。

3.1 Python 简介

Python 是一种解释型、弱类型、面向对象、动态数据类型的高级程序设计语言。Python 诞生于 20 世纪 90 年代初，最初被设计用于编写自动化脚本（shell）。但随着版本的不断更新和语言新功能的添加，Python 越来越多地被用于独立的、大型项目的开发。目前，Python 已被广泛应用于科学计算和统计、人工智能、教育、桌面界面开发、软件开发、后端开发等领域。

Python 的设计目标之一就是让代码具备高度的可阅读性。它设计时尽量使用其他语言经常使用的标点符号和英文单词，让代码看起来整洁美观。这就使得 Python 语言具有很强的可读性，关键字较少、语法定义明确、代码定义清晰，具有比其他语言更有特色的语法结构。因此，Python 有易于学习、易于阅读的优点，特别适合初学者学习，也能够让程序员把主要精力集中在业务逻辑和思维方法上，而不用担心语法、数据类型等外在因素。

Python 拥有丰富和强大的标准库，其代码可移植、可嵌入，能兼容 UNIX、Linux、Windows 和 Macintosh 等主流操作系统，支持所有主要的商业数据库。Python 号称是最接近人工智能的语言。随着人工智能概念的火爆，Python 成为数据科学和人工智能从业者的首选编程语言。

3.2 基本语法

3.2.1 标识符与关键字

开发人员自定义的符号和名称称为标识符，如变量名、函数名、类名等。Python 中的标识符由字母、数字、下划线“_”组成，但不能以数字开头，且区分大小写。一般来讲，

Python 中以下划线开头的标识符是有特殊意义的，如单下划线开头的_foo 代表不能直接访问的类属性。

在 Python 中，具有特殊功能的标识符称为关键字。关键字是 Python 语言自己使用的标识符，因此开发人员不能用与关键字相同的名字作为常量、变量或其他任何符号和名称。Python 中的关键字见表 3-1。

表 3-1　Python 中的关键字

and	def	exec	if	not	return
assert	del	finally	import	or	try
break	elif	for	in	pass	while
class	else	from	is	print	with
continue	except	global	lambda	raise	yield

3.2.2　语句注释

Python 中单行注释采用字符（#）开头。代码示例如下：

```
# 第一个注释
print "Hello, Python!"  # 第二个注释
```

注释也可以在语句或表达式行末。代码示例如下：

```
surname = "LIU" # 输入人员的姓
```

Python 中多行注释使用三个单引号（'''）或三个双引号（"""）。开头代码示例如下：

```
'''
这是多行注释,使用三个单引号
'''
"""
这是多行注释,使用三个双引号
"""
```

3.2.3　行和缩进

Python 最具特色的就是使用缩进来表示语句块的开始和退出（Off – side 规则），而不使用大括号 {}。增加缩进表示语句块的开始，而减少缩进则表示语句块的退出。缩进成为了语法的一部分，通过缩进来体现各语句之间的逻辑关系。缩进的空格数是可变的（建议使用 4 个空格），但是所有代码块语句必须包含相同的缩进空格数。这个必须严格执行。代码示例如下：

```
if True:
    print "True"     # 缩进占 4 个空格的占位
else:
    print "False"    # 缩进占 4 个空格的占位
```

3.2.4　多行同语句

Python 通常是一行写完一条语句，即使用换行符分隔语句。如果一条语句太长，也可以

使用续行符（\）将一行的语句分为多行显示。代码示例如下：

```
sum = item_one + \
      item_two + \
      item_three
```

语句中包含［］、{}或（）括号就不需要使用续行符。代码示例如下：

```
days = ['Monday','Tuesday','Wednesday',
        'Thursday','Friday']
```

3.2.5 同行多语句

Python 可以在同一行显示多条语句，方法是用分号“;”分开。代码示例如下：

```
>>> print'hello'; print'runoob';
hello
runoob
```

3.2.6 变量与数据类型

变量是用来存放程序中的数据。每个变量会在内存中创建，并且可以通过唯一的名字来访问其中的数据。与 C 等其他语言不同，Python 中的变量不需要声明数据类型，但在使用前必须赋值，变量赋值之后该变量才会被创建。变量的赋值是通过等号（=）来完成的。

```
num1 = 10              # num1 存储一个变量
num2 = 20              # num2 存储一个变量
sum = num1 + num2      # num1 和 num2 的数据累加就可以完成对 sum 的赋值
```

变量的数据类型是数据的属性，限定了数据变化的范围和方式。Python 主要定义了五种标准的数据类型，分别是：Numbers（数字）、String（字符串）、List（列表）、Tuple（元组）和 Dictionary（字典）。

Python 中的 Numbers 类型用于存储数值，又可细分为三种：整型（int）、浮点型（float）和复数型（complex）。代码示例如下：

```
a = 1234               # 赋值整型变量
b = 3.1415             # 赋值浮点型变量
c = 1 +2j              # 赋值复数型变量
```

Python 中的 String 类型被定义为一个字符集合，该集合是由数字、字母、下划线组成的一串字符。Python 可以使用单引号（'）、双引号（"）、三引号（''' 或 """）来表示字符串，引号的开始与结束必须是相同类型。其中，三引号可以由多行组成，是编写多行文本的快捷方法，常用于文档字符串；在文件的特定地点，也被当作注释。代码示例如下：

```
str1 ='word'                  # 使用引号(')表示字符串
str2 = "这是一个句子。"        # 使用双引号(")表示字符串
str3 = """Python"""           # 使用三引号(""")表示字符串
```

字符串具有索引规则，从左到右索引，第一个字符索引为 0、第二个为 1，依此类推。

Python 中的 List 类型用于定义集合类的数据结构，是 Python 中使用最频繁的通用复合数据类型。列表用［］标识，可以支持字符、数字、字符串，甚至可以包含列表（即嵌套）。列表中的元素个数和值是可以随意修改的。代码示例如下：

alist = ['Python', 10, 5.16]　　# 这是一个列表

Python 中的 Tuple 类型类似于列表，也是用于定义集合类的数据结构。元组用（ ）标识，内部元素用逗号隔开。但元组中的元素不能修改，相当于只读列表。代码示例如下：

atuple = ('Python', 10, 5.16)　　# 这是一个元组

Python 中的 Dictionary 类型是映射数据类型，由键（key）和它对应的值（value）组成。字典用 { } 标识。其中的键可以用字符串或数值的形式来表示，而值则可以是任何数据类型。与列表相比，字典中的元素必须通过键来存取，而列表则是通过偏移存取。代码示例如下：

dict = {'name':'Zhang','code':1234,'dept':'sales'}　# 这是一个元组，name 是键，Zhang 是值

Python 采用动态类型系统。只要定义了一个变量，并为该变量赋值，那么系统就会自动辨别变量值的数据类型，因而变量不需要声明数据类型。

3.2.7　运算符

对数据进行的变换称为运算，表示运算的符号就是运算符。例如表达式"4 +5"，这是一个加法运算，"+"为运算符，4 和 5 称为操作数。Python 支持以下类型的运算符：

1）算术运算符：加（+）、减（-）、乘（*）、除（/）、取模（%）、幂（**）、取整数（//）等。

2）比较运算符：等于（==）、不等于（!=）、大于（>）、小于（<）、大于或等于（>=）、小于或等于（<=）。

3）赋值运算符：简单赋值（=）、加法赋值（+=）、减法赋值（-=）、乘法赋值（*=）、除法赋值（/=）、取模赋值（%=）、幂赋值（**=）、取整除赋值（//=）。

4）位运算符：按位与（&）、按位或（|）、按位异或（^）、按位取反（~）、按位左移（<<）、按位右移（>>）。

5）逻辑运算符：布尔"与"（and）、布尔"或"（or）、布尔"非"（not）。

6）成员运算符：在指定序列中找到值（in），以及在指定序列中没有找到值（not in）。

如果在某个表达式中同时使用了多个运算符，其运算优先级从高到低按照表 3-2 顺序进行。

表 3-2　运算符优先级

优先顺序（从高到低）	运算符	描述
1	**	幂运算（最高）
2	~ + -	按位取反，一元加号和减号
3	* / % //	乘、除、取模和取整除
4	+ -	加、减
5	>> <<	按位右移、按位左移
6	&	按位与
7	^ |	按位异或、按位或
8	<= < > >=	比较运算符
9	<> == !=	等于运算符
10	= %= /= //= -= += *= **=	赋值运算符
11	in not in	成员运算符
12	not and or	逻辑运算符

3.3 常用语句

3.3.1 选择语句

Python 提供了三种基本语句来实现程序设计中的选择问题。这三种基本语句为 if 语句、if…else 语句和 if…elif…else 语句，可分别实现单分支、双分支和多分支结构。这三种语句的基本形式分别如下：

1. if 语句

```
if 判断条件：
    执行语句……
```

2. if…else 语句

```
if 判断条件：
    执行语句……
else：
    执行语句……
```

3. if…elif…else 语句

```
if 判断条件 1：
    执行语句 1……
elif 判断条件 2：
    执行语句 2……
elif 判断条件 3：
    执行语句 3……
else：
    执行语句 4……
```

在上述语句中，当其中判断条件成立时（任何非零或非空的值均为 true），则执行后面的语句。判断条件可以用比较运算符（= =、! =、>、<、> =、< =）来表示其关系；而执行内容可以有多行，以相同缩进来表示其范围。

3.3.2 循环语句

Python 提供了两种基本语句来实现一个语句或语句组的多次执行，分别为 while 语句和 for 语句（Python 中没有 do…while 循环语句）。这两种语句的基本形式分别如下：

1. while 语句

```
while 判断条件：
    循环体
```

在 while 语句中，当判断条件成立（为 true）时，则执行后面的循环体，以处理需要重复处理的相同任务。当判断条件不成立（为 false）时，则退出循环体。判断条件可以是任何表达式，而循环体可以是单个语句或语句块。

2. for 语句

```
for 变量 in 序列：
    循环体
```

for 语句用来遍历序列中的所有元素，如一个列表或者一个字符串，每遍历一个元素就执行一次循环体。由于这些序列中的元素是确定的，循环次数也是明确的。

for 语句也可以通过序列索引来执行循环。Python 提供了一个 range（）函数，用以生成一个数字序列。例如 range（n）会产生 n 个连续整数，范围为 0，1，2，...，n－1。

Python 也支持循环嵌套，即在一个循环体里面嵌入另一个循环。如在 while 循环中可以嵌入 for 循环，也可以在 for 循环中嵌入 while 循环。

同时，Python 支持表 3-3 中的循环控制语句，用以更改语句执行的顺序。若在执行过程中出现无限循环，那么也可以使用〈Ctrl + C〉组合键来中断循环。

表 3-3　循环控制语句

语句	描述
break	在语句块执行过程中中止循环，并且跳出整个循环
continue	在语句块执行过程中中止当前循环，并且跳出该次循环，执行下一次循环
pass	空语句，主要目的是为了保持程序结构的完整性
else	表示 while 或 for 循环正常执行结束后，执行 else 语句中的内容

3.4　函数与模块

3.4.1　函数

函数是可重复使用的、能够完成特定功能的代码段。函数能提高程序的模块化程度和代码的重复利用率。Python 本身也提供了很多内置函数、标准库函数、第三方库函数等，如常见的输出函数 print（）。

Python 中使用 def 语句来创建函数。其基本形式为：

```
def 函数名(参数1,参数2,…):
    函数体
    return 返回值
```

函数定义以 def 关键词开头；空一格之后为函数名，函数名通常要能体现出函数的功能；函数名后面的圆括号（）内为形式参数列表，用于建立调用程序与被调用函数之间的联系，形参可以有多个也可以没有，但都必须用逗号隔开，且不需要定义参数类型；def 语句以冒号结尾。函数体是函数每次被调用时执行的代码，通常为复合语句，因此必须要采用缩进书写规则。return 语句用于结束函数，可以选择性地返回一个值给调用方。如果没有返回值或者没有 return 语句均相当于返回 None（空）值。

函数完成定义之后便具有了特定的功能，可在需要的时候进行调用。当调用函数时，可以根据函数的定义传入相应的参数值。具体调用形式为：

```
函数名(参数1,参数2,…)
```

其中，传入参数称为实际参数，其顺序必须与函数定义时的形式参数一一对应。另外，调用函数必须在定义函数之后，否则程序会报错。

3.4.2　模块

Python 把包含 Python 代码的源文件称为模块（Module）。模块能够将相关的代码有逻辑地组织起来，从而使其更好用、更易懂。模块里包含了用户定义的函数、类和变量，其扩展名为“.py”。

Python 使用 import 语句来引入模块，从而可以使用模块中的代码。具体调用形式为：

```
import 模块名
```

如果要使用模块中的函数或常量，其基本调用形式为：

```
模块名.函数名(实参列表)
模块名.常量名
```

例如，Python 内置了大量的数学函数，这些函数多处于 math 和 cmath 模块内，前者用于实数运算，而后者用于复数运算。使用时需要先导入它们，代码示例如下：

```
import math                          #导入 math 模块
print(math.sin(math.pi/2))           #使用模块 math 中的 sin()函数和 pi 常量
```

当程序中导入模块时，Python 解析器会按照一定顺序对模块位置进行搜索，依次为：①当前目录；②在 PYTHON PATH 下的每个目录；③安装过程决定的默认目录。

3.5 类与对象

类是对具有相同特征和行为的事物的统称，而对象则是具体存在的事物。与对象相比，类是抽象的。例如，学生就是指具有学籍的人，这些人都具有一些相同的特征（如姓名、年龄、学号等），这就是一个类；而具体的某一位同学则是一个对象。

要在 Python 中创建一个对象，需要先定义一个类。类的定义由以下三个部分组成：

1）类名：定义类名时，建议类名首字母大写。

2）属性：用于描述事物的特征。Python 中的类和对象都可以动态地添加或删除属性，但其作用域各不相同。定义在类中的属性，可以被该类的所有对象所共享。而添加到对象中的属性，则仅属于该对象。与 C++类似，在 Python 中也使用点号“.”来访问对象的属性。

3）方法：用于描述事物的行为。方法定义与函数定义的格式是相同的，主要的区别就在于类中的方法必须在参数列表的第一位显式地声明一个 self 参数。self 参数代表类的实例，即对象本身，类似于 C++中的 this 指针，主要用于引用对象的属性和方法。但在方法调用时，self 参数实际上不用传入，只需要传入后面的参数即可。在 Python 类的方法中，__init__（）方法是一种特殊方法。它类似于 C++和 Java 中的构造函数，即可以用于类对象的初始化。与之类似，可以使用__del__（）方法来释放类对象所占用的资源。

Python 使用 class 语句来创建一个新类，其基本形式为：

```
class 类名:
    属性(成员变量)
    属性
    …
    成员函数(成员方法)
```

在 Python 中，对象的创建使用的是类似函数调用的方式，即通过类名（）来完成实例化，该方法会自动调用__init__（）方法，接收传入的参数，从而完成对象的创建。

本章小结

本章简单地介绍了Python语言的发展历程、特点以及应用领域，并对Python语言的基本语法进行了介绍，如标识符、数据类型、运算符等基础知识以及选择语句、循环语句以及函数、模块、类与对象等。通过本章对Python基本语法及相关语句的学习，可以为后续ROS的实际开发奠定基础。

本章习题

3-1 Python语言的特点是什么？

3-2 Python语言的应用领域是什么？

3-3 什么是解释型语言？

3-4 Python语言中标识符的命名规则是什么？

3-5 Python语句最大的特色是什么？

3-6 Python语言中常用的控制语句是什么？

3-7 简述Python语言中Pass语句的作用。

3-8 简述Python语言中函数定义的规则。

3-9 Python语言支持哪些运算符？

第4章 ROS架构与体系

导读

本章以ROS系统的架构和组成体系为骨干，对ROS系统的基本概念进行介绍，以帮助读者对ROS系统进行理解。由于ROS提供了大量的命令行工具，因此在介绍ROS系统的基本概念时，为了帮助读者掌握ROS系统的使用，本章同时对常用的ROS命令进行了介绍。

4.1 ROS架构简介

作为一种“次级操作系统”，常见的ROS系统架构如图4-1所示，一般有三个部分，且每一部分都概括了不同层级的概念：①文件系统级——描述了程序文件在硬盘上是如何组织的，ROS的内部结构、文件结构和核心文件都在这一层；②计算图级——说明了程序的运行方式，即进程与进程、进程与系统之间的通信；③开源社区级——描述了开发者之间是如何共享知识、算法和代码的。

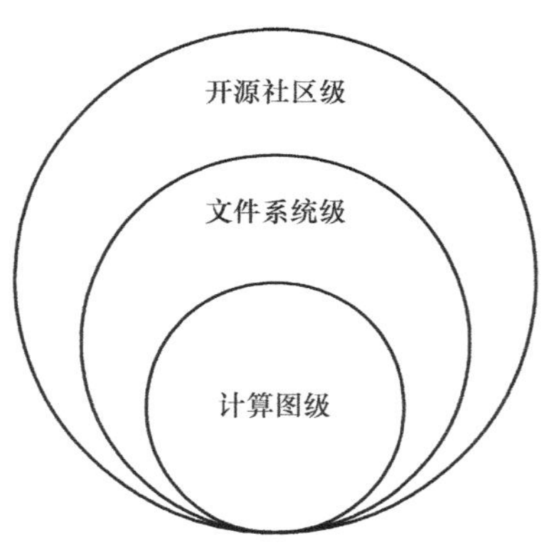

图4-1　ROS系统架构示意图

4.2 ROS文件系统级

ROS文件系统级主要包括了功能包集、功能包、功能包清单、消息类型、服务类型和代码等。文件系统级结构如图4-2所示。

各部分的功能和组成介绍如下：

1）功能包集（Metapackage）。功能包集是将某些有特定作用的功能包组合在一起形成的，如移动机器人导航功能包集navigation由构图包gmapping和定位包amcl等功能包组合构成。

2）功能包（Package）。功能包是ROS系统中软件组织的主要形式，一个功能包包含了创建ROS程序的最小结构和最少内容，如ROS运行的进程（节点）、ROS依赖库和配置文件等。

3）功能包清单（Package Manifest）。功能包清单是一个package.xml文件，它提供了功能包的相关信息，如许可信息、依赖关系和编译标志等。通过package.xml能够对功能包进

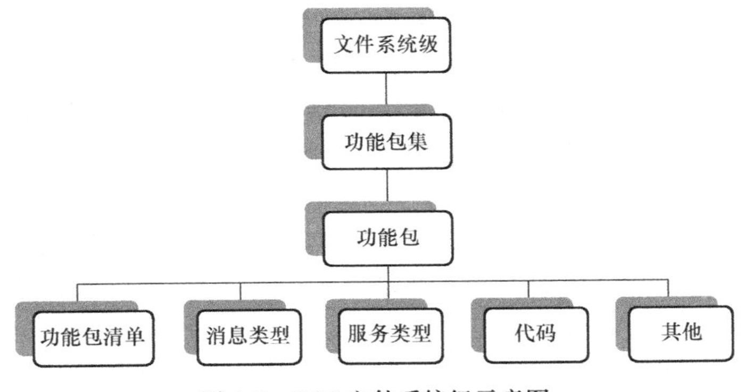

图 4-2 ROS 文件系统级示意图

行管理。

4）消息类型（Message Type）。ROS 通过消息进行信息传递，ROS 中提供了大量的标准消息类型。用户也可以在拓展名为 . msg 的文件中定义消息类型，. msg 的文件存储在功能包的 msg 文件夹下。

5）服务类型（Service Type）。在 ROS 中，拓展名为 . srv 的服务描述文件定义了 ROS 中的请求和回应的数据结构，存储在功能包的 srv 文件夹中。用户可以使用标准服务类型，也可以自定义服务类型。

6）代码（Code）。功能包的源代码存储在 src 文件夹。

4.2.1 工作空间

工作空间主要用于存储 ROS 功能包。一个工作空间的典型结构如图 4-3 所示。

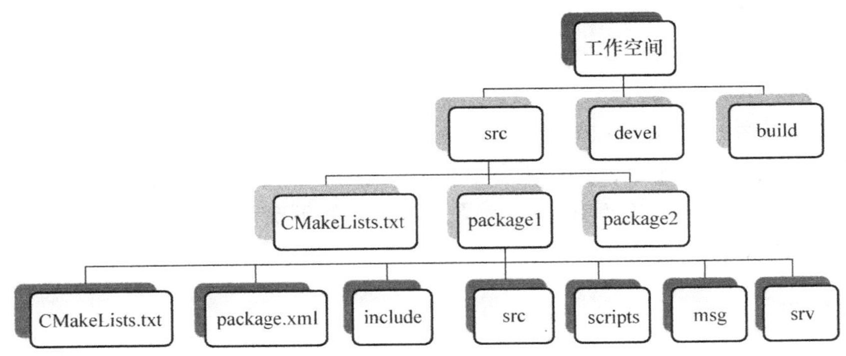

图 4-3 工作空间典型结构示意图

图 4-3 中，工作空间可分为源文件空间、编译空间和开发空间，各自的功能如下：

1）源文件空间（默认为 src 文件夹）。此空间主要存放功能包的源代码文件，可包含多个功能包（如图 4-3 中的 package1、package2，功能包的具体构成详见第 4. 2. 2 小节），但是这些功能包不可以重名。打开终端，在 src 目录下输入 carkin_int_workspace 初始化工作空间后，会在 src 文件夹中生成 CMakeLists. txt 文件。

2）编译空间（默认为 build 文件夹）。此空间是在编译工作空间后生成的，主要存放 CMake 和 catkin 的缓存信息以及中间文件。

3）开发空间（默认为 devel 文件夹）。此空间也是在编译工作空间后生成的，主要存放生成的目标文件，如头文件、可执行文件和库文件等。

在早期的 ROS 发行版中，ROS 都使用 rosbuild 工具来编译，因为该工具难以将 ROS 程序安装到其他系统或架构上，所以在 ROS Groovy 版之后，ROS 提供了更加方便的工具 catkin 来执行编译和安装。catkin 是 ROS 在 CMake 基础上定制的编译系统，其工作流程与 CMake 相似。常用的 catkin 命令如下：

1）catkin_init_workspace：把指定的工作目录初始化为 ROS 的工作空间。

catkin_init_workspace 是初始化用户工作目录（如 ~/catkin_ws/src）的命令。

2）catkin_create_pkg：创建功能包。

用法：catkin_create_pkg [功能包名称] [依赖性功能包 1] …。

通过 catkin_create_pkg 命令能够创建一个包含 CMakeLists. txt 和 package. xml 文件的空功能包。例如，使用 catkin_create_pkg 命令创建一个依赖于 roscpp 和 std_msgs 的功能包 my_package，则输入如下命令：

```
$ catkin_create_pkg my_package roscpp std_msgs
```

3）catkin_make：编译功能包。

用法：catkin_make [选项]。

catkin_make 是编译功能包的命令。例如，编译现有工作空间文件夹/catkin_ws 中的所有功能包，则输入如下命令：

```
$ cd ~/catkin_ws
$ catkin_make
```

如果只编译一部分功能包，而不是全部功能包，则使用“ - - pkg [功能包名称]”选项来运行。例如，只编译功能包 ros_tutorials，则输入如下命令：

```
$ catkin_make  - - pkg ros_tutorials
```

4）catkin_find：搜索工作目录。

用法：catkin_find [功能包名称]。

用户可以通过运行“catkin_find”命令来找出正在使用的所有工作目录；若执行“catkin_find [功能包名称]”命令，则会看到选项中指定的与功能包相关的工作目录。例如，搜索正在使用功能包 turtlesim 的所有工作目录，则输入如下命令：

```
$ catkin_find turtlesim
```

4.2.2 功能包

功能包是 ROS 软件的基本组织形式，一个功能包可以包含多个可执行文件。功能包主要包含以下文件夹和文件：

1）include：此文件夹包含了所需库的头文件。

2）msg：此文件夹用于存储消息文件。

3）srv：此文件夹用于存储服务文件。

4）src：此文件夹用于存储程序源文件。

5）scripts：此文件夹用于存储 Bash、Python 等可执行脚本文件。

6）CMakeLists. txt：规定了 catkin 编译的规则，如 catkin 的最低版本、编译时需要的依赖项和指定生成库文件/可执行文件等。

7）package. xml：功能包清单文件。为了便于安装和分发功能包，功能包中必须有

package. xml 文件。该文件包含了功能包相关的各类信息，如功能包名称和依赖关系等。在 package. xml 文件中使用了两个典型标记：<build_depend>和<run_depend>。<build_depend>标记会显示当前功能包安装之前必须先安装哪些功能包。<run_depend>标记显示运行功能包代码所需要的其他功能包。

ROS 提供了相关命令用于使用功能包。

1）roscd：更改目录。

用法：roscd [功能包名称]。

通过 roscd 命令可以切换工作目录到某个功能包或者功能包集当中。例如，切换工作目录到功能包 turtlesim 下，则输入如下命令：

```
$ roscd turtlesim
```

请注意，要运行此示例并获得相同的结果，必须安装功能包 turtlesim。可使用以下命令进行安装：

```
$ sudo apt - get install ros - kinetic - turtlesim
```

2）rosls：列出功能包下的文件目录。

用法：rosls [功能包名称]。

该命令用来查看指定的 ROS 功能包的文件列表。例如，查看功能包 turtlesim 下包含哪些文件，则输入如下命令：

```
$ rosls turtlesim
```

3）rosed：ROS 编辑命令。

用法：rosed [功能包名称] [文件名称]。

该命令用于编辑功能包中的文件。运行时，它会利用用户设置的编辑器打开文件，用于快速修改相对简单的内容。rosed 默认的编辑器是 vim。

4）rospack：显示指定的 ROS 功能包的相关信息。

用法：rospack [选项] [功能包名称]。

5）rospack find：显示功能包的存储位置。

用法：rospack find [功能包名称]。

6）rospack list：显示所有的功能包。

用户可以结合 rospack list 命令与 Linux 搜索命令 grep 来轻松找到功能包。例如，显示所有功能包中与 turtle 相关的功能包，则输入如下命令：

```
$ rospack list | grep turtle
```

7）rospack depends - on：显示依赖于指定功能包的功能包列表。

用法：rospack depends - on [功能包名称]。

8）rospack depends：显示运行该功能包所依赖的功能包列表。

用法：rospack depends [功能包名称]。

9）rospack profile：重建功能包索引。

该命令通过检查存储功能包的工作目录和功能包的信息来重建功能包索引。

10）rosinstall：安装 ROS 附加功能包。

rosinstall 是一个自动安装或更新由源代码管理软件（如 SVN、Mercurial、Git 和 Bazaar）管理的 ROS 功能包的命令。当功能包有更新时，会自动安装需要的功能包或更新。

11）rosdep：安装功能包的依赖文件。

用法：rosdep [选项]。

rosdep 是安装指定功能包的依赖文件的命令。[选项] 包括 check、install、init 和 update。例如：

rosdep check [功能包名称]：会检查指定功能包的依赖关系。

rosdep install <package>：将安装指定功能包的依赖功能包。

4.2.3 功能包集

功能包集是不含源代码且只有一个 package.xml 文件的特定包，它用于引用其他功能特性类似的功能包。在 ROS 中有各种不同用途的功能包集，如导航包集 navigation、机器人功能包集 turtlebot 等。

与功能包中的 CMakeLists.txt 文件不同的是，功能包集中的 CMakeLists.txt 文件加入了 catkin_metapackage() 宏，用于指定本软件包为一个功能包集。同时，功能包集的 package.xml 文件中也需添加标签声明其是一个功能包集。代码示例如下：

```
<export>
        <metapackage/>
</export>
```

4.3 ROS 计算图级

计算图级是由一些共同处理数据的 ROS 进程形成的点对点网络，主要描述进程和系统之间的通信。计算图级涉及以下几个重要概念：节点（Node）、消息（Message）、主题（Topic）、服务（Service）、节点管理器（Master）、参数服务器（Parameter Server）和消息记录包（Bag）。这些概念都以各自的方式向计算图级提供数据。

4.3.1 节点

节点是执行计算的进程。节点可以通过主题、服务、参数服务器与其他节点通信，从而连接成计算图。ROS 通过使用节点简化了系统，提高了系统容错性和可维护性。同时，使用节点可以保证 ROS 系统能够在多个机器上同时运行。节点可以使用不同的库进行编写，如 roscpp 和 rospy。其中，roscpp 基于 C++，rospy 基于 Python。例如，一个 ROS 机器人控制系统可以包含实现不同功能的多个节点，如采集 RGB-D 相机信息的节点、机器人定位的节点和路径规划的节点等。通常建议使用一个节点完成一个特定的功能，而不是使用一个节点完成所有的功能。与节点相关的 ROS 命令有 rosrun 和 rosnode。

1）rosrun：运行 ROS 节点。

用法：rosrun [功能包名称] [节点名称]。

首先，打开终端，运行 roscore 命令启动节点管理器。

```
$ roscore
```

重启新的终端开启节点，例如，运行小海龟功能包 turtlesim 中的 turtlesim_node 节点，则输入如下命令：

```
$ rosrun turtlesim turtlesim_node
```

需要注意的是，在使用 rosrun 命令运行 ROS 节点时，需要首先运行 roscore 命令启动节点管理器，且无论使用 rosrun 命令运行多少个节点，roscore 命令都只需执行一次，占用单独的一个终端窗口。

此外，ROS 还可以在启动节点时重映射更改节点、主题和参数的名称。这样，无须重新编译代码就可以重新配置节点。重映射可以理解为取别名，用户可以不修改功能包的接口，仅重映射接口就可以使用，便于提高代码的复用率。例如，一个节点 A 订阅了“/chatter”主题，然而其他用户开发的节点 B 只能发布到“/my_chatter”主题，如果想让这两个节点进行通信，那么当这两个主题的消息类型一致时，可以把 chatter 主题重映射到 my_chatter，可以通过如下命令实现：

```
$ rosrun change_topic node1 chatter:=/my_chatter
```

2）rosnode：显示 ROS 节点的信息。

用法 1：rosnode list，列出正在运行的所有节点。

用法 2：rosnode ping [节点名称]，对节点进行连接测试。例如：

```
$ rosnode ping /turtlesim
```

用法 3：rosnode info [节点名称]，显示节点的信息，包括发布者、订阅者和服务信息等。例如：

```
$ rosnode info /turtlesim
```

用法 4：rosnode kill [节点名称]，终止指定节点的运行。例如：

```
$ rosnode kill /turtlesim
```

用户也可以在运行节点的终端窗口中使用〈Ctrl + c〉组合键直接终止节点。

用法 5：rosnode clean，清除无法访问的节点的注册信息。

读者可以使用 ROS 提供的 turtlesim 功能包来对上述命令进行练习。turtlesim 功能包提供了一个可视化的小海龟仿真器，可以利用该功能包进一步理解主题、服务以及参数等 ROS 基本概念，该功能包提供了两个节点，即 turtlesim_node 节点与 turtlesim_teleop_key 节点。

根据如下步骤可以打开小海龟仿真器，并通过键盘控制小海龟运动：

步骤 1：运行节点管理器。

```
$ roscore
```

步骤 2：运行 turtlesim_node 节点。

```
$ rosrun turtlesim turtlesim_node
```

此时，会弹出仿真界面，窗口的中心是一只小海龟，如图 4-4 所示。

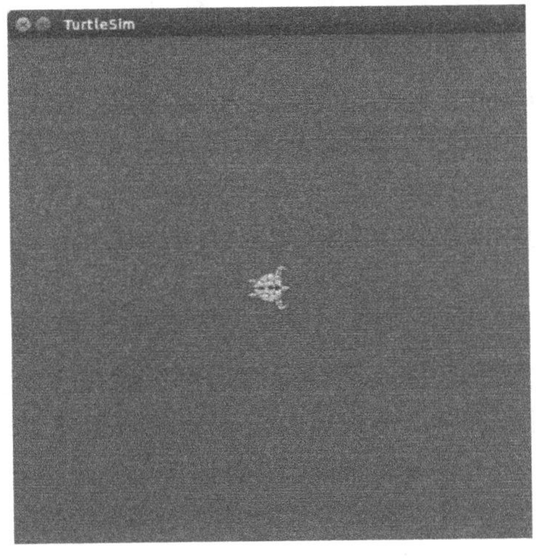

图 4-4　TurtleSim 仿真界面示意图

步骤 3：运行 turtlesim_teleop_key 节点。

```
$ rosrun turtlesim turtle_teleop_key
```

此时，终端窗口会出现键盘控制说明，用户可以使用键盘的方向键控制小海龟的移动。

步骤 4：在终端窗口输入如下命令，可完成对 rosnode 命令的练习。

```
$ rosnode list
$ rosnode ping /turtlesim
$ rosnode info /turtlesim
$ rosnode kill /turtlesim
…
```


4.3.2 消息

节点通过消息实现彼此之间的通信。消息从本质上来说，是节点之间用于交换信息的数据结构。ROS 提供了多种标准数据类型（如整型、浮点型、布尔型等），用户也可以基于标准消息自定义某种类型的消息。ROS 提供了 rosmsg 命令行工具用于显示消息信息。在使用 rosmsg 时，可以不运行 ROS 节点。消息使用功能包中的 .msg 文件来定义。

1）rosmsg list：显示所有消息。

该命令用于显示当前 ROS 中安装的功能包的所有消息。根据当前系统中包含的功能包，显示结果可能会有所不同。

2）rosmsg show：显示消息。

用法：rosmsg show [消息名称]。

例如，显示消息 turtlesim/Pose 的信息，则输入如下命令：

```
$ rosmsg show turtlesim/Pose
```

3）rosmsg md5：显示消息的 md5sum。

用法：rosmsg md5 [消息名称]。

如果在消息通信期间遇到 md5 问题，则需要检查 md5sum。此时会用到该命令，一般不常用。代码示例如下：

```
$ rosmsg md5 turtlesim/Pose
```

4）rosmsg package：用于显示指定功能包的所有消息。

用法：rosmsg package [功能包名称]。

例如，显示功能包 turtlesim 中的所有消息，则输入如下命令：

```
$ rosmsg package turtlesim
```

5）rosmsg packages：显示使用消息的所有功能包。

根据当前系统中包含的功能包，其显示结果可能会有所不同。

4.3.3 主题

主题是用于标识消息内容的名称。消息可以通过一种发布/订阅的方式传递，而节点可以向一个指定的主题发布消息。一个节点对特定类型的数据感兴趣就订阅相应的主题。一个节点可以同时订阅或者发布多个主题的消息，多个节点也可发布或者订阅同一个主题的消息。发布者和订阅者彼此独立，互不影响。实际上，主题并不关注哪些节点发布或订阅它的消息，它只关注消息的类型是否匹配。需要注意的是，主题的名称必须具有唯一性。

ROS 提供了 rostopic 命令行工具用于对主题进行操作。

1）rostopic list：显示当前正在发送和接收的所有主题的列表。

rostopic list －p：仅显示正在发送的所有主题的列表。

rostopic list －s：仅显示正在接收的所有主题的列表。

rostopic list －v：显示详细信息，可以区分发布主题和订阅主题，并将每个主题的消息类型一起显示。

2）rostopic echo：实时显示主题的消息内容。

用法：rostopic echo［主题名称］。

例如，实时显示主题/turtle1/pose 上的消息内容，则输入如下命令：

```
$ rostopic echo /turtle1/pose
```

3）rostopic find：显示使用指定类型的消息的主题。

用法：rostopic find［类型名称］。

例如，显示使用消息 turtlesim/Pose 的主题，则输入如下命令：

```
$ rostopic find turtlesim/Pose
```

4）rostopic type：显示指定主题的消息类型。

用法：rostopic type［主题名称］。

例如，显示主题/turtle1/pose 的消息类型，则输入如下命令：

```
$ rostopic type /turtle1/pose
```

5）rostopic bw：显示指定主题的消息数据带宽。

用法：rostopic bw［主题名称］。

例如，显示主题/turtle1/pose 消息数据带宽，则输入如下命令：

```
$ rostopic bw /turtle1/pose
```

6）rostopic hz：显示指定主题的消息数据发布周期。

用法：rostopic hz［主题名称］。

例如，显示主题/turtle1/pose 上消息的发布周期，则输入如下命令：

```
$ rostopic hz /turtle1/pose
```

7）rostopic info：显示指定主题的信息，包括类型、发布者、主题接收者等。

用法：rostopic info［主题名称］。

例如，显示主题/turtle1/pose 的信息，则输入如下命令：

```
$ rostopic info /turtle1/pose
```

8）rostopic pub［主题名称］［消息类型］［参数］：向指定的主题发布消息。

- 闭锁模式：向指定的主题发布一条消息，并将其保持锁定。启动 rostopic 后联机的任何新主题接收者都将听到此消息。例如，向主题/turtle1/cmd_vel geometry_msgs/Twist 发布线速度 linear 和角速度 angular 消息，则输入如下命令：

```
$ rostopic pub /turtle1/cmd_vel geometry_msgs/Twist '{linear: {x: 2.0, y: 0.0, z: 0.0}, angular: {x: 0.0, y: 0.0, z: 2.0}}'
```

可以通过按〈Ctrl＋c〉组合键随时停止此操作。如果不想用〈Ctrl＋c〉组合键停止 rostopic，可以使用单次模式。

- 单次模式：在该模式下，rostopic 将保持信息锁定 3s，然后退出。还以上题为例，输入如下命令：

```
$ rostopic pub -1 /turtle1/cmd_vel geometry_msgs/Twist '{linear: {x: 2.0, y: 0.0, z: 0.0},
angular: {x: 0.0, y: 0.0, z: 2.0}}'
```

- 频率模式：在该模式下，rostopic 将以给定的频率发布消息。例如，-r 10 表示以 10Hz 的频率发布：

```
$ rostopic pub -r 10 /turtle1/cmd_vel geometry_msgs/Twist '{linear: {x: 2.0, y: 0.0, z:
0.0}, angular: {x: 0.0, y: 0.0, z: 2.0}}'
```

4.3.4 服务

当节点之间需要请求/回应交互时，主题无法满足此需求，但可以通过服务来实现。ROS 中的服务由一对消息来定义：一条消息用于请求（Request），一条消息用于回应（Response）。当某个 ROS 节点提供服务时，其他节点可以通过发送请求消息并等待回应来调用服务。服务也必须有唯一的名称。服务使用功能包中的 .srv 文件来定义。

ROS 提供了 rosservice 和 rossrv 两个命令行工具用于显示服务信息。两者的区别在于，rosservice 命令针对的是活动的服务，而 rossrv 命令针对的是静态的服务文件 *.srv。

1）rosservice：显示活动的服务信息。

rosservice list：列出所有活动的服务信息。

rosservice info /［服务名称］：显示指定服务的信息，包括服务的节点名称、URI、类型和参数。例如，显示服务/turtle1/set_pen 的信息，则输入如下命令：

```
$ rosservice info /turtle1/set_pen
```

rosservice type /［服务名称］：显示服务类型。代码示例如下：

```
$ rosservice type /turtle1/set_pen
```

rosservice find［服务类型］：查找指定服务类型的服务。代码示例如下：

```
$ rosservice find /turtle1/set_pen
```

rosservice uri［服务名称］：显示服务的 uri 信息。代码示例如下：

```
$ rosservice uri /turtle1/set_pen
```

rosservice args /［服务名称］：显示服务的参数。代码示例如下：

```
$ rosservice args /turtle1/set_pen
```

rosservice call［服务名称］［参数］：用输入的参数请求服务。代码示例如下：

```
$ rosservice call /turtle1/set_pen 0 0 0 5 0
```

2）rossrv：显示静态的服务信息。

rossrv list：列出所有静态的服务信息，该命令可显示 ROS 当前安装的功能包的所有服务。根据目前包含在 ROS 中的功能包，显示结果可能会有所不同。

rossrv show /［服务名称］：显示服务的信息。

例如，显示静态服务/turtlesim/SetPen 信息，则输入如下命令：

```
$ rossrv show /turtlesim/SetPen
```

rossrv md5 /［服务名称］：显示服务的 md5sum 。

如果在服务请求和响应期间遇到 md5 问题，则需要检查 md5sum。这时会用到该命令，一般不常用。代码示例如下：

```
$ rossrv md5 /turtlesim/SetPen
```

rossrv package［功能包名称］：显示用于指定功能包的所有服务。

例如，显示用于功能包 turtlesim 的所有服务，则输入如下命令：

```
$ rossrv package turtlesim
```

rossrv packages：显示使用服务的所有功能包。代码示例如下：

```
$ rossrv packages
```

4.3.5　节点管理器

节点管理器负责主题和服务名称的注册和查找等，帮助节点找到彼此、交换信息以及提供服务。节点管理器提供了一个基于 XML - RPC 的 API，ROS 客户端库（如 roscpp 和 rospy）调用它来存储和检索信息。实际上，大多数 ROS 用户不需要直接与此 API 交互。一般使用 roscore 命令启动节点管理器及一些其他的必要组件。需要注意的是，在使用 ROS 时必须保证节点管理器在运行，否则 ROS 系统将无法使用。

4.3.6　参数服务器

节点在运行时使用参数服务器存储和检索参数，参数服务器是一个可通过网络 API 访问的共享多变量字典。参数服务器中的配置参数通常是全局可见的，这便于查看和更改系统的配置状态。由于参数管理器是由 XML - RPC 实现的，所以参数服务器使用 XML - RPC 数据类型为参数赋值，其包括 32 位整数、布尔值、字符串、双精度浮点数、ISO 8601 日期等。

ROS 提供了 rosparam 命令行工具用于对参数进行操作。

1）rosparam list：列出参数服务器中所有的参数。

2）rosparam get /［参数名称］：获取参数值。

例如，显示 background_r 参数值，则输入如下命令：

```
$ rosparam get /background_r
```

若想显示所有参数值，可采用如下命令：

```
$ rosparam get /
```

3）rosparam dump［文件名］：将参数服务器中的参数保存到指定的文件中。

例如，将参数保存到文件 parameters. yaml 中，则输入如下命令：

```
$ rosparam dump ~/parameters. yaml
```

4）rosparam set［参数名称］［参数值］：设置参数值。

例如，将参数 background_r 的值设置为 1，则输入如下命令：

```
$ rosparam set /background_r 1
```

5）rosparam load［文件名称］：从文件中加载参数到参数服务器。代码示例如下：

```
$ rosparam load ~/parameters. yaml
```

6）rosparam delete［参数名称］：删除参数。代码示例如下：

```
$ rosparam delete /background_r
```

读者可以利用 turtlesim 功能包熟悉 rosparam 的使用。

4.3.7　消息记录包

消息记录包用于保存和回放 ROS 消息数据，文件拓展名为 . bag。消息记录包可以获取并记录各种传感器数据，在没有实际传感器的情况下，可以通过回放消息记录包获取实验数据，极大地方便了算法的开发与测试。

ROS 提供了 rosbag 命令行工具，用于实现消息记录包的记录、播放和压缩等操作。

1）rosbag record /［主题名称］：记录指定主题的消息。

例如，记录主题/turtle1/cmd_vel 的消息，则输入如下命令：

```
$ rosbag record /turtle1/cmd_vel
```

若想记录所有主题的消息，可采用如下命令：

```
$ rosbag record -a
```

rosbag record -O［文件名字］/［主题名称］：记录指定主题的消息到指定文件。

例如，将主题/turtle1/cmd_vel 的消息记录到文件 turtlesim_1. bag 中，则输入如下命令：

```
$ rosbag record -O turtlesim_1.bag /turtle1/cmd_vel
```


2）rosbag info［bag 文件名］：查看 . bag 文件的信息。代码示例如下：

```
$rosbag info turtlesim_1.bag
```

3）rosbag play［bag 文件名］：回放 . bag 文件。代码示例如下：

```
$ rosbag play turtlesim_1.bag
```

下面使用 turtlesim 功能包展示如何使用 rosbag，具体步骤如下：

步骤 1：运行 turtlesim_node 节点和 turtle_teleop_key 节点。

```
$ roscore
$ rosrun turtlesim turtlesim_node
$ rosrun turtlesim turtle_teleop_key
```

步骤 2：使用方向键控制小海龟移动，同时使用 rosbag 记录。

```
$ rosbag record -O turtlesim_1.bag /turtle1/cmd_vel
```

步骤 3：关闭所有终端后，重新运行 turtlesim_node 节点。

```
$ roscore
$ rosrun turtlesim turtlesim_node
```

步骤 4：使用 rosbag 回放。

```
$ rosbag play turtlesim_1.bag
```

至此，就可以看到小海龟重复了 turtlesim_1. bag 包中的运动轨迹。

4.4 ROS 开源社区级

ROS 开源社区级的概念主要用于 ROS 资源管理，分享软件和知识。主要包括以下资源：

1）发行版（Distribution）：ROS 发行版是可以独立安装，且带有版本号的一系列功能包的集合。

2）软件源（Repository）：ROS 依赖于共享代码与软件源的网站或主机服务，在这里可以发布和分享各自的机器人软件和程序。

3）ROS WiKi：记录 ROS 文档信息的主要论坛。

4）Bug 提交系统：用于用户发现提交 Bug 的系统。

5）ROS 问答：用于用户提问 ROS 相关问题，网址：https://answers.ros.org/questions/。

6）博客：用于发布 ROS 开源社区的最新动态，网址：http://www.ros.org/news/。

本章小结

本章介绍了 ROS 系统的架构和体系，阐述了文件系统级的构成和工作空间、功能包、功能包集的基本概念与重要指令，学习了计算图级的重要概念和与节点、消息、主题、服务、节点管理器、参数服务器、消息记录包有关的重要指令，介绍了开源社区级的基本概念。

本章习题

4-1　简述 ROS 系统架构。

4-2　简述工作空间包含的内容。

4-3　简述节点的概念和优点。

4-4　什么是消息？消息的类型有哪些？

4-5　显示服务的命令行工具有哪些？它们的区别是什么？

4-6　节点管理器的作用是什么？

4-7　参数服务器的作用和访问指令是什么？

4-8　rosbag 指令的作用是什么？

第 5 章 ROS编程基础

导读

通过第 4 章的介绍，读者对 ROS 的文件系统级、计算图级、开源社区级和相关命令有了一定的认识。本章将介绍工作空间和功能包的创建与编译，消息文件和服务文件的创建与编译，消息发布节点与主题订阅节点的编写，服务器端与客户端程序的编写，启动文件的编写，以及 ROS 的调试工具、可视化工具以及坐标交换工具的使用方法。

5.1 工作空间和功能包的创建与编译

创建、编译工作空间和功能包是使用 ROS 进行系统开发的前提。本节介绍如何创建与编译工作空间和功能包，并对 package. xml 文件和 CMakeLists. txt 文件进行解读。

5.1.1 工作空间的创建与编译

本小节以创建工作空间 catkin_ws 为例，对 ROS 工作空间的创建与编译过程进行介绍。

1. 创建工作空间

在终端输入如下命令来创建工作空间 catkin_ws 及其子文件夹 src：

```
$ mkdir -p ~/catkin_ws/src
```

其中，-p 表示创建目标路径上的所有文件夹。执行完上述命令，会在用户主目录下生成 catkin_ws 文件夹和子文件夹 src。此时，catkin_ws 为创建的工作空间，src 为存放功能包的文件夹，src 可以存放多个不同名称的功能包。

2. 初始化工作空间

在终端输入如下命令来切换目录到 src：

```
$ cd ~/catkin_ws/src
```

在终端输入如下命令来初始化工作空间：

```
$ catkin_init_workspace
```

执行完该命令后，src 目录下会多出一个 CMakeLists. txt 文件。

3. 编译工作空间

在终端输入如下命令来切换目录到工作空间 catkin_ws：

```
$ cd ~/catkin_ws
```

在终端输入如下命令编译工作空间：

```
$ catkin_make
```

此时，在 catkin_ws 文件夹下除了有 src 文件夹，会生成 build 文件夹和 devel 文件夹。build 文件夹是编译空间的默认所在位置，catkin_make 在此被调用来配置并编译功能包。devel 文件夹是开发空间的默认所在位置，存放着可执行文件和库文件。

4. 配置环境

在终端输入如下命令将工作空间 catkin_ws 的路径设置到 ROS 环境变量 ROS_PACKAGE_PATH 中：

```
$ source devel/setup. bash
```

如果新开了一个终端，那么在使用工作空间 catkin_ws 之前，必须先将该工作空间的路径加入环境变量 ROS_PACKAGE_PATH 中。为了方便起见，也可以将上述的 source 语句写入到 ~/. bashrc 中，这样每次启动终端就会自动配置环境变量，在终端输入如下命令：

```
$ echo "source ~/catkin_ws/devel/setup. bash"  >> ~/. bashrc
```


为了确保环境变量配置成功，在终端输入如下命令进行查看：

```
$ echo $ROS_PACKAGE_PATH
```

若终端返回以下信息：

/home/用户名/工作空间名/src:/opt/ros/kinetic(ROS 版本)/share

则表示工作变量已经配置正确。至此，一个工作空间就创建和编译完成了。

5.1.2 功能包的创建与编译

本小节以创建功能包 ch5_tutorials 为例，对 ROS 功能包的创建与编译过程进行介绍。

1. 创建功能包

在终端输入如下命令切换到工作空间 catkin_ws 的 src 文件夹下：

```
$ cd ~/catkin_ws/src
```

在终端输入如下命令实现在 src 下创建功能包 ch5_tutorials，并将 std_msgs、rospy 和 roscpp 作为该功能包的依赖项：

```
$ catkin_create_pkg ch5_tutorials std_msgs rospy roscpp
```

执行上述命令后，src 文件夹下就会出现文件夹 ch5_tutorials，该文件夹下至少包括 CMakeLists. txt 和 package. xml 两个文件。需要注意的是，功能包的目录不能相互嵌套，即若需要创建一个新的功能包，不能建在 ch5_tutorials 文件夹下。

2. 编译功能包

完成功能包的创建后，需要再次编译工作空间并配置环境变量。在终端输入如下命令切换目录到工作空间 catkin_ws 并编译：

```
$ cd ~/catkin_ws/
$ catkin_make
```

在终端输入如下命令配置环境变量：

```
$ source devel/setup. bash
```

至此，一个功能包就创建并编译完成了。

5.1.3 package. xml 文件解读

package. xml 文件定义了功能包的属性，如功能包名称、版本号、依赖项等。这些属性通过相应的标签来体现。

1）<name>：功能包的名称，该内容禁止修改。

2）<version>：功能包的版本号。

3）<description>：用于描述功能包的功能，注意该内容应该简短一些。

4）<maintainer>：维护者信息。维护者需要至少一个。该标签有助于用户联系到功能包的相关人员。

5）<url>：功能包的 URL 信息。

6）<license>：功能包的许可协议。一些常见的开源许可协议有 BSD、MIT、Boost Software License、GPLv2、GPLv3、LGPLv2.1 和 LGPLv3，可选其中一种填写到这里。

7）<author>：功能包的作者以及作者的联系方式。

8）<buildtool_depend>：编译工具。由于使用 catkin 工具编译功能包，所以默认为 catkin。

9）<build_depend>：编译依赖项，填写编译本功能包所需的其他包。

10）<build_export_depend>：用于帮助使用本功能包的其他包传递依赖声明。

11）<exec_depend>：运行依赖项，填写运行本功能包所需的其他包。

读者可以根据实际需要，删减标签并更改内容，从而生成新的 package.xml 文件。

5.1.4 CMakeLists.txt 文件解读

CMakeLists.txt 文件是编译功能包的必备文件，它描述了如何编译程序以及在哪里安装功能包。任何一个功能包通常都会包含至少一个 CMakeLists.txt 文件。下面对 CMakeLists.txt 文件进行解读。

1）cmake_minimum_required（）：用于指定 catkin 的最低版本。

2）project（）：用于定义功能包的名称。定义名称后，再次使用功能包名称时可用变量 ${PROJECT_NAME} 来代替。功能包名称与 package.xml 文件的<name>标签中的功能包名称必须相同，如果不一致，在编译时会发生错误。

3）find_package（）：查找编译时需要的依赖包。通常至少有一个依赖包。代码示例如下：

```
find_package( PCL REQUIRED COMPONENT common io )
```

其中，REQUIRED 表示编译时必须要找到 PCL 包，如果找不到就不进行编译。同时，COMPONENTS 表示要查找 PCL 包需要 common 和 io 包。find_package 仅用于查找编译时所需的包，不能用于查找运行时的依赖包。

4）catkin_python_setup（）：使用 rospy 时需要该宏，其作用是调用 Python 的安装过程文件 setup.py。

5）add_message_files（）：添加待编译功能包中 msg 文件夹下的 *.msg 文件。

6）add_service_files（）：添加待编译功能包中 srv 文件夹下的 *.srv 文件。

7）add_action_files（）：添加待编译功能包中 action 文件夹下的 *.action 文件。

8）generate_messages（）：生成消息/服务/动作，设置依赖的消息包。例如，生成的消息必须依赖 std_msgs，则输入如下代码：

```
generate_messages( DEPENDENCIES std_msgs)
```

9）generate_dynamic_reconfigure_options（）：该宏是实现动态参数配置时，加载要引用

的配置文件的设置。

10）catkin_package（）：指定 catkin 信息给编译系统生成 cmake 文件。在使用 add_library（）或 add_executable（）声明任何目标之前，必须调用 catkin_package（）。

11）include_directories（）：设置头文件的搜索路径。

12）add_library（）：声明编译之后需要生成的库文件。

13）add_executable（）：将待编译功能包的 *. cpp 文件生成可执行文件。

14）add_dependencies（）：添加依赖项。

15）target_link_libraries（）：指定可执行文件需要链接的库。

5.2　消息文件和服务文件的创建与编译

本节将介绍消息文件和服务文件的概念、创建方法和编译过程。

5.2.1　消息文件和服务文件概述

1. 消息文件

消息文件（. msg）存储在 ROS 功能包的 msg 文件夹下，用于描述 ROS 中所使用消息类型的文件。消息文件会由 catkin_make 自动编译成 C + + 或者 Python 语言的代码文件。消息文件的每一行会声明一个数据类型和变量名。这些数据类型可以是 ROS 的标准数据类型（见表 5-1，更多信息请参见 http：//wiki. ros. org/msg），也可以是自定义的消息数据类型。

表 5-1　ROS 的标准数据类型

标准类型	C + +	Python2	Python3	标准类型	C + +	Python2	Python3
bool	uint8_t	bool		uint64	uint64_t	long	int
int8	int8_t	int		uint64	uint64_t	long	int
uint8	uint8_t			float32	float	float	
int16	int16_t			float64	double		
uint16	uint16_t			string	std::String	str	bytes
int32	int32_t			time	ros::Time	rospy. Time	
uint32	uint32_t			duration	ros::Duration	rospy. Duration	

在消息文件（. msg）的第一行通常是 Header 的声明，Header 是一个特殊的数据类型，它含有序列号、时间戳和框架 ID。

2. 服务文件

服务（. srv）文件分为请求和响应两部分，用“ - - - ”分隔。代码示例如下：

```
int64 A
int64 B
---
int64 C
```

其中，A 和 B 是请求，而 C 是响应。

5.2.2　创建并编译消息文件

当 ROS 中标准数据类型不能满足需要时，读者可以自定义消息类型。具体操作步骤如下：

步骤 1：在终端输入如下命令切换到功能包 ch5_tutorials 下，并创建 msg 文件夹：

```
$ cd ~/catkin_ws/src/ch5_tutorials
$ mkdir msg
```

步骤 2：在终端输入如下命令切换到 msg 文件夹下，新建并打开消息文件 msg1. msg：

```
$ cd msg
$ gedit msg1. msg
```

在 msg1. msg 文件中自定义消息类型，例如，自定义一个整型变量 No 和一个字符串变量 Name：

```
int32 No
string Name
```

步骤 3：打开功能包 ch5_tutorials 的 package. xml 文件，增加以下语句：

```
<build_depend>message_generation</build_depend>
<build_export_depend>message_generation</build_export_depend>
<exec_depend>message_runtime</exec_depend>
```

步骤 4：打开功能包 ch5_tutorials 的 CMakeLists. txt 文件。

为了生成该自定义的消息类型，需要在 CMakeLists. txt 文件的 find_package 中添加 message_generation：

```
find_package (catkin REQUIRED COMPONENTS
roscpp
rospy
std_msgs
message_generation
)
```

取消 add_message_files 部分的注释，在 add_message_files 中添加自定义消息文件 msg1. msg 的名字：

```
add_message_files (
   FILES
  msg1. msg
)
```

取消 generate_message 部分的注释，使得消息可以顺利生成：

```
generate_message (
   DEPENDENCIES
   std_msgs
)
```

在 catkin_package 中做修改：

```
catkin_package (
  CATKIN_DEPENDS message_runtime roscpp rospy std_msgs
  )
```

步骤 5：在终端输入如下命令编译工作空间：

```
$ cd ~/catkin_ws
$ catkin_make
```

步骤6：在终端输入如下命令检查编译是否成功：

```
$ rosmsg show ch5_tutorials/msg1
```

终端输出自定义的消息内容 int32 No 和 string Name，如图5-1所示，则说明编译成功。

```
micang@micang-X3: ~/catkin_ws
Scanning dependencies of target ch5_client1
Scanning dependencies of target ch5_server2
Scanning dependencies of target ch5_server1
[ 73%] Built target ch5_tutorials_generate_messages
[ 78%] Building CXX object ch5_tutorials/CMakeFiles/ch5_server2.dir/src/ch5_serv
er2.cpp.o
[ 82%] Building CXX object ch5_tutorials/CMakeFiles/ch5_server1.dir/src/ch5_serv
er1.cpp.o
[ 86%] Building CXX object ch5_tutorials/CMakeFiles/ch5_client1.dir/src/ch5_clie
nt1.cpp.o
[ 91%] Linking CXX executable /home/micang/catkin_ws/devel/lib/ch5_tutorials/ch5
_client1
[ 95%] Linking CXX executable /home/micang/catkin_ws/devel/lib/ch5_tutorials/ch5
_server1
[100%] Linking CXX executable /home/micang/catkin_ws/devel/lib/ch5_tutorials/ch5
_server2
[100%] Built target ch5_client1
[100%] Built target ch5_server1
[100%] Built target ch5_server2
micang@micang-X3:~/catkin_ws$ rosmsg show ch5_tutorials/msg1
int32 No
string Name
```

图5-1　终端输出自定义消息内容

5.2.3　创建并编译服务文件

当ROS中标准数据类型不能满足需要时，读者可以自定义服务类型。具体操作步骤如下：

步骤1：在终端输入如下命令切换到功能包 ch5_tutorials，并创建 srv 文件夹：

```
$ cd ~/catkin_ws/src/ch5_tutorials
$ mkdir srv
```

步骤2：在终端输入如下命令切换到文件夹 srv，创建并编辑 srv1. srv 文件：

```
$ cd srv
$ gedit srv1. srv
```

在 srv1. srv 文件中自定义服务类型：

```
float32 h
float32 w
---
float32 area
```

其中，float32 h 和 float32 w 是请求，float32 area 是响应。

步骤3：打开功能包 ch5_tutorials 的 package. xml 文件，增加以下语句：

```
<build_depend>message_generation</build_depend>
<build_export_depend>message_generation</build_export_depend>
<exec_depend>message_runtime</exec_depend>
```

步骤4：打开功能包 ch5_tutorials 的 CMakeLists. txt 文件。

在 find_package 中添加 message_generation：

```
find_package (catkin REQUIRED COMPONENTS
roscpp
rospy
std_msgs
message_generation
)
```

在 add_service_files 中添加自定义的服务文件 srv1. srv：

```
add_service_files (
  FILES
  srv1.srv
)
```

取消 generate_message 部分的注释，使得服务可以顺利生成：

```
generate_message (
  DEPENDENCIES
  std_srvs
)
```

在 catkin_package 中做修改：

```
catkin_package (
  CATKIN_DEPENDS message_runtime roscpp rospy std_msgs
  )
```

步骤 5：在终端输入如下命令编译工作空间：

```
$ cd ~/catkin_ws
$ catkin_make
```

步骤 6：在终端输入如下命令验证编译是否成功：

```
$ rossrv show ch5_tutorials/srv1
```

若显示出自定义的服务类型（如图 5-2 所示），则说明编译成功。

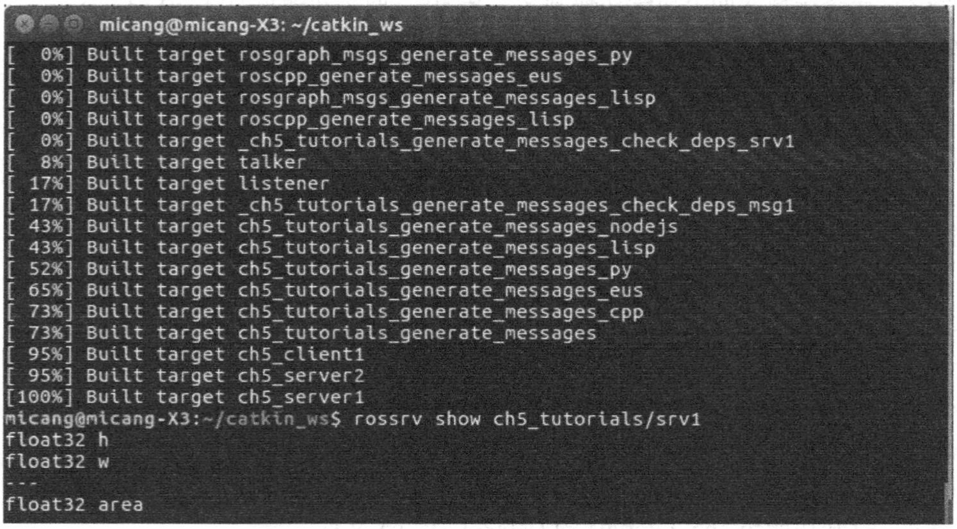

```
micang@micang-X3: ~/catkin_ws
[  0%] Built target rosgraph_msgs_generate_messages_py
[  0%] Built target roscpp_generate_messages_eus
[  0%] Built target rosgraph_msgs_generate_messages_lisp
[  0%] Built target roscpp_generate_messages_lisp
[  0%] Built target _ch5_tutorials_generate_messages_check_deps_srv1
[  8%] Built target talker
[ 17%] Built target listener
[ 17%] Built target _ch5_tutorials_generate_messages_check_deps_msg1
[ 43%] Built target ch5_tutorials_generate_messages_nodejs
[ 43%] Built target ch5_tutorials_generate_messages_lisp
[ 52%] Built target ch5_tutorials_generate_messages_py
[ 65%] Built target ch5_tutorials_generate_messages_eus
[ 73%] Built target ch5_tutorials_generate_messages_cpp
[ 73%] Built target ch5_tutorials_generate_messages
[ 95%] Built target ch5_client1
[ 95%] Built target ch5_server2
[100%] Built target ch5_server1
micang@micang-X3:~/catkin_ws$ rossrv show ch5_tutorials/srv1
float32 h
float32 w
---
float32 area
```

图 5-2　在终端输出自定义服务类型

5.3 消息发布节点与主题订阅节点的编写（C++）

本节将介绍如何使用C++语言编写消息发布节点以及主题订阅节点程序。

5.3.1 使用ROS标准消息

本小节将介绍如何创建消息发布节点和主题订阅节点，实现对ROS提供的标准消息的发布与订阅。

1. 创建消息发布节点

在终端输入如下命令切换到功能包ch5_tutorials的src文件夹：

```
$ cd ~/catkin_ws/src/ch5_tutorials/src
```

在终端输入如下命令，创建并打开talker_1.cpp文件：

```
$ gedit talker_1.cpp
```

下面以发布ROS标准消息类型std_msgs::String为例，用C++语言编写消息发布器，程序代码如下：

```
#include "ros/ros.h"
#include "std_msgs/String.h"
#include <sstream>
int main (int argc, char ** argv)
{
  ros::init (argc, argv, "talker_1");
  ros::NodeHandle n;
  ros::Publisher chatter_pub = n.advertise<std_msgs::String> ("chatter",
  1000);

  ros::Rate loop_rate (10);
  int count = 0;
  while (ros::ok ())
  {
    std_msgs::String msg;
    std::stringstream ss;
    ss << "Hello ROS " << count;
    msg.data = ss.str ();
    ROS_INFO ("%s", msg.data.c_str ());
    chatter_pub.publish (msg);
    ros::spinOnce ();
    loop_rate.sleep ();
    ++count;
```

```
24 }
25 return 0;
26 }
```

代码解释如下：

1）第 1 ~3 行：包含头文件。使用 roscpp 编写程序时必须包含 ros/ros. h 文件，其包含了 roscpp 中绝大多数的头文件。该程序中使用了 String 类型的消息，需添加包含该消息类型的头文件 std_msgs/String. h，std_msgs 是 ros 标准消息包的名称。

2）第 6 行：初始化节点。节点名称为“talker_1”，该名称需保证唯一性。在调用其他 roscpp 函数之前，必须先调用 ros:: init（）函数初始化节点。argc 和 argv 是命令行文件输入的参数，其可以实现名称重映射。

如果想启动多个相同节点，则使用 init_options:: AnonymousName 参数。

用法：“ros:: init（argc, argv, "node_name", init_options:: AnonymousName);”。

3）第 7 行：创建节点句柄。创建的第一个节点句柄用来初始化节点，最后一个销毁的节点句柄会清除所有节点占用的资源。

4）第 8、9 行：设置该节点为发布器，并告知节点管理器在名为 chatter 的主题发布类型为 std_msgs:: String、队列长度为 1000 的消息，超过设定的长度后，旧的消息就会被丢弃。advertise（）函数返回一个 ros:: Publisher 对象，它有两个作用：该对象有一个 publish（）成员函数可以在主题上发布消息；如果消息类型不匹配，则拒绝发布。

5）第 11 行：设置的发布频率是 10Hz，即每秒发布 10 次消息。ros:: Rate 会跟踪距离上次调用 Rate:: sleep（）过去了多久，并且休眠正确的时间长度。

6）第 13 行：节点的主循环。ros:: ok（）返回 false 有以下四种情况：SIGINT 收到［Ctrl + C］信号；另一个同名节点启动，会先中止之前的同名节点；ros:: shutdown（）被调用；所有的 ros:: NodeHandles 被销毁。

7）第 15 ~18 行：将数据传入消息，std_msgs:: String 类型只有一个成员 data，因此先创建一个正确类型的消息变量（如代码中的 msg），然后将数据传入消息变量中。

8）第 19 行：输出日志信息。在 ROS 中推荐使用 ROS_INFO 代替 C/C + + 语言中的 printf 或 cout。

9）第 20 行：发布消息 msg。节点管理器将搜索所有订阅该主题的节点，并帮助建立两个节点之间的连接，从而完成消息的传输。

10）第 21 行：该函数的作用是处理节点的所有回调函数。对于这个程序而言，因为没有回调函数调用，所以 ros:: spinOnce（）不是必需的。

11）第 22 行：休眠。

2. 创建主题订阅节点

在终端输入如下命令切换到功能包 ch5_tutorials 的 src 文件夹，创建并打开 listener_1. cpp 文件：

```
$ cd ~/catkin_ws/src/ch5_tutorials/src
$ gedit listener_1.cpp
```

用 C + + 编写消息订阅节点，在 listener_1. cpp 中写入如下代码：

```
#include "ros/ros.h"
#include "std_msgs/String.h"
```

```
3
4   void chatterCallback(const std_msgs::String::ConstPtr& msg)
5   {
6     ROS_INFO ("I heard: [%s]", msg->data.c_str ());
7   }
8
9   int main (int argc, char ** argv)
10  {
11    ros::init (argc, argv, "listener_1");
12    ros::NodeHandle n;
13    ros::Subscriber sub = n.subscribe ("chatter", 1000, chatterCallback);
14    ros::spin ();
15    return 0;
16  }
```

代码解释如下：

1）第4~7行：回调函数 chatterCallback（）。当节点收到 chatter 主题的消息就会调用这个函数，并将收到的消息通过 ROS_INFO（）函数显示到终端。

2）第13行：设置订阅者，订阅的主题名称为 chatter。一旦节点收到消息，则调用函数 chatterCallback（）来处理。subscribe（）函数返回一个 ros::Subscriber 对象。当订阅对象被销毁时，它会自动取消订阅 chatter 主题。

3）第14行：消息回调处理。调用此函数才真正开始进入循环处理，直到 ros::ok（）返回 false 才停止。注意：ros::spin（）须写在 main（）函数的最后、return 语句之前。与 ros::spin（）不同，ros::spinOnce（）需要设置频率，而 ros::spin（）不需要。

3. 编译程序并运行节点

打开功能包 ch5_tutorials 下的 CMakeLists.txt 文件，添加如下语句：

```
include_directories (include ${catkin_INCLUDE_DIRS})
add_executable (talker_1 src/talker_1.cpp)
target_link_libraries (talker_1 ${catkin_LIBRARIES})
add_executable (listener_1 src/listener_1.cpp)
target_link_libraries (listener_1 ${catkin_LIBRARIES})
```

在终端输入如下命令编译工作空间，并配置环境：

```
$ cd ~/catkin_ws
$ catkin_make
$ source devel/setup.bash
```

在终端输入如下命令启动节点管理器：

```
$ roscore
```

在终端输入如下命令运行发布器节点：

```
$ rosrun ch5_tutorials talker_1
```

运行结果如图 5-3 所示。

```
micang@micang-X3: ~/catkin_ws
[ 21%] Built target ch5_tutorials_generate_messages_eus
[ 30%] Built target ch5_tutorials_generate_messages_cpp
[ 39%] Built target ch5_tutorials_generate_messages_lisp
[ 56%] Built target ch5_tutorials_generate_messages_py
[ 60%] Building CXX object ch5_tutorials/CMakeFiles/listener_1.dir/src/listener_
1.cpp.o
[ 65%] Building CXX object ch5_tutorials/CMakeFiles/talker_1.dir/src/talker_1.cp
p.o
[ 65%] Built target ch5_tutorials_generate_messages
[ 73%] Built target ch5_client1
[ 82%] Built target ch5_server2
[ 91%] Built target ch5_server1
[ 95%] Linking CXX executable /home/micang/catkin_ws/devel/lib/ch5_tutorials/tal
ker_1
[ 95%] Built target talker_1
[100%] Linking CXX executable /home/micang/catkin_ws/devel/lib/ch5_tutorials/lis
tener_1
[100%] Built target listener_1
micang@micang-X3:~/catkin_ws$ rosrun ch5_tutorials talker_1
[ INFO] [1590916009.417829029]: Hello ROS 0
[ INFO] [1590916009.518004932]: Hello ROS 1
[ INFO] [1590916009.618000277]: Hello ROS 2
[ INFO] [1590916009.717977071]: Hello ROS 3
[ INFO] [1590916009.818008619]: Hello ROS 4
[ INFO] [1590916009.918006995]: Hello ROS 5
[ INFO] [1590916010.018007352]: Hello ROS 6
[ INFO] [1590916010.118004202]: Hello ROS 7
[ INFO] [1590916010.218003844]: Hello ROS 8
```

图 5-3　发布器节点结果显示

在终端输入如下命令运行订阅器节点：

```
$ rosrun ch5_tutorials listener_1
```

运行结果如图 5-4 所示。

```
micang@micang-X3: ~/catkin_ws
micang@micang-X3:~/catkin_ws$ rosrun ch5_tutorials listener_1
[ INFO] [1590916147.427726422]: I heard: [Hello ROS 3]
[ INFO] [1590916147.527435504]: I heard: [Hello ROS 4]
[ INFO] [1590916147.627441620]: I heard: [Hello ROS 5]
[ INFO] [1590916147.727484901]: I heard: [Hello ROS 6]
[ INFO] [1590916147.827384403]: I heard: [Hello ROS 7]
[ INFO] [1590916147.927374880]: I heard: [Hello ROS 8]
[ INFO] [1590916148.027518164]: I heard: [Hello ROS 9]
[ INFO] [1590916148.127477830]: I heard: [Hello ROS 10]
[ INFO] [1590916148.227471029]: I heard: [Hello ROS 11]
[ INFO] [1590916148.327457991]: I heard: [Hello ROS 12]
[ INFO] [1590916148.427413292]: I heard: [Hello ROS 13]
[ INFO] [1590916148.527417183]: I heard: [Hello ROS 14]
[ INFO] [1590916148.627485422]: I heard: [Hello ROS 15]
[ INFO] [1590916148.727509910]: I heard: [Hello ROS 16]
[ INFO] [1590916148.827177737]: I heard: [Hello ROS 17]
[ INFO] [1590916148.927164941]: I heard: [Hello ROS 18]
[ INFO] [1590916149.027099017]: I heard: [Hello ROS 19]
[ INFO] [1590916149.127099391]: I heard: [Hello ROS 20]
[ INFO] [1590916149.227199582]: I heard: [Hello ROS 21]
[ INFO] [1590916149.327227852]: I heard: [Hello ROS 22]
[ INFO] [1590916149.427216593]: I heard: [Hello ROS 23]
[ INFO] [1590916149.527233290]: I heard: [Hello ROS 24]
[ INFO] [1590916149.627164934]: I heard: [Hello ROS 25]
[ INFO] [1590916149.727450044]: I heard: [Hello ROS 26]
[ INFO] [1590916149.827386771]: I heard: [Hello ROS 27]
[ INFO] [1590916149.927510366]: I heard: [Hello ROS 28]
```

图 5-4　订阅器节点结果显示

5.3.2 使用自定义的消息

在消息的发布和订阅中除了使用 ROS 提供的标准消息类型外，也可以使用自定义的消息类型。如何自定义消息类型并编译已经在第 5.2 节中介绍过。本小节利用在第 5.2.2 小节自定义的消息 msg1.msg，对如何实现自定义消息的发布与订阅进行介绍。

1. 消息发布节点程序

在终端输入如下命令切换到功能包 ch5_tutorials 的 src 文件夹，创建并打开 talker_msg_1.cpp 文件：

```
$ cd ~/catkin_ws/src/ch5_tutorials/src
$ gedit talker_msg_1.cpp
```

在 talker_msg_1.cpp 中写入如下代码：

```
#include "ros/ros.h"
#include "ch5_tutorials/msg1.h"
#include <iostream>

int main(int argc, char ** argv)
{
 ros::init(argc, argv, "talker_msg_1");
 ros::NodeHandle n1;
 ros::Publisher pub = n1.advertise< ch5_tutorials::msg1 >("message", 1000);
 ros::Rate loop_rate(10);
 int count = 0;
 std::string str = "ROS";
 while(ros::ok())
 {
 ch5_tutorials::msg1 msg;
 msg.No = count;
 msg.Name = str;
 pub.publish(msg);
 ROS_INFO("%s", msg.Name.c_str());
 ros::spinOnce();
 loop_rate.sleep();
 ++count;
 }
 return 0;
}
```

2. 消息订阅节点程序

在终端输入如下命令切换到功能包 ch5_tutorials 的 src 文件夹，创建并打开 listener_msg_1.cpp 文件：

```
$ cd ~/catkin_ws/src/ch5_tutorials/src
$ gedit listener_msg_1.cpp
```

在 listener_msg_1.cpp 中写入如下代码：

```
1  #include "ros/ros.h"
2  #include "ch5_tutorials/msg1.h"
3  #include <iostream>
4
5  void message_Callback(const ch5_tutorials::msg1::ConstPtr& msg)
6  {
7  ROS_INFO("I heard: [%d] [%s]", msg->No, msg->Name.c_str());
8  }
9
10  int main(int argc, char ** argv)
11  {
12    ros::init(argc, argv, "listener_msg_1");
13    ros::NodeHandle n1;
14    ros::Subscriber sub = n1.subscribe("message", 1000, message_Callback);
15    ros::spin();
16    return 0;
17  }
```

在发布和订阅自定义消息时，需要注意的是，要包含自定义消息类型对应的头文件，即上述代码中第 2 行#include " ch5_tutorials/msg1.h"。代码其余部分与之前使用标准消息类型用法相同，故不再赘述。

3. 编译程序并运行节点

打开功能包 ch5_tutorials 下的 CMakeLists.txt 文件，添加如下语句：

```
add_executable(talker_msg_1 src/talker_msg_1.cpp)
target_link_libraries(talker_msg_1 ${catkin_LIBRARIES})
add_dependencies(talker_msg_1 ${${PROJECT_NAME}_EXPORTED_TARGETS}
${catkin_EXPORTED_TARGETS})
add_executable(listener_msg_1 src/listener_msg_1.cpp)
target_link_libraries(listener_msg_1 ${catkin_LIBRARIES})
add_dependencies(listener_msg_1 ${${PROJECT_NAME}_EXPORTED_TARGETS}
${catkin_EXPORTED_TARGETS})
```

在终端输入如下命令编译工作空间、配置环境：

```
$ cd ~/catkin_ws
$ catkin_make
$ source devel/setup.bash
```

在终端输入如下命令启动节点管理器：

```
$ roscore
```

在终端输入如下命令运行发布器节点：

```
$ rosrun ch5_tutorials talker_msg_1
```

运行结果如图 5-5 所示。

```
micang@micang-X3: ~/catkin_ws
[ 14%] Built target _ch5_tutorials_generate_messages_check_deps_srv1
[ 14%] Built target _ch5_tutorials_generate_messages_check_deps_msg1
[ 22%] Built target ch5_tutorials_generate_messages_cpp
[ 29%] Built target ch5_tutorials_generate_messages_lisp
[ 51%] Built target ch5_tutorials_generate_messages_py
[ 51%] Built target ch5_tutorials_generate_messages_nodejs
[ 62%] Built target ch5_tutorials_generate_messages_eus
[ 62%] Built target ch5_tutorials_generate_messages
[ 70%] Built target listener_msg_1
[ 77%] Built target ch5_server2
[ 85%] Built target ch5_client1
[ 92%] Built target talker_msg_1
[100%] Built target ch5_server1
micang@micang-X3:~/catkin_ws$ rosrun ch5_tutorials talker_msg_1
[ INFO] [1590916975.285873771]: ROS
[ INFO] [1590916975.386072251]: ROS
[ INFO] [1590916975.485983046]: ROS
[ INFO] [1590916975.586042173]: ROS
[ INFO] [1590916975.686074624]: ROS
[ INFO] [1590916975.786070365]: ROS
[ INFO] [1590916975.886066810]: ROS
[ INFO] [1590916975.986037502]: ROS
[ INFO] [1590916976.086026587]: ROS
[ INFO] [1590916976.185953157]: ROS
[ INFO] [1590916976.286073136]: ROS
[ INFO] [1590916976.386037455]: ROS
[ INFO] [1590916976.486011543]: ROS
```

图 5-5　发布器节点的结果显示

在终端输入如下命令运行订阅器节点：

```
$ rosrun  ch5_tutorials listener_msg_1
```

运行结果如图 5-6 所示。

```
micang@micang-X3: ~/catkin_ws
micang@micang-X3:~/catkin_ws$ rosrun ch5_tutorials listener_msg_1
[ INFO] [1590917082.278782795]: I heard: [3] [ROS]
[ INFO] [1590917082.378562821]: I heard: [4] [ROS]
[ INFO] [1590917082.478538972]: I heard: [5] [ROS]
[ INFO] [1590917082.578635063]: I heard: [6] [ROS]
[ INFO] [1590917082.678552040]: I heard: [7] [ROS]
[ INFO] [1590917082.778480158]: I heard: [8] [ROS]
[ INFO] [1590917082.878561709]: I heard: [9] [ROS]
[ INFO] [1590917082.978493364]: I heard: [10] [ROS]
[ INFO] [1590917083.078574532]: I heard: [11] [ROS]
[ INFO] [1590917083.178567953]: I heard: [12] [ROS]
[ INFO] [1590917083.278605705]: I heard: [13] [ROS]
[ INFO] [1590917083.378611666]: I heard: [14] [ROS]
[ INFO] [1590917083.478570762]: I heard: [15] [ROS]
[ INFO] [1590917083.578551999]: I heard: [16] [ROS]
[ INFO] [1590917083.678353325]: I heard: [17] [ROS]
[ INFO] [1590917083.778302834]: I heard: [18] [ROS]
[ INFO] [1590917083.878430468]: I heard: [19] [ROS]
[ INFO] [1590917083.978403619]: I heard: [20] [ROS]
[ INFO] [1590917084.078455414]: I heard: [21] [ROS]
[ INFO] [1590917084.178451985]: I heard: [22] [ROS]
[ INFO] [1590917084.278427638]: I heard: [23] [ROS]
[ INFO] [1590917084.378387050]: I heard: [24] [ROS]
[ INFO] [1590917084.478571450]: I heard: [25] [ROS]
[ INFO] [1590917084.578617359]: I heard: [26] [ROS]
[ INFO] [1590917084.678634164]: I heard: [27] [ROS]
[ INFO] [1590917084.778579247]: I heard: [28] [ROS]
```

图 5-6　订阅器节点的结果显示

5.4 消息发布节点与主题订阅节点的编写（Python）

本节将介绍如何使用 Python 语言编写消息发布节点以及主题订阅节点程序。

5.4.1 使用 ROS 标准消息

本小节将介绍如何创建消息发布节点和主题订阅节点，实现对 ROS 提供的标准消息的发布与订阅。

1. 创建消息发布节点

在终端输入如下命令切换到功能包 ch5_tutorials 下：

```
$ roscd ch5_tutorials
```

创建 Python 脚本文件夹 scripts：

```
$ mkdir scripts
```

在终端输入如下命令切换到 scripts 文件夹下：

```
$ cd scripts
```

在终端输入如下命令创建并编辑 talker_1. py 文件：

```
$ gedit talker_1. py
```

代码如下：

```
1 #!/usr/bin/env python
2 import rospy
3 from std_msgs. msg import String
4
5  def talker( ):
6  rospy. init_node( 'talker_1', anonymous = True)
7  pub  =  rospy. Publisher( 'chatter', String, queue_size = 10)
8  rate  =  rospy. Rate(10)
9  while not rospy. is_shutdown( ):
10  hello_str  =  "Hello ROS"
11  rospy. loginfo( hello_str)
12  pub. publish( hello_str)
13  rate. sleep( )
14
15  if __name__  = =  '__main__':
16  try:
17  talker( )
18  except rospy. ROSInterruptException:
19  pass
```

代码解释如下：

1）第 1 行：指定脚本解释器为 Python。

2）第 2、3 行：导入 rospy，导入 std_msgs. msg 模块中的 String 类。

3）第 6 行：初始化节点，节点名称为 talker_1；anonymous = True 标记告诉 rospy 为节点生成唯一的名称，可以允许用户运行多个 talker_1. py 程序。

4）第 7 行：设置发布的主题名称为 chatter，消息类型为 String，消息队列长度为 10。

5）第 8 行：设置消息发布的频率，单位是 Hz。

6）第 9 行：检测节点是否准备关闭。若节点准备好被关闭，则返回 False，否则返回 True。

7）第 10 行：将数据传入消息变量。

8）第 11 行：输出日志信息。

9）第 12 行：发布信息到主题。

10）第 13 行：根据设置的频率，休眠一定持续时间，如果参数为负数，休眠会立即返回。

注意：必须通过如下命令将 Python 程序的权限设置为可执行。

```
$ chmod +x talker_1. py
```

2. 消息订阅节点程序

在 scripts 文件夹下新建并编辑 listener_1. py 文件：

```
$ gedit listener_1. py
```

代码如下：

```
1  #!/usr/bin/env python
2
3  import rospy
4  from std_msgs. msg import String
5
6   def callback(msg):
7   rospy. loginfo('I heard %s',msg. data)
8
9   def listener():
10  rospy. init_node('listener_1', anonymous = True)
11  rospy. Subscriber('chatter', String, callback)
12  rospy. spin()
13
14  if __name__ == '__main__':
15  listener()
```

对该程序进行如下说明：

1）第 6 行：定义回调函数。

2）第 7 行：输出日志信息。

3）第 11 行：设置订阅主题为 chatter，消息类型为 String，同时调用回调函数 callback。当接收到新的消息时，callback 函数自动被调用。

4）第 12 行：保持节点运行，直到节点关闭。与 roscpp 中的 ros::spin() 不同，rospy. spin() 不影响订阅的回调函数，因为回调函数有自己的线程。

通过如下命令将 Python 程序的权限设置为可执行：

```
$ chmod +x listener_1. py
```

3. 运行节点

在终端输入如下命令启动节点管理器：

```
$ roscore
```

在终端输入如下命令运行发布器节点：

```
$ rosrun ch5_tutorials talker_1. py
```

运行结果如图 5-7 所示。

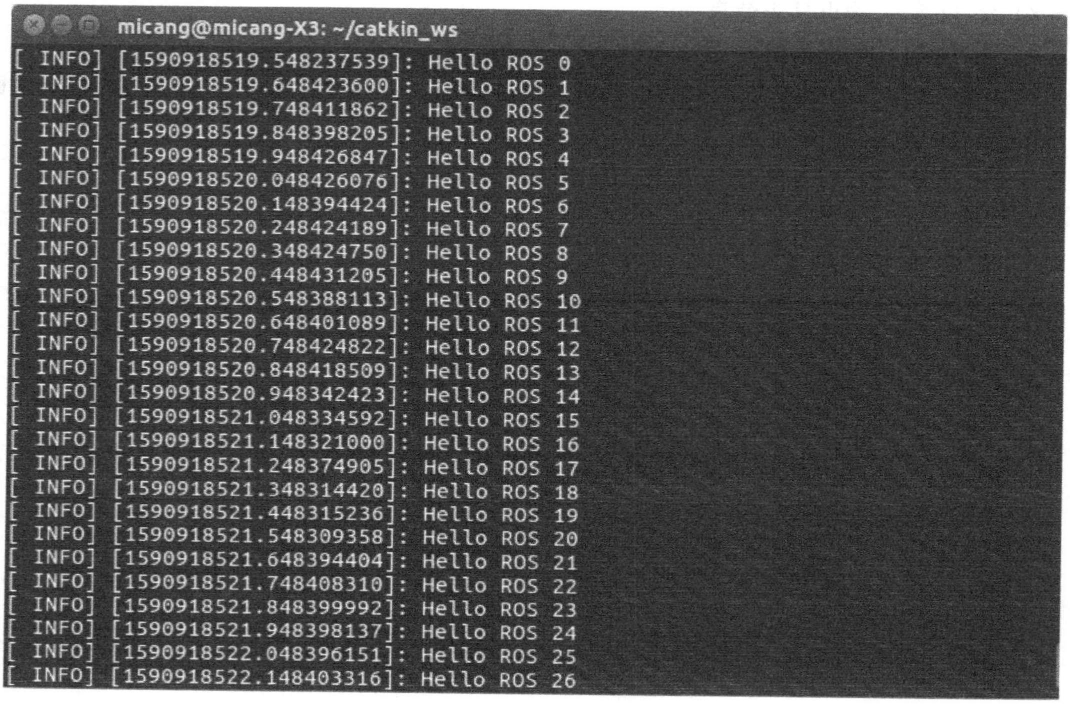

```
micang@micang-X3: ~/catkin_ws
[ INFO] [1590918519.548237539]: Hello ROS 0
[ INFO] [1590918519.648423600]: Hello ROS 1
[ INFO] [1590918519.748411862]: Hello ROS 2
[ INFO] [1590918519.848398205]: Hello ROS 3
[ INFO] [1590918519.948426847]: Hello ROS 4
[ INFO] [1590918520.048426076]: Hello ROS 5
[ INFO] [1590918520.148394424]: Hello ROS 6
[ INFO] [1590918520.248424189]: Hello ROS 7
[ INFO] [1590918520.348424750]: Hello ROS 8
[ INFO] [1590918520.448431205]: Hello ROS 9
[ INFO] [1590918520.548388113]: Hello ROS 10
[ INFO] [1590918520.648401089]: Hello ROS 11
[ INFO] [1590918520.748424822]: Hello ROS 12
[ INFO] [1590918520.848418509]: Hello ROS 13
[ INFO] [1590918520.948342423]: Hello ROS 14
[ INFO] [1590918521.048334592]: Hello ROS 15
[ INFO] [1590918521.148321000]: Hello ROS 16
[ INFO] [1590918521.248374905]: Hello ROS 17
[ INFO] [1590918521.348314420]: Hello ROS 18
[ INFO] [1590918521.448315236]: Hello ROS 19
[ INFO] [1590918521.548309358]: Hello ROS 20
[ INFO] [1590918521.648394404]: Hello ROS 21
[ INFO] [1590918521.748408310]: Hello ROS 22
[ INFO] [1590918521.848399992]: Hello ROS 23
[ INFO] [1590918521.948398137]: Hello ROS 24
[ INFO] [1590918522.048396151]: Hello ROS 25
[ INFO] [1590918522.148403316]: Hello ROS 26
```

图 5-7　发布器节点的结果显示

在终端输入如下命令运行订阅器节点：

```
$ rosrun ch5_tutorials listener_1. py
```

运行结果如图 5-8 所示。

5. 4. 2　使用自定义的消息

在用 Python 编写消息的发布和订阅时，同样可以使用自定义的消息。本节利用在 5. 2. 2 节自定义的消息 msg1. msg，对如何使用 Python 实现自定义消息的发布与订阅进行介绍。具体说明如下。

1. 消息发布节点程序

在文件夹 ch5_tutorials/scripts 下创建 talker_msg_1. py 文件：

```
$ gedit talker_msg_1. py
```

在 talker_msg_1. py 中写入如下代码：

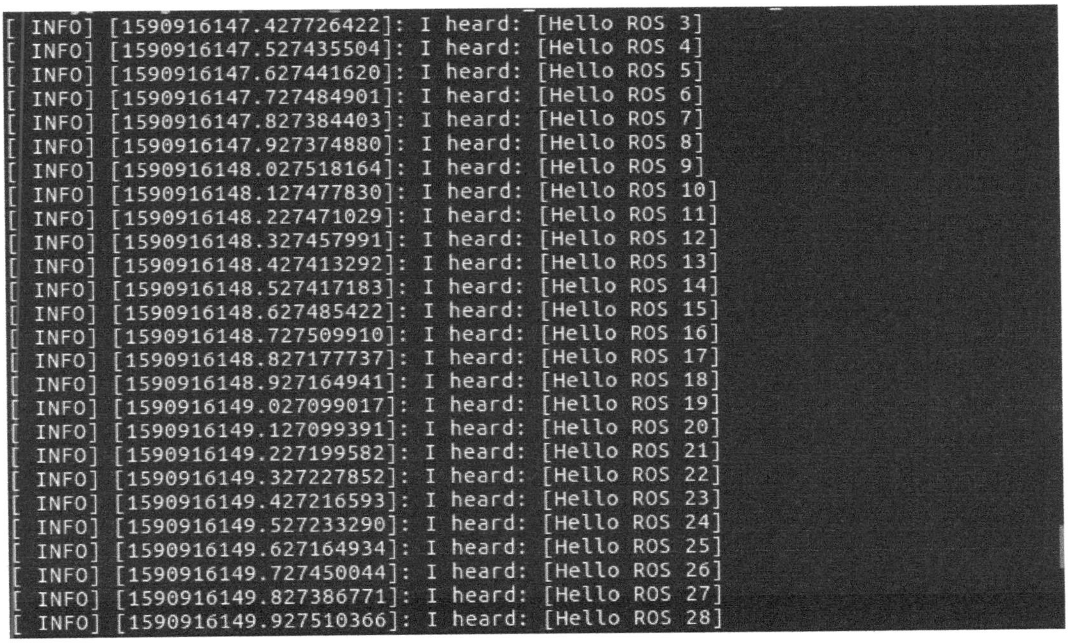

```
[ INFO] [1590916147.427726422]: I heard: [Hello ROS 3]
[ INFO] [1590916147.527435504]: I heard: [Hello ROS 4]
[ INFO] [1590916147.627441620]: I heard: [Hello ROS 5]
[ INFO] [1590916147.727484901]: I heard: [Hello ROS 6]
[ INFO] [1590916147.827384403]: I heard: [Hello ROS 7]
[ INFO] [1590916147.927374880]: I heard: [Hello ROS 8]
[ INFO] [1590916148.027518164]: I heard: [Hello ROS 9]
[ INFO] [1590916148.127477830]: I heard: [Hello ROS 10]
[ INFO] [1590916148.227471029]: I heard: [Hello ROS 11]
[ INFO] [1590916148.327457991]: I heard: [Hello ROS 12]
[ INFO] [1590916148.427413292]: I heard: [Hello ROS 13]
[ INFO] [1590916148.527417183]: I heard: [Hello ROS 14]
[ INFO] [1590916148.627485422]: I heard: [Hello ROS 15]
[ INFO] [1590916148.727509910]: I heard: [Hello ROS 16]
[ INFO] [1590916148.827177737]: I heard: [Hello ROS 17]
[ INFO] [1590916148.927164941]: I heard: [Hello ROS 18]
[ INFO] [1590916149.027099017]: I heard: [Hello ROS 19]
[ INFO] [1590916149.127099391]: I heard: [Hello ROS 20]
[ INFO] [1590916149.227199582]: I heard: [Hello ROS 21]
[ INFO] [1590916149.327227852]: I heard: [Hello ROS 22]
[ INFO] [1590916149.427216593]: I heard: [Hello ROS 23]
[ INFO] [1590916149.527233290]: I heard: [Hello ROS 24]
[ INFO] [1590916149.627164934]: I heard: [Hello ROS 25]
[ INFO] [1590916149.727450044]: I heard: [Hello ROS 26]
[ INFO] [1590916149.827386771]: I heard: [Hello ROS 27]
[ INFO] [1590916149.927510366]: I heard: [Hello ROS 28]
```

图 5-8 订阅器节点的结果显示

```
#!/usr/bin/env python
import rospy
from ch5_tutorials.msg import msg1

def talker():
    rospy.init_node('talker_msg_1', anonymous = True)
    pub = rospy.Publisher('chatter', msg1, queue_size = 10)
    rate = rospy.Rate(10)
    count = 0
    while not rospy.is_shutdown():
        msg = msg1()
        msg.No = count
        msg.Name = "ROS"
        rospy.loginfo(msg)
        pub.publish(msg)
        count += 1
        rate.sleep()

if __name__ == '__main__':
    try:
        talker()
    except rospy.ROSInterruptException:
        pass
```

在终端输入如下命令设置权限为可执行：

```
$ chmod +x talker_msg_1.py
```

2. 消息订阅器程序

在文件夹 ch5_tutorials/scripts 下创建 listener_msg_1.py 文件：

```
$ gedit listener_msg_1.py
```

程序代码如下：

```
1  #!/usr/bin/env python
2
3  import rospy
4  from ch5_tutorials.msg import msg1
5
6  def callback(msg):
7  rospy.loginfo('I heard %s %s', msg.No, msg.Name)
8
9  def listener():
10   rospy.init_node('listener_msg_1', anonymous=True)
11   rospy.Subscriber('chatter', msg1, callback)
12   rospy.spin()
13
14   if __name__ == '__main__':
15   listener()
```

注意：导入自定义的消息时需要从 <包名>.msg 导入，即代码第 4 行 from ch5_tutorials.msg import msg1。

在终端输入如下命令设置权限为可执行：

```
$ chmod +x listener_msg_1.py
```

3. 运行节点

在终端输入如下命令启动节点管理器：

```
$ roscore
```

在终端输入如下命令运行发布器节点：

```
$ rosrun ch5_tutorials talker_msg_1.py
```

运行结果如图 5-9 所示。

在终端输入如下命令运行订阅器节点：

```
$ rosrun ch5_tutorials listener_msg_1.py
```

运行结果如图 5-10 所示。

```
micang@micang-X3: ~/catkin_ws
[ INFO] [1591513680.436118614]: No:0 Name:ROS
[ INFO] [1591513680.536231489]: No:1 Name:ROS
[ INFO] [1591513680.636222393]: No:2 Name:ROS
[ INFO] [1591513680.736273840]: No:3 Name:ROS
[ INFO] [1591513680.836190816]: No:4 Name:ROS
[ INFO] [1591513680.936233532]: No:5 Name:ROS
[ INFO] [1591513681.036235043]: No:6 Name:ROS
[ INFO] [1591513681.136263387]: No:7 Name:ROS
[ INFO] [1591513681.236217210]: No:8 Name:ROS
[ INFO] [1591513681.336277641]: No:9 Name:ROS
[ INFO] [1591513681.436238995]: No:10 Name:ROS
[ INFO] [1591513681.536217960]: No:11 Name:ROS
[ INFO] [1591513681.636173030]: No:12 Name:ROS
[ INFO] [1591513681.736210293]: No:13 Name:ROS
[ INFO] [1591513681.836149994]: No:14 Name:ROS
[ INFO] [1591513681.936216121]: No:15 Name:ROS
[ INFO] [1591513682.036255868]: No:16 Name:ROS
[ INFO] [1591513682.136269421]: No:17 Name:ROS
[ INFO] [1591513682.236187667]: No:18 Name:ROS
[ INFO] [1591513682.336217599]: No:19 Name:ROS
[ INFO] [1591513682.436217684]: No:20 Name:ROS
[ INFO] [1591513682.536217242]: No:21 Name:ROS
```

图 5-9　运行器节点的结果显示

```
micang@micang-X3: ~/catkin_ws
[ INFO] [1591514165.904243785]: I heard: [No:4 Name:ROS]
[ INFO] [1591514166.004138571]: I heard: [No:5 Name:ROS]
[ INFO] [1591514166.104121160]: I heard: [No:6 Name:ROS]
[ INFO] [1591514166.204130704]: I heard: [No:7 Name:ROS]
[ INFO] [1591514166.304102839]: I heard: [No:8 Name:ROS]
[ INFO] [1591514166.404116613]: I heard: [No:9 Name:ROS]
[ INFO] [1591514166.504109500]: I heard: [No:10 Name:ROS]
[ INFO] [1591514166.604093688]: I heard: [No:11 Name:ROS]
[ INFO] [1591514166.704081385]: I heard: [No:12 Name:ROS]
[ INFO] [1591514166.804072036]: I heard: [No:13 Name:ROS]
[ INFO] [1591514166.904084713]: I heard: [No:14 Name:ROS]
[ INFO] [1591514167.004080017]: I heard: [No:15 Name:ROS]
[ INFO] [1591514167.104060342]: I heard: [No:16 Name:ROS]
[ INFO] [1591514167.204044265]: I heard: [No:17 Name:ROS]
[ INFO] [1591514167.304091563]: I heard: [No:18 Name:ROS]
[ INFO] [1591514167.404081723]: I heard: [No:19 Name:ROS]
[ INFO] [1591514167.504062062]: I heard: [No:20 Name:ROS]
[ INFO] [1591514167.603978590]: I heard: [No:21 Name:ROS]
[ INFO] [1591514167.704072516]: I heard: [No:22 Name:ROS]
[ INFO] [1591514167.804061536]: I heard: [No:23 Name:ROS]
[ INFO] [1591514167.904234419]: I heard: [No:24 Name:ROS]
[ INFO] [1591514168.004067829]: I heard: [No:25 Name:ROS]
[ INFO] [1591514168.104067899]: I heard: [No:26 Name:ROS]
[ INFO] [1591514168.204061051]: I heard: [No:27 Name:ROS]
```

图 5-10　订阅器节点的结果显示

5.5　服务器端与客户端程序的编写（C + +）

本节将介绍如何采用 C + +语言编写代码建立服务器端与客户端，实现对服务的请求与响应。

5.5.1 使用自定义的服务文件

本小节通过创建服务器端和客户端，并采用第 5.2.3 小节自定义的服务类型，实现接收两个参数并返回其乘积。如何自定义并编译服务文件在第 5.2 节已经介绍过了，在此不再赘述。

1. 服务器端

在终端输入如下命令切换到功能包 ch5_tutorials 的 src 文件夹，创建并打开 ch5_server_1.cpp 文件：

```
$ cd ~/catkin_ws/src/ch5_tutorials/src
$ gedit ch5_server_1.cpp
```

在 ch5_server_1.cpp 中写入如下代码：

```
1   #include "ros/ros.h"
2   #include "ch5_tutorials/srv1.h"
3
4   bool area(ch5_tutorials::srv1::Request &req,
5   ch5_tutorials::srv1::Response &res)
6   {
7       res.area = req.h * req.w;
9       ROS_INFO("request: height = %f, width = %f", req.h, req.w);
10      ROS_INFO("sending back response: [%f]", res.area);
11      return true;
12  }
13
14  int main(int argc, char * * argv)
15  {
16      ros::init(argc, argv, "ch5_server_1");
17      ros::NodeHandle n1;
18      ros::ServiceServer service = n1.advertiseService("ch5_srv1", area);
19      ROS_INFO("Please input height and width:");
20      ros::spin();
21      return 0;
22  }
```

代码解释如下：

1）第 1、2 行：包含头文件。srv1.h 是由编译系统根据先前创建的 srv1.srv 文件自动生成的对应的头文件。

2）第 4 ~ 12 行：服务的回调函数，真正实现了服务的功能。该函数的功能是计算两个浮点型变量之积，参数 req 和 res 就是自定义服务文件 srv1.srv 中的请求和响应。在完成计算后，结果放入响应数据中，反馈给客户端，回调函数返回 true。

3）第 18 行：advertiseService（）函数指定了服务的名称和对应的回调函数。一旦有服务请求，就调用服务函数 area（）。

2. 客户端

在终端输入如下命令切换到功能包 ch5_tutorials 的 src 文件夹，创建并打开 ch5_client_1. cpp 文件：

```
$ cd ~/catkin_ws/src/ch5_tutorials/src
$ gedit ch5_client_1.cpp
```

在 ch5_client_1. cpp 中写入如下代码：

```
1  #include "ros/ros.h"
2  #include "ch5_tutorials/srv1.h"
3  #include <cstdlib>
4
5  int main(int argc, char ** argv)
6  {
7     ros::init(argc, argv, "ch5_client_1");
8     if(argc != 3)
9     {
10       ROS_INFO("usage: input height width");
11       return 1;
12 }
13
14   ros::NodeHandle n1;
15   ros::ServiceClient client =
16   n1.serviceClient<ch5_tutorials::srv1 >("ch5_srv1");
17   ch5_tutorials::srv1 srv;
18   srv.request.h = atof(argv[1]);
19   srv.request.w = atof(argv[2]);
20   if(client.call(srv))
21   {
22       ROS_INFO("area: %f", srv.response.area);
23   }
24   else
25   {
26       ROS_ERROR("Failed to call service ch5_srv1");
27       return 1;
28   }
29   return 0;
30 }
```

代码解释如下：

1）第 15、16 行：创建了一个名为 ch5_srv1 的客户端，设定服务类型为 ch5_tutorials:: srv1。

2）第 17 ~ 19 行：创建服务类型变量并赋值，该服务类型变量含有两个成员：request 与 response。request 即在运行节点时需要输入的参数。

3）第 20 ~ 27 行：用于调用服务并发送数据。一旦调用完成，将向函数返回调用结果。如果调用成功，call（）函数将返回 true 值，srv. response 里的值将是合法的。如果调用失败，call（）函数将返回 false 值，srv. response 里的值将是非法的。

3. 编译程序并使用服务

打开功能包 ch5_tutorials 下的 CMakeLists. txt 文件，添加如下语句：

```
add_executable(ch5_server_1 src/ch5_server_1.cpp)
target_link_libraries(ch5_server_1 ${catkin_LIBRARIES})
add_dependencies(ch5_server_1 ${${PROJECT_NAME}_EXPORTED_TARGETS}
${catkin_EXPORTED_TARGETS})

add_executable(ch5_client_1 src/ch5_client_1.cpp)
target_link_libraries(ch5_client_1 ${catkin_LIBRARIES})
add_dependencies(ch5_client_1 ${${PROJECT_NAME}_EXPORTED_TARGETS}
${catkin_EXPORTED_TARGETS})
```


在终端输入如下命令编译工作空间、配置环境：

```
$ cd ~/catkin_ws
$ catkin_make
$ source devel/setup.bash
```

在终端输入如下命令运行节点管理器：

```
$ roscore
```

在终端输入如下命令启动服务器端：

```
$ rosrun ch5_tutorials ch5_server_1
```

服务器端结果显示如图 5-11 所示。

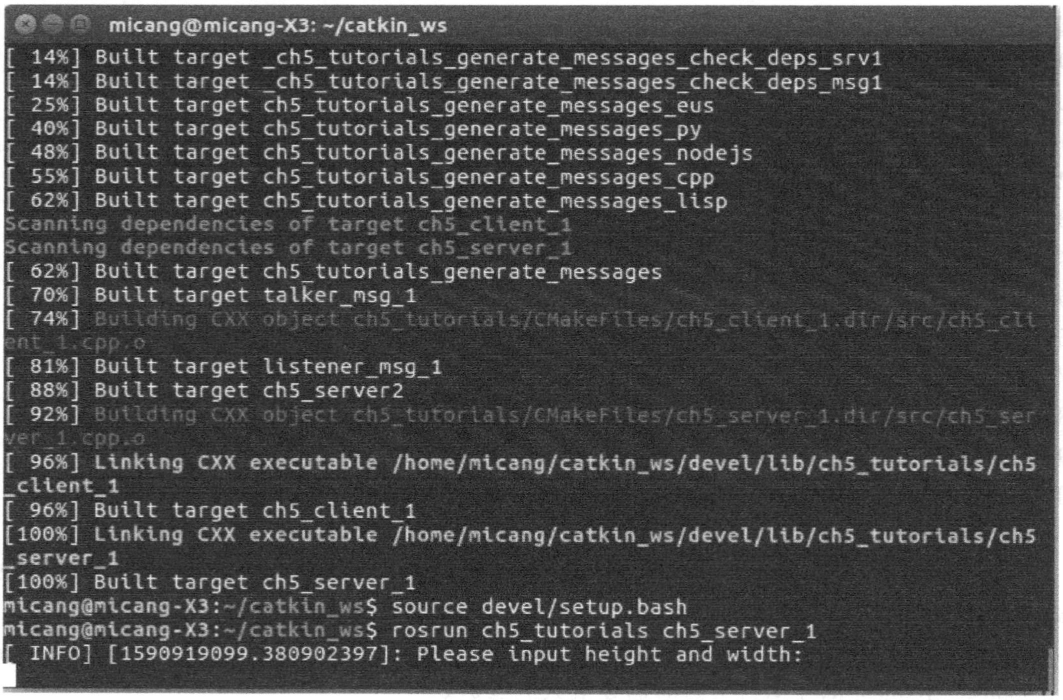

```
micang@micang-X3: ~/catkin_ws
[ 14%] Built target _ch5_tutorials_generate_messages_check_deps_srv1
[ 14%] Built target _ch5_tutorials_generate_messages_check_deps_msg1
[ 25%] Built target ch5_tutorials_generate_messages_eus
[ 40%] Built target ch5_tutorials_generate_messages_py
[ 48%] Built target ch5_tutorials_generate_messages_nodejs
[ 55%] Built target ch5_tutorials_generate_messages_cpp
[ 62%] Built target ch5_tutorials_generate_messages_lisp
Scanning dependencies of target ch5_client_1
Scanning dependencies of target ch5_server_1
[ 62%] Built target ch5_tutorials_generate_messages
[ 70%] Built target talker_msg_1
[ 74%] Building CXX object ch5_tutorials/CMakeFiles/ch5_client_1.dir/src/ch5_cli
ent_1.cpp.o
[ 81%] Built target listener_msg_1
[ 88%] Built target ch5_server2
[ 92%] Building CXX object ch5_tutorials/CMakeFiles/ch5_server_1.dir/src/ch5_ser
ver_1.cpp.o
[ 96%] Linking CXX executable /home/micang/catkin_ws/devel/lib/ch5_tutorials/ch5
_client_1
[ 96%] Built target ch5_client_1
[100%] Linking CXX executable /home/micang/catkin_ws/devel/lib/ch5_tutorials/ch5
_server_1
[100%] Built target ch5_server_1
micang@micang-X3:~/catkin_ws$ source devel/setup.bash
micang@micang-X3:~/catkin_ws$ rosrun ch5_tutorials ch5_server_1
[ INFO] [1590919099.380902397]: Please input height and width:
```

图 5-11　服务器端结果显示

在终端输入如下命令运行客户端：

```
$ rosrun ch5_ tutorials ch5_ client_ 1
```

客户端结果显示如图 5-12 所示。

```
micang@micang-X3: ~/catkin_ws
micang@micang-X3:~$ cd catkin_ws
micang@micang-X3:~/catkin_ws$ source devel/setup.bash
micang@micang-X3:~/catkin_ws$ rosrun ch5_tutorials ch5_client_1
[ INFO] [1590919175.500466210]: usage: input height width
micang@micang-X3:~/catkin_ws$
```

图 5-12　客户端结果显示

在终端输入如下命令运行客户端节点：

```
$ rosrun ch5_tutorials ch5_client_1 1.2 5.0
```

客户端节点显示如图 5-13 所示。


```
micang@micang-X3:~/catkin_ws$ rosrun ch5_tutorials ch5_client_1 1.2 5.0
[ INFO] [1590919266.937396110]: area: 6.000000
micang@micang-X3:~/catkin_ws$
```

图 5-13　客户端节点结果显示

此时，当前工作空间处的终端显示如图 5-14 所示。

```
micang@micang-X3:~/catkin_ws$ rosrun ch5_tutorials ch5_server_1
[ INFO] [1590919261.094486311]: Please input height and width:
[ INFO] [1590919266.937193372]: request: height=1.200000, width=5.000000
[ INFO] [1590919266.937232882]: sending back response: [6.000000]
```

图 5-14　当前工作空间处的终端结果显示

5.5.2　参数的使用

在本小节中将介绍如何在服务程序中使用参数。

1. 常用函数

常用的参数处理函数有以下六种：

1）getParam（）：用于获取参数。代码示例如下：

```
std::string str;
n.getParam("my_param", str);
```

其中，getParam（）的第一个参数是参数名称，第二个参数是放置获取参数值的地方。这两条示例语句实现了获取参数 my_param 的参数值，并将其存放到字符串变量 str 中。

2）param（）：param（）函数与 getParam（）函数类似，但在没有获取到参数值的时候，可以设置默认值。代码示例如下：

```
int i;
n.param("my_param", i, 1);
```

3）setParam（）：用于设置参数。代码示例如下：

```
n.setParam("my_param",1);
```

其中，setParam（）的第一个参数为参数名，第二个参数是设置参数的数据。该示例语句实现将参数 my_param 的值设置为 1。

4）deleteParam（）：用于删除参数。代码示例如下：

```
n.deleteParam("my_param");
```

5）hasParam（）：用于检查参数是否存在。代码示例如下：

```
if(n.hasParam("my_param")){}
```

6）searchParam（）：搜索参数。参数服务器允许在开始的工作空间或父工作空间中搜索参数。

2. 在服务中使用参数

下面通过使用 setParam（）和 getParam（）来说明服务中参数处理函数的用法。

1）在文件夹 ch5_tutorials/src 下创建并打开 ch5_server_2.cpp 文件，写入如下代码：

```
#include "ros/ros.h"
#include "ch5_tutorials/srv1.h"

float p_r = N;

bool area(ch5_tutorials::srv1::Request &req,
ch5_tutorials::srv1::Response &res)
{
res.area = p_r * req.h * req.w;
  ROS_INFO("request: height = %f, width = %f", req.h, req.w);
  ROS_INFO("sending back response: [%f]", res.area);
  return true;
  }

  int main(int argc, char * * argv)
  {
 ros::init(argc, argv, "ch5_server_2");
 ros::NodeHandle n;
 n.setParam("ratio",N);

 ros::ServiceServer service = n.advertiseService("ch5_srv1", area);
 ROS_INFO("Please input height and width:");
 ros::Rate r(10);
 while(ros::ok())
 {
```

```
26    n.getParam("ratio",p_r);
27    ros::spinOnce();
28    r.sleep();
29    }
30
31    return 0;
32    }
```

该程序在 ch5_server_1.cpp 的基础上增加了参数 ratio，通过第 19 行 n.setParam("ratio", N)将参数 ratio 的值设置为 N，通过第 26 行 n.getParam ("ratio", p_r) 获取参数 ratio 的值并存放到变量 p_r 中，在回调函数 area () 中使用 p_r 实现将参数 req.h 和 req.w 的乘积扩大 N 倍。

2）打开功能包 ch5_tutorials 下的 CMakeLists.txt 文件，添加如下语句：

```
add_executable(ch5_server_2 src/ch5_server_2.cpp)
target_link_libraries(ch5_server_2 ${catkin_LIBRARIES})
add_dependencies(ch5_server_2 ${${PROJECT_NAME}_EXPORTED_TARGETS}
${catkin_EXPORTED_TARGETS})
```

3）在终端输入如下命令编译工作空间、配置环境：

```
$ cd ~/catkin_ws
$ catkin_make
$ source devel/setup.bash
```

4）在终端输入如下命令启动节点管理器：

```
$ roscore
```

5）在终端输入如下命令运行服务器端：

```
$ rosrun ch5_tutorials ch5_server_2
```

服务器端结果显示如图 5-15 所示。

```
[100%] Built target ch5_server_2
micang@micang-X3:~/catkin_ws$ rosrun ch5_tutorials ch5_server_2
[ INFO] [1590919483.079285026]: Please input height and width:
```

图 5-15　服务器端结果显示

6）在终端输入如下命令设置参数 ratio 的值为 2：

```
$ rosparam set /ratio 2
```

7）在终端输入如下命令输入参数 1，1：

```
$ rosservice call /ch5_srv1 1 1
```

运行结果如图 5-16 所示。

```
micang@micang-X3:~/catkin_ws$  rosparam set /ratio 2
micang@micang-X3:~/catkin_ws$ rosservice call /ch5_srv1 1 1
area: 2.0
micang@micang-X3:~/catkin_ws$ 
```

图 5-16　运行结果

同时，服务器端结果显示如图 5-17 所示。

```
micang@micang-X3:~/catkin_ws$ rosrun ch5_tutorials ch5_server_2
[ INFO] [1590919483.079285026]: Please input height and width:
[ INFO] [1590919527.681105763]: request: height=1.000000, width=1.000000
[ INFO] [1590919527.681195434]: sending back response: [2.000000]
```

图 5-17　服务器端结果显示

5.6　服务器端与客户端程序的编写（Python）

本小节将介绍如何通过 Python 编写代码建立服务器端与客户端，实现对服务的请求与响应。

5.6.1　服务器端与客户端

本小节通过创建服务器端和客户端，并采用第 5.2.3 小节自定义的服务类型，实现接收两个参数并返回其乘积。

1. 服务器端

在文件夹 ch5_tutorials/scripts 下创建 ch5_server_1. py 文件，写入如下代码：

```
#!/usr/bin/env python

import rospy
from ch5_tutorials. srv import *

def handle_ch5_srv1(req):
print "Returning [%sf * %f=%f]"%(req. h, req. w,(req. h * req. w))
area=req. h * req. w
return srv1Response(area)

 def ch5_server():
 rospy. init_node('ch5_server_1')
 s=rospy. Service('ch5_srv1', srv1,handle_ch5_srv1)
 rospy. loginfo("Ready to input h and w")
 rospy. spin()

 if __name__ == "__main__":
 ch5_server()
```

在终端输入如下命令设置权限为可执行：

```
$ chmod +x ch5_server_1. py
```

代码说明如下：

1）回调函数。

```
def handle_ch5_srv1(req):
print "Returning [%sf * %f=%f]"%(req.h, req.w,(req.h * req.w))
area=req.h * req.w
return srv1Response(area)
```

回调函数用于处理请求，函数只接收 srv1Request 类型的参数，并返回一个 srv1Response 类型的值。srv1Request 类型和 srv1Response 类型的源代码可以在编译系统自动生成的对应服务的 srv1.py 文件中看到。

2）声明服务。

s = rospy.Service('ch5_srv1', srv1,handle_ch5_srv1):rospy.Service()函数声明了一个服务，并指定了服务的名称、服务类型以及对应的回调函数。

2. 客户端

在文件夹 ch5_tutorials/scripts 下创建 ch5_client_1.py 文件，写入如下代码：

```
#!/usr/bin/env python

import sys
import rospy
from ch5_tutorials.srv import *

def ch5_client(x, y):
rospy.wait_for_service('ch5_srv1')
try:
  ch5_client=rospy.ServiceProxy('ch5_srv1', srv1)
  resp1=ch5_client(x, y)
  return resp1.area
  except rospy.ServiceException, e:
  rospy.logerr("Service call failed: %s"%e)

  def usage():
  return "%s [w h]"%sys.argv[0]

  if __name__ == "__main__":
  if len(sys.argv) == 3:
  x=float(sys.argv[1])
  y=float(sys.argv[2])
  else:
  print usage()
  sys.exit(1)
  print "Requesting %f*%f"%(x, y)
  print "%f * %f=%f"%(x, y, ch5_client(x, y))
```

在终端输入如下命令设置权限为可执行。

```
$ chmod +x ch5_client_1.py
```

代码说明如下：

1）第 8 行：等待接入服务节点。在客户端程序中，不需要调用 rospy. init_node()。当 ch5_srv1 服务不可用时，程序会一直阻塞。

2）第 10 行：使用服务。rospy. ServiceProxy（）函数创建用于调用服务的句柄，输入的第 1 个参数是服务名称，第 2 个参数是服务类型。

3）第 11 行：ch5_client 被调用时，它帮助我们做服务调用。

4）第 13 行：如果服务调用失败，rospy. ServiceException 异常被激发。

3. 使用服务

在终端输入如下命令启动节点管理器：

```
$ roscore
```

在终端输入如下命令运行服务器端：


```
$ rosrun ch5_tutorials ch5_server_1.py
```

终端显示如图 5-18 所示。

```
micang@micang-X3: ~/catkin_ws
[ INFO] [1591514979.220700040]: Ready to input h and w
```

图 5-18　终端中的结果显示

在终端输入如下命令运行客户端：

```
rosrun ch5_tutorials ch5_client_1.py 1 2
```

客户端的结果显示如图 5-19 所示。

```
Requesting 1.000000*2.000000
1.000000 * 2.000000 = 2.000000
```

图 5-19　客户端的结果显示

同时，服务器端的结果显示如图 5-20 所示。

```
Returning [1.0f * 2.000000 = 2.000000]
```

图 5-20　服务器端的结果显示

5.6.2　参数的使用

在本小节中将介绍如何在服务程序中使用参数。

1. 常用函数

常用的参数处理函数有以下五种：

1）获取参数。

rospy. get_param(param_name)

2）设置参数。

rospy. set_param(param_name, param_value)

3）删除参数。

rospy. delete_param(param_name)

4）检查参数是否存在。

rospy. has_param(param_name)

5）搜索参数。

rospy. search_param(param_name)

这五种函数的用法详见第 5. 5. 2 小节。

2. 在服务中使用参数

下面通过使用 setParam 和 getParam 来说明服务中参数处理函数的用法。

在文件夹 ch5_tutorials/scripts 下创建并打开 ch5_server_2. py 文件，写入如下代码：

```
#!/usr/bin/env python

from ch5_tutorials. srv import *
import rospy

def handle_ch5_srv1(req):
r = rospy. get_param('ratio')
print "Returning [%d * %f * %f = %f]" % (r,req. h, req. w,(req. h * req. w))

 area = r * req. h * req. w
 return srv1Response(area)

 def ch5_server():
 rospy. init_node('ch5_server_1')
 rospy. set_param('ratio',1)
 s = rospy. Service('ch5_srv1', srv1,handle_ch5_srv1)
 rospy. loginfo("Ready to input h and w")
 rospy. spin()
 if __name__ == "__main__":
 ch5_server()
```

在终端输入如下命令设置权限为可执行：

```
$ chmod +x ch5_server_2. py
```

3. 使用参数

在终端输入如下命令启动节点管理器：

```
$ roscore
```

在终端输入如下命令运行服务器：

```
$ rosrun ch5_tutorials ch5_server_2. py
```

终端中的结果显示如图 5-21 所示。

```
micang@micang-X3: ~/catkin_ws
[ INFO] [1591516120.505338348]: Ready to input h and w
```

图 5-21 终端中的结果显示（1）

在终端输入如下命令，设置参数 ratio 的值为 2：

```
$ rosparam set /ratio 2
```

在终端输入如下命令输入参数 1，1：

```
$ rosservice call /ch5_srv1 1 1
```

终端中的结果显示如图 5-22 所示。

```
area: 2.0
```

图 5-22　终端中的结果显示（2）

同时，服务器端中的结果显示如图 5-23 所示。

```
Returning [2 * 1.000000 * 1.000000 = 1.000000]
```

图 5-23　服务器端中的结果显示

5.7　启动文件的编写

当项目中需要启动多个节点时，使用 rosrun 命令启动每一个节点显得比较麻烦，因此 ROS 提供了用于自动启动 ROS 节点的命令行工具——roslaunch。roslaunch 的操作对象是启动文件（即 .launch 文件），启动文件是描述一组节点及其主题重映射和参数的文件。

5.7.1　.launch 文件常用标签

标签是 .launch 文件中最基础也是最重要的元素。常用的标签如下：

1） <launch>标签：所有 .launch 文件的内容写在 <launch>和 </launch>之间。

2） <node>标签：<node>标签是 .launch 文件中最基础的标签，其作用是指定要启动的 ROS 节点。<node>标签必备的属性有：

- pkg = "mypackage"：节点所在的 ROS 功能包；
- type = "nodetype"：节点类型，即节点对应的可执行文件；
- name = "nodename"：节点名称。

除此之外，常用的可选属性包括：

- args = "arg1 arg2 arg3"：运行节点所需的参数；
- respawn = "true"：如果节点退出，则自动重新启动节点，默认为 false；
- respawn_ delay = "30"：若 respawn 设置为 true，则在检测到节点故障后，等待 respawn_ delay 秒尝试重新启动，默认值为 0；
- required = "　true"：当该节点终止时，停止所有节点；
- ns = "foo"：在 foo 命名空间内启动节点；
- output = "log | screen"：当设置为“screen”时，将节点的标准输出显示在屏幕上；当设置为“log”时，将节点的输出发送至日志文件。默认设置为“log”。

3） <param>标签：设置和修改参数名称、类型以及参数值等。代码示例如下：

```
<param name = "demo_param" type = "int" value = "3"/>
```

该语句表示在参数服务器中添加一个名为 demo_ param、类型为 int、参数值为 3 的参数。

4）<rosparam>标签：表示允许从 YAML 文件中一次性导入大量参数。代码示例如下：

```
<rosparam command="load" file="FILENAME" />
```

5）<arg>标签：用于在 launch 文件中定义参数，可以使参数重复使用。arg 不同于 param，arg 不储存在参数服务器中，只能在.launch 文件中使用，不能供节点使用。

6）<remap>标签：用于重映射。代码示例如下：

```
<remap from="original-name" to="new-name"/>
```

如果<remap>标签与<node>标签同级，而且位于<launch>标签内的首行，则这个重映射将会作用于.launch 文件中的所有节点。

7）<include>标签：将另一个 XML 文件导入到当前文件。代码示例如下：

```
<include file="$(find pkg-name)/launch-file-name" />
```

8）<group>标签：将若干个节点同时划分进某个命名空间。代码示例如下：

```
<group ns="namespace_1" >
    <node name="node_11" pkg="package_1" type="type_1" />
    <node name="node_12" pkg="package_1" type="type_2" />
</group>
<group ns="namespace_2" >
    <node name="node_21" pkg="package_2" type="type_1" />
    <node name="node_22" pkg="package_2" type="type_2" />
</group>
```

<group>标签还可以实现对节点的批量管理。

更多标签元素的学习可以参考 http://wiki.ros.org/roslaunch/XML。

5.7.2 编写自己的.launch 文件

roslaunch 的启动命令格式如下：

```
$ roslaunch <package> <launch>
```

代码示例如下：

```
$ roslaunch turtlebot_bringup minimal.launch
```

其中，turtlebot_bringup 是功能包名，minimal.launch 是.launch 文件。在使用 roslaunch 启动多个节点时，不需要使用 roscore 启动节点管理器。

下面介绍如何自行编写.launch 文件。这里以在功能包 ch5_tutorials 下编写 ch5_demo1.launch 文件为例来进行说明。

1. 编写.launch 文件

从终端进入到功能包 ch5_tutorials 目录下并创建 launch 文件夹：

```
$ roscd ch5_tutorials
$ mkdir launch
```

在 launch 文件夹下创建并编辑 ch5_demo1.launch 文件：

```
$ cd launch
$ gedit ch5_demo1.launch
```

在 ch5_demo1.launch 文件中写入如下语句，以实现同时启动节点 talker、listener、

talker_msg_1 和 listener_msg_1：

```
<launch>
    <node pkg="ch5_tutorials" type="talker.py" name="talker"/>
    <node pkg="ch5_tutorials" type="listener.py" name="listener"/>
<node pkg="ch5_tutorials" type="talker_msg_1" name="talker_msg_1"/>
<node pkg="ch5_tutorials" type="listener_msg_1" name="listener_msg_1"/>
</launch>
```

启动该 .launch 文件：

```
$ roslaunch ch5_tutorials ch5_demo1.launch
```

此时，节点已经在运行，使用 rosnode list 命令可以看到：

```
/listener
/listener_msg_1
/rosout
/talker
/talker_msg_1
```

如果想要查看节点的输出信息，可以在 .launch 文件中进行修改，也可以在使用 roslaunch 命令时增加"--screen"选项。若使用如下命令，则节点信息会输出到终端：

```
$ roslaunch ch5_tutorials ch5_demo1.launch --screen
```

2. 在 .launch 文件中使用参数

在第 5.5 节中介绍了如何在程序中设置参数，.launch 文件中也可以设置参数。需要注意的是，在 .launch 文件中设置参数时需要保证程序中没有代码对同名参数进行设置，否则 .launch 文件中的参数设置不会起作用。例如，在 ch5_server_2.cpp 代码中对 ratio 进行了设置，若要在 .launch 文件中设置 ratio 参数，就需要略做修改，即删去代码中的"n.setParam ("ratio", N);"。这里，将修改后的代码文件另存为 ch5_server3.cpp，然后修改 CMakeLists.txt 文件并使用 catkin_make 编译，接着新建并编写 ch5_demo2.launch 文件，代码示例如下：

```
<launch>
<param name="ratio" value="2"/>
<node pkg="ch5_tutorials" type="ch5_server3" name="server"/>
<node pkg="ch5_tutorials" type="ch5_client_1" name="client" args="11"
output="screen"/>
</launch>
```

在终端输入如下命令启动 ch5_demo2.launch 文件：

```
$ roslaunch ch5_tutorials ch5_demo2.launch
```

会在终端输出 area：2.000000，这说明在 .launch 文件中设置的参数发挥了作用。

5.8 调试工具

本节介绍几种常用的 ROS 程序调试工具。

5.8.1 GDB 调试器

GDB（The GNU Project Debugger）调试器是 Linux 系统下一种常见的程序调试工具。下面来简单介绍如何利用 GDB 调试器调试 ROS 节点。

1）在终端输入如下命令启动节点管理器：

```
$ roscore
```

2）从终端进入待调试节点所在的工作空间，代码示例如下：

```
$ cd /home/<user>/catkin_ws
```

3）从终端进入到待调试节点所在的文件夹下。通常存放在工作空间的 devel/lib/<package>文件下，代码示例如下：

```
$ cd devel/lib/ch5_tutorials
```

4）使用 GDB 命令调试节点。

GDB 常用命令见表 5-2。

表 5-2 GDB 常用命令

命令	命令缩写	命令说明
list	l	列出源代码
break	b	设置断点，程序运行到断点位置会停下来
info	i	描述程序的状态
run	r	开始运行程序
display	disp	跟踪查看某个变量
step	s	执行下一行语句。如果该语句为函数调用，则进入函数内部并运行第一句
next	n	执行下一行语句。如果该语句为函数调用，不会进入函数内部执行
print	p	输出表达式的值
continue	c	继续程序的运行，直到遇到下一个断点
set var name = v		设置变量的值
start	st	开始执行程序，在 main（）函数的第一条语句前面停下来
file		装入需要调试的程序
kill	k	终止正在调试的程序
watch		监视变量值的变化
backtrace	bt	输出当前的函数调用栈的所有信息
frame	f	查看栈帧
quit	q	退出 GDB 调试环境

5.8.2 ROS 日志

ROS 是一个完整的分布式系统，一个 ROS 应用程序由多个进程组成，所以在调试 ROS 程序时如何及时有效地获取各个进程的错误信息是一个重要问题。为此，ROS 提供了日志机制来集中处理各个进程的信息。在 ROS 中，日志根据严重性可以分为以下五个级别：

1）DEBUG：调试，仅在调试时起作用，默认不显示。

2）INFO：信息，在正常工作时输出必要的信息。

3）WARN：警告，用户需要注意，但是仍可正常工作。

4）ERROR：错误，但可以恢复。

5）FATAL：致命错误，程序无法恢复。

下面对 ROS 中与日志有关的主题、节点和查看工具等进行介绍。

1. /rosout 主题与 rosout 节点

/rosout 主题用于承载所有节点的日志，该主题的消息类型是 rosgraph_msgs/Log。所有的节点都使用 rosgraph_msgs/Log 消息来发布日志。rospy 和 roscpp 均提供了相关接口用于发布 rosgraph_msgs/Log 消息。

rosout 节点的作用是订阅/rosout 主题，通过与每个节点直接建立联系来订阅日志，然后再将这些日志发布到/rosout_ agg 主题上。rosout 节点作为 roscore 的一部分，在 ROS 启动时，该节点便自动启动。

2. roscpp 中的日志函数

roscpp 使用 rosconsole 包提供日志系统的客户端 API，所以在使用这些函数时需要包含 ros/console. h 头文件，该头文件包含在 ros/ros. h 头文件内。在实现同一功能时，rosconsole 既提供了类似 printf 风格的函数，也提供了类似 stream 风格的函数。下面介绍几类常见的日志函数。

（1）基本日志函数

ROS_<level>(...)

ROS_<level>_STREAM(args)

其中，<level>对应上述五个级别。例如：

```
ROS_INFO("Hello %s", "ROS");
ROS_INFO_STREAM("Hello " << "ROS");
```

这些函数会输出到名叫 ros. <package_name>的日志中。

（2）命名（NAMED）日志函数

ROS_<level>_NAMED(name, ...)

ROS_<level>_STREAM_NAMED(name, args)

这些函数会输出到名叫 ros. <package_name>. name 的日志中。例如：

```
ROS_DEBUG_NAMED("ch5", "Hello %s", "ROS");
ROS_DEBUG_STREAM_NAMED("ch5", "Hello " << "ROS");
```

它们会输出到名叫 ros. <package_name>. ch5 的日志中。注意：name 不要使用可变值的变量。

（3）条件（Conditional）日志函数

ROS_<level>_COND(cond, ...)

ROS_<level>_STREAM_COND(cond, args)

当条件为真是否就会输出日志信息。例如：

```
ROS_DEBUG_COND(x < 0, " x=%d", x);
ROS_DEBUG_STREAM_COND(x < 0, "x=" << x );
```

（4）命名条件日志函数

ROS_<level>_COND_NAMED(cond, name, ...)

ROS_ <level> _STREAM_COND_NAMED(cond, name, args)

这是命名日志函数和条件日志函数两种类型的结合。例如：

```
ROS_DEBUG_COND_NAMED(x < 0, "named_logger", "x = %d", x);
ROS_DEBUG_STREAM_COND_NAMED(x < 0, "named_logger", "x = " << x);
```

（5）单次（Once）日志函数

ROS_DEBUG_ONCE(...)

ROS_DEBUG_STREAM_ONCE(args)

ROS_DEBUG_ONCE_NAMED(name, ...)

ROS_DEBUG_STREAM_ONCE_NAMED(name, args)

这些函数在激活时只输出一次。例如：

```
for(int i = 0; i < 10; ++i)
{
  ROS_INFO_ONCE("This message will only print once");
}
```

更多相关的内容请参见 http://wiki.ros.org/roscpp/Overview/Logging。

3. rospy 中的相关函数

rospy 提供了以下五个函数用于发布 rosgraph_ msgs/Log 消息：

rospy.logdebug(msg, *args, **kwargs)

rospy.loginfo(msg, *args, **kwargs)

rospy.logwarn(msg, *args, **kwargs)

rospy.logerr(msg, *args, **kwargs)

rospy.logfatal(msg, *args, **kwargs)

其中，每个消息级别用于不同的目的：

debug（调试）：只在调试时用，此消息不出现在部署的应用中，仅用于测试。

info（信息）：标准消息，说明重要步骤或节点正在执行的操作。

warn（警告）：提醒一些错误、缺失或者不正常，但进程仍能运行。

error（错误）：提示错误，尽管节点仍可在这里恢复，但对节点的行为设置了一定期望。

fatel（致命）：这些消息通常表示阻止节点继续运行的错误。

在编写 ROS 节点代码时，为了便于调试，提倡使用上述 rospy.log*（）函数代替 print（）函数。此外，rospy 中的 rospy.init_node()函数中有 log_level 参数用于控制节点的不同等级日志的输出。例如：

```
rospy.init_node("log_test",log_level=rospy.DEBUG)
```

则节点就会输出 DEBUG 等级的日志。再如：

```
rospy.init_node("log_test",log_level=rospy.WARN)
```

则节点将隐藏 DEBUG 和 INFO 等级的日志。

4. rqt_logger_level

在代码中更改节点日志等级的方法在调试中显得比较烦琐，为此 ROS 提供了 rqt_logger_level。rqt_logger_level 是 ROS 中一款可以查看并配置所有节点日志等级的图形化工具。在启动 rqt_logger_level 之前，可以先使用 roslaunch 启动多个节点，例如：

```
$ roslaunch ch5_tutorials ch5_demo1.launch
```

在终端输入如下命令打开 rqt_logger_level 工具：

```
$ rosrun rqt_logger_level rqt_logger_level
```

打开如图 5-24 所示的 rqt_logger_level 界面。

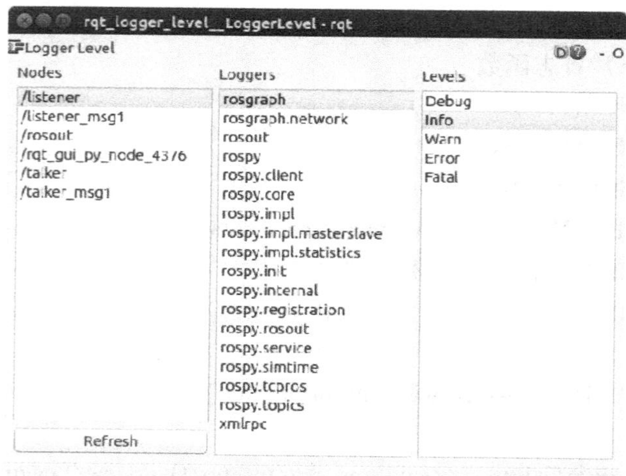

图 5-24　rqt_logger_level 界面

使用该工具，用户可以修改任意正在运行的节点的日志等级。修改方法如下：首先，单击需要更改日志等级的节点 Nodes；然后，选择其中一个 Loggers；接着，设置新的日志等级 Levels。新的日志等级会一直持续至该节点终止。当该节点再次启动时，其日志等级仍为默认的日志等级。

5. rqt_console

rqt_console 是一款可以收集所有正在运行的节点的日志，并显示在屏幕上的可视化工具。用户可以使用以下命令启动 rqt_console：

```
$ rqt_console
```

打开如图 5-25 所示的 rqt_console 界面。

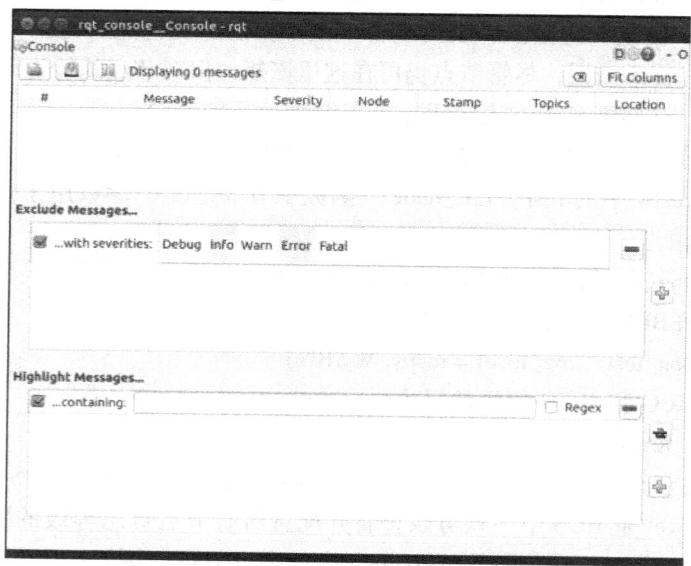

图 5-25　rqt_console 界面

在 ROS 程序调试中使用 rqt_console 的优势在于：

1）可以暂停日志消息的显示。

2）能够清空累积的无用日志消息。

3）双击一条消息，可在弹出的窗口中看到该消息的详细内容。

4）可以过滤无用消息。

5）可在一个文件中保存消息，便于离线分析。

5.9　可视化工具

ROS 提供了一些可视化工具用于帮助检查和调试。下面来介绍几种常用的可视化工具。

5.9.1　RViz

RViz 是 ROS 提供的三维可视化工具，主要用于机器人、传感器以及算法的可视化。除此之外，RViz 还可以利用其控制面板中的按钮和更改数值等方式控制机器人的行为。目前，RViz 已经集成到桌面完整版的 ROS 系统中。如果没有安装 RViz，则可以输入如下命令进行安装：

```
$ sudo apt - get install ros - kinetic - rviz
```

安装完成后，在终端输入如下命令启动节点管理器和 RViz 平台：

```
$ roscore
$ rosrun rviz rviz
```

RViz 默认启动界面如图 5-26 所示。

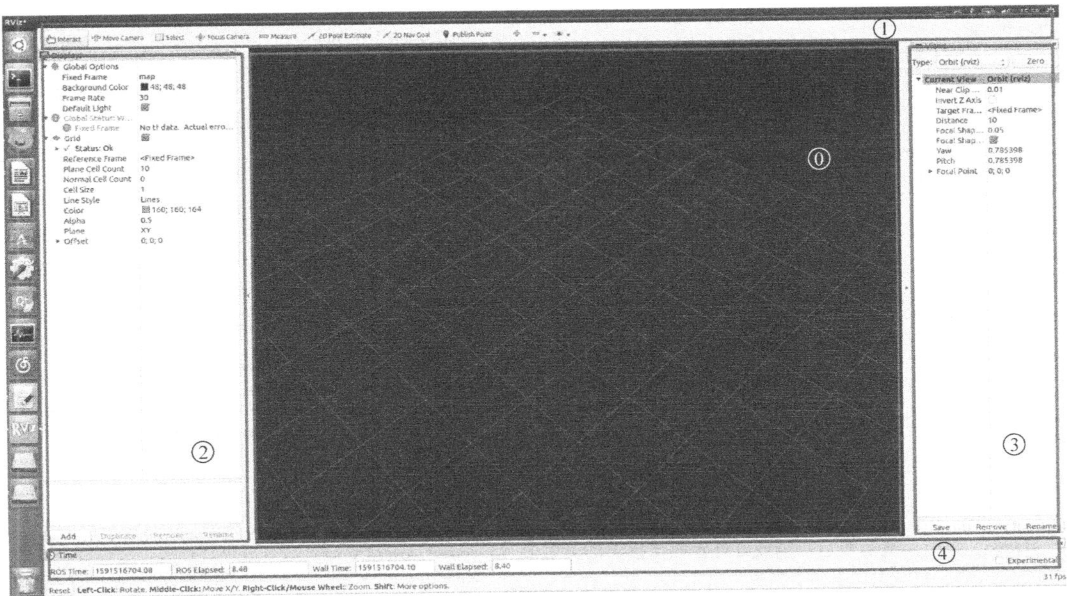

图 5-26　RViz 默认启动界面

该界面主要包含以下几个部分：

1）3D 视图（3D View）：如图 5-26 中⓪框所示，用于 3D 可视化显示数据。目前没有任何数据，所以显示黑色。

2）工具栏：如图 5-26 中①框所示，允许用户选择多种功能的工具，包括视角控制、机器人位姿估计、导航目标设置、发布地点等。

3）显示栏（Displays）：如图 5-26 中②框所示，用于显示当前选择的显示插件，可以配置每个插件的属性。单击下方的 Add 按钮，RViz 会弹出支持的所有类型的显示插件，如图 5-27 所示。

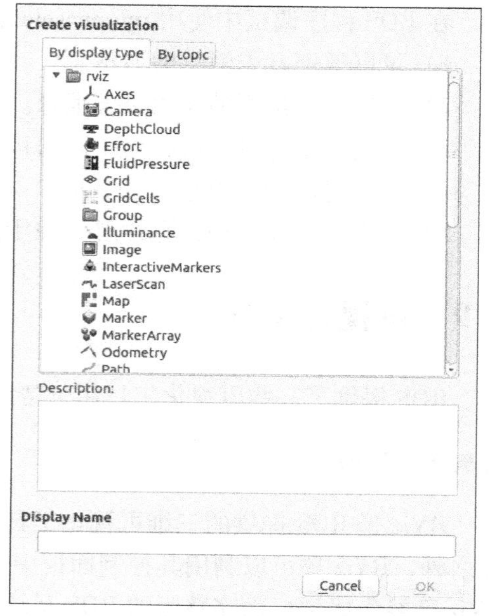

图 5-27　RViz 支持的显示插件

图 5-27 中所示的常用显示插件描述见表 5-3。

4）视图（View）：如图 5-26 中③框所示，设置三维视图的视角。其选项包括：

- Orbit：以指定的视点（称为 Focus）为中心旋转。这是默认情况下最常用的基本视图；
- FPS：显示第一人称视点所看到的画面；
- ThirdPersonFollower：显示用第三人称的视点跟随特定目标的视图；

表 5-3　常用的显示插件

名称	描述	使用的消息
Axes	显示一组坐标轴	
Camera	创建一个新的窗口，并显示相机图像	sensor_msgs/Image，sensor_msgs/CameraInfo
GridCells	显示 navigation 包代价地图中的障碍物栅格信息	nav_msgs/GridCells
Image	创建一个新窗口并显示图像。与 Camera 不同，它不使用相机信息	sensor_msgs/Image
LaserScan	显示来自激光雷达的数据	sensor_msgs/LaserScan
Map	在地平面上显示地图	nav_msgs/OccupancyGrid
Marker	绘制箭头、立方体和圆柱体等基本形状	visualization_msgs/Marker，visualization_msgs/MarkerArray
Path	显示导航过程的路径信息	nav_msgs/Path
Pose	使用箭头/坐标轴绘制位姿	geometry_msgs/PoseStamped
Point Cloud	显示点云数据	sensor_msgs/PointCloud，sensor_msgs/PointCloud2
Polygon	绘制多边形的轮廓	geometry_msgs/Polygon
Odometry	绘制里程计位姿信息	nav_msgs/Odometry
Range	显示表示声纳或红外距离传感器的测量值	sensor_msgs/Range
RobotModel	显示机器人模型（依据 TF 变换确定的机器人模型位姿）	
TF	显示 TF 的层次关系	
Wrench	显示力信息	geometry_msgs/WrenchStamped

- TopDownOrtho：这是 Z 轴的视图，与其他视图不同，它使用直射视图显示，而非透视法；
- XYOrbit：类似于 Orbit 的默认值，但焦点固定在 Z 轴值为 0 的 $X-Y$ 平面；
- 时间（Time）：显示当前的系统时间和 ROS 时间。这主要用于仿真，如果需要重新启动，需单击底部的 Reset 按钮。

5）时间显示区：如图 5-26 中④框所示，显示当前的系统时间和 ROS 时间。

5.9.2　rqt

rqt 是一个基于 Qt 框架开发的可视化工具，具有良好的拓展性且简单易用。rqt 提供了三十余种插件，包括动作（Action）、配置（Confguration）、自检（Introspection）、日志（Logging）、机器人工具（Robot Tools）、服务（Services）、主题（Topics）以及可视化（Visualization）等多个方面。除此之外，用户也可以添加自己开发的插件。

可以使用以下命令安装 rqt：

```
$ sudo apt - get install ros - kinetic - rqt *
```

本小节将主要介绍 rqt_graph 和 rqt_plot。

1. rqt_graph

rqt_graph 通过有向图来显示 ROS 系统当前的计算图。使用以下命令启动 rqt_graph：

```
$ rqt_graph
```

在启动 rqt_graph 之前，先使用 roslaunch 命令启动多个节点：

```
$ roslaunch ch5_tutorials ch5_demo1. launch
```

启动 rqt_graph 后出现如图 5-28 所示的界面。

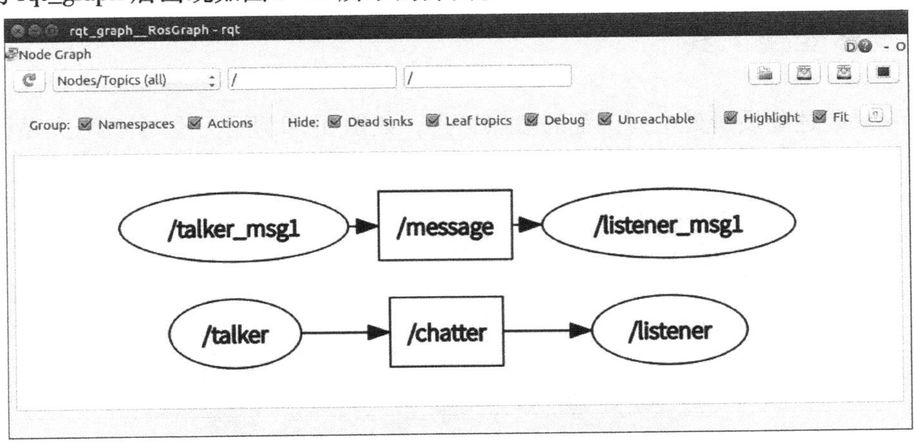

图 5-28　rqt_graph 界面

图 5-28 中的椭圆表示点节，主题和消息用矩形来表示，箭头表示消息的传递。若要关闭该界面可按 <Ctrl + C>组合键。

2. rqt_plot

rqt_plot 可以将主题和消息以曲线的形式在二维平面内绘制出来。使用以下命令启动rqt_plot：

```
$ rqt_plot
```

在弹出窗口中的“Topic”文本框中输入想要显示的主题消息。例如，显示 turtlesim 功能包中的/turtle1/pose 主题消息，就可以在“Topic”文本框中输入“/turtle1/pose”，就可以得到如图 5-29 所示的曲线。

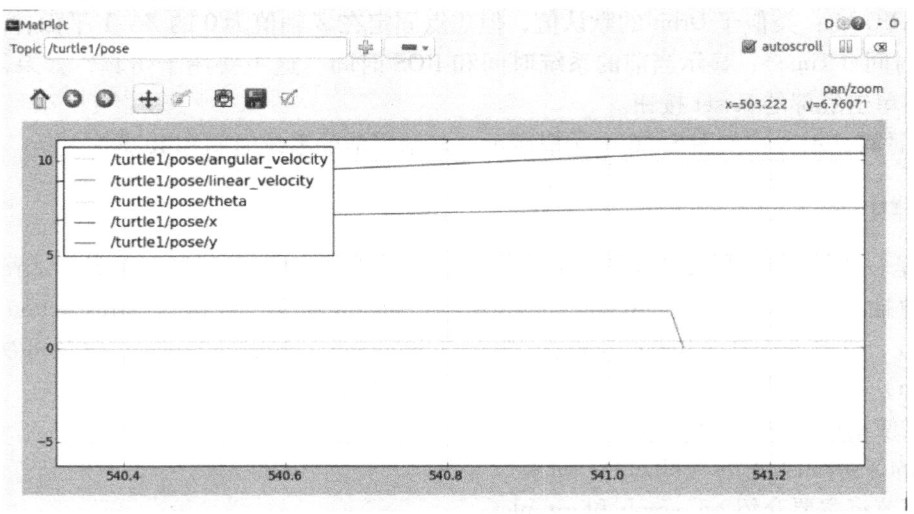

图 5-29 rqt_plot 界面

除了上述方法，也可以直接在命令行启动时指定主题消息。例如，指定主题/turtle1/pose/x 和/turtle1/pose/y，则需输入如下指令：

```
$ rqt_plot /turtle1/pose/x /turtle1/pose/y
```

同样，可以按 <Ctrl + C> 组合键来关闭 rqt_graph。

5.10 坐标变换工具

坐标系是描述物质所处空间位置的参照工具。如图 5-30 所示，一个机器人系统通常拥

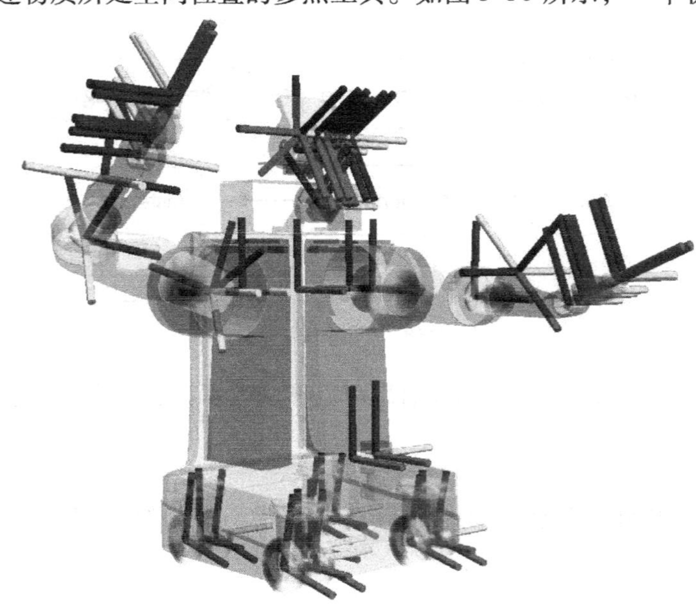

图 5-30 机器人系统中不同的坐标系

有多个能够随着时间推移而变化的坐标系，如世界坐标系（World Frame）、基坐标系（Base Frame）、夹爪坐标系（Gripper Frame）和头部坐标系（Head Frame）等。机器人在工作时都会涉及在不同坐标系下的位置与姿态问题。例如，六轴串联机械臂其末端执行器在移动时，其坐标便会根据各个相关关节的运动而不断变化。因此，坐标转换就成为描述机器人各组成部分、障碍物以及外部物体时一个非常重要的概念。通过坐标转换，可以了解机器人自身的位姿变化，机器人相对其他物体的位姿变化以及机器人不同关节之间的位姿变化。

通常来讲，机器人在不同坐标系下的位姿可以通过平移和旋转变换来实现，如图 5-31 和图 5-32 所示。在机器人运动学理论中，平移和旋转等变换都可以用 4 ×4 的齐次变换矩阵来描述，这也是机器人运动学的基础。由于不同坐标系间的变换过程涉及大量的计算，一直以来都是机器人运动学的难点。在 ROS 中，提供了开源的 TF（TransForm）功能包来实现机器人系统中的坐标变换功能。在进行机器人开发的时候，定义好不同参考坐标系之间的变换关系，然后调用 TF 功能包，就可以管理所需要参考坐标系间的变换，从而有效提高开发效率。

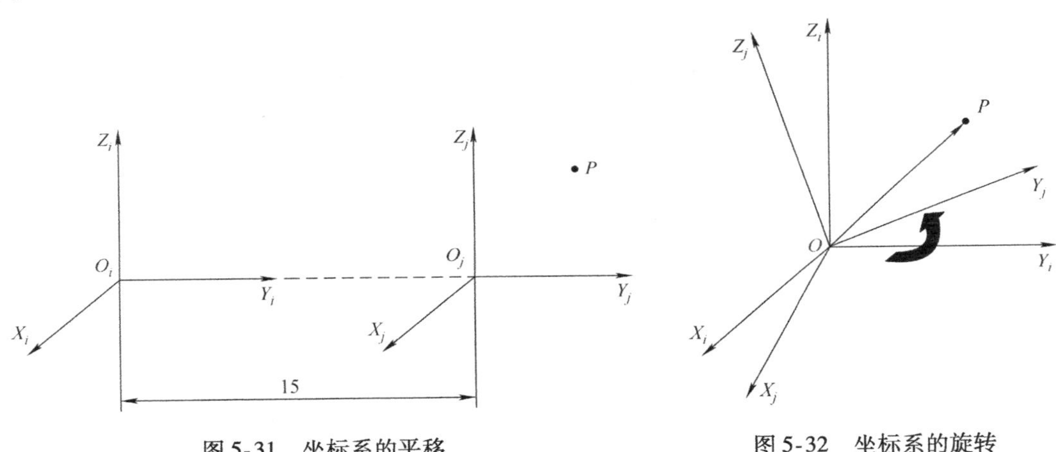

图 5-31　坐标系的平移　　图 5-32　坐标系的旋转

5.10.1　TF 功能包

TF 功能包提供了一个标准方式让用户随时记录多个坐标系。它使用树形结构，可以时间为轴来缓存和维护各个坐标系之间的变换关系，并且允许用户在任意时间、任意坐标系之间完成点与向量等坐标的变换。

TF 能够在分布式系统中运行。这就意味着即使没有中心服务器来存储转换信息，在一个机器人系统中关于坐标系的所有信息也能够被系统中所有的节点所获得。

总体来看，TF 功能包可分为两大任务：

1）监听变换：接收并缓存系统中发布的所有坐标变换数据，并从中查询特定的坐标变换关系。

2）广播变换：向系统中其他部分发布所有坐标系之间的坐标变换关系。一个系统可以拥有多个广播器，而每个广播器可提供机器人不同部分的信息。

5.10.2　TF 的 demo

ROS 中提供了一个 demo（turtle_tf）来帮助用户理解 TF 的作用。下面就通过一个简单的例程来加深对 TF 坐标变换的理解。

首先，安装 demo 所需的功能包和依赖项：

```
$ sudo apt - get install ros - kinetic - turtle - tf
```

安装完成后，运行 demo 的 . launch 文件：

```
$ roslaunch turtle_tf turtle_tf_demo. launch
```

此时，窗口中不同位置会随机出现两只乌龟 turtle1 和 turtle2，turtle2 会自动移动到 turtle1 所处的地方。打开一个新终端，输入如下命令运行键盘控制节点，控制 turtle1 的移动，可以发现，turtle2 跟着 turtle1 移动，如图 5-33 所示。

```
$ rosrun turtlesim turtle_teleop_key
```

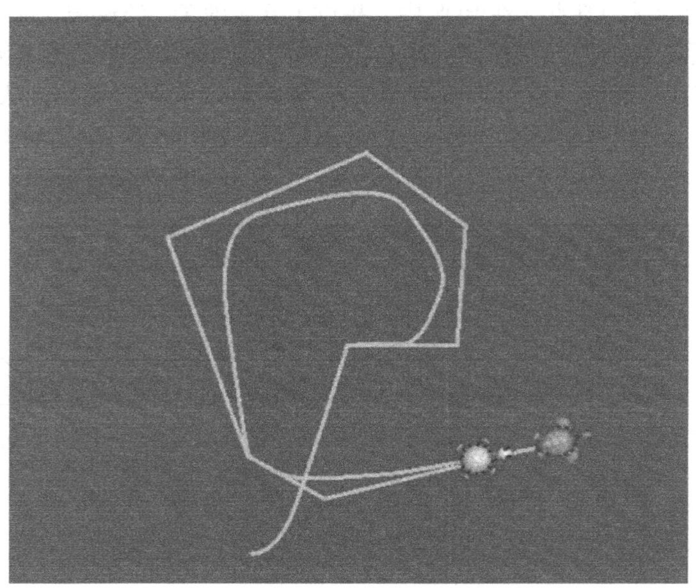

图 5-33　turtle2 跟随 turtle1 移动

此 demo 中共有三个参考坐标系：world frame、turtle1 frame 和 turtle2 frame，通过 . launch 文件启动了两个节点：一个广播器节点，用于广播两只乌龟的参考坐标系之间的变换关系并插入到 TF 树中；另一个节点为监听器，可以接收并缓存系统中发布的参考系变换，然后从 TF 树中遍历到两个参考系之间的变换公式，通过公式计算数据的变换。

最后，启动可视化工具 RViz 并监听 TF 树，动态观察坐标系之间的变换关系。使用 RViz 的 - d 选项以 turtle_tf2 配置文件启动 RViz：

```
$ rosrun rviz rviz  - d rospack find turtle_tf/rviz/turtle_rviz. rviz
```

启动完成后，单击 RViz 左下方的 Add 按钮，添加 TF 插件。通过键盘控制 turtle1 运动。从 RViz 中可以看到参考坐标系之间的动态关系，如图 5-34 所示。

5.10.3　TF 工具

虽然 TF 功能包是一个主要用于 ROS 节点中的代码库，但它同时也提供了大量工具，用以帮助用户调试和创建 TF 坐标变换。本小节根据上节的 demo 对 TF 工具进行一个简要介绍。

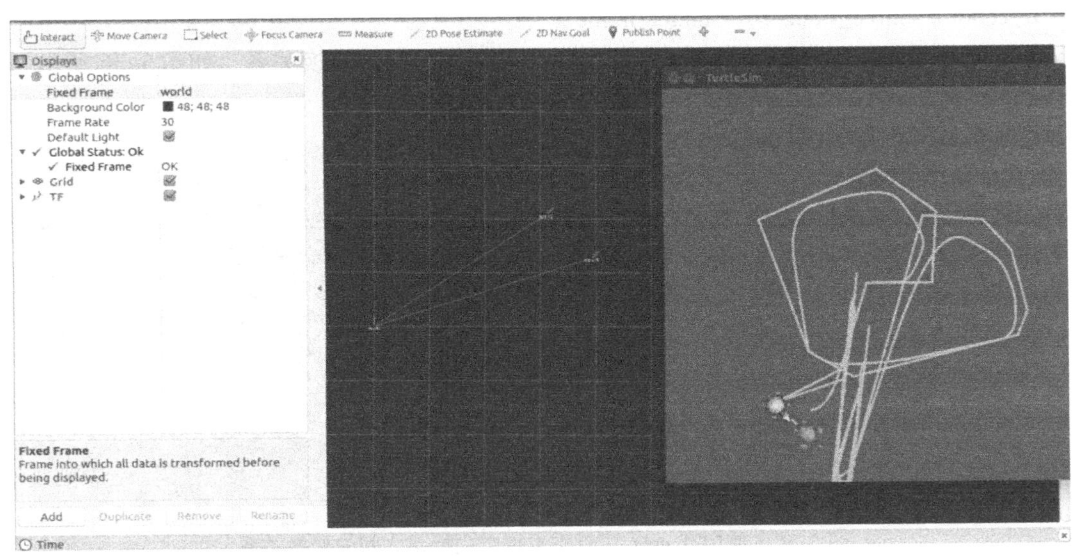

图 5-34　通过 RViz 动态观察坐标变换

1. tf_monitor

tf_monitor 工具的功能是将当前坐标转换树的信息输出到控制台。使用以下命令启动 tf_monitor，执行之后的效果如图 5-35 所示。

```
$ rosrun tf tf_monitor
```

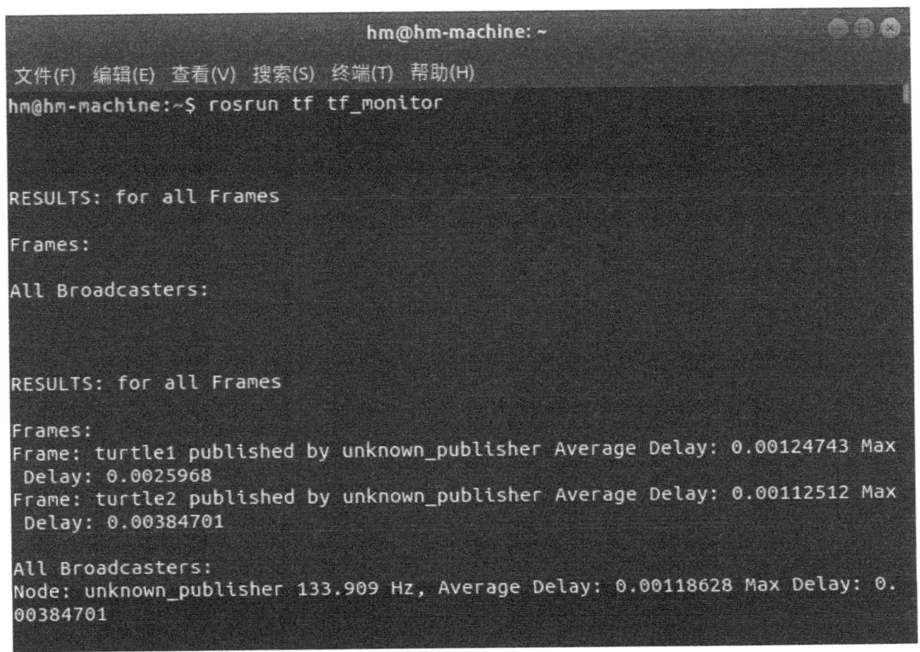

图 5-35　使用 tf_monitor 查看 TF 树中所有坐标系信息

2. tf_echo

tf_echo 工具的功能是查看指定坐标系之间的变换关系，命令格式如下：

tf_echo <source_frame> <target_frame>

执行如下命令，便可展示上节 demo 中两个坐标系之间的变换关系，如图 5-36 所示。

```
$ rosrun tf tf_echo turtle1 turtle2
```

```
hm@hm-machine: ~
文件(F) 编辑(E) 查看(V) 搜索(S) 终端(T) 帮助(H)
hm@hm-machine:~$ rosrun tf tf_echo turtle1 turtle2
At time 1605455419.756
- Translation: [0.000, 0.000, 0.000]
- Rotation: in Quaternion [0.000, 0.000, -0.200, 0.980]
            in RPY (radian) [0.000, 0.000, -0.402]
            in RPY (degree) [0.000, 0.000, -23.054]
At time 1605455420.492
- Translation: [0.000, 0.000, 0.000]
- Rotation: in Quaternion [0.000, 0.000, -0.200, 0.980]
            in RPY (radian) [0.000, 0.000, -0.402]
            in RPY (degree) [0.000, 0.000, -23.054]
```


图 5-36 使用 tf_echo 工具查看指定坐标系之间的变换关系

3. static_transform_publisher

static_transform_publisher 工具的功能是发布两个坐标系之间的静态坐标变换，命令的格式如下：

static_transform_publisher x y z yaw pitch roll frame_id child_frame_id period_in_ms

static_transform_publisher x y z qx qy qz qw frame_id child_frame_id period_in_ms

4. view_frames

view_frames 是一个图形化调试工具，能够通过创建一个 PDF 文件，用图形化的方式来显示当前 TF 树的信息。该命令的执行方式如下：

```
$ rosrun tf view_frames
```

运行命令后会生成一个 PDF 文档，位于系统用户的/home 目录下。查看文档，如图 5-37所示，world 是 turtle1 和 turtle2 的父坐标系。

```
$ evince frames. pdf
```

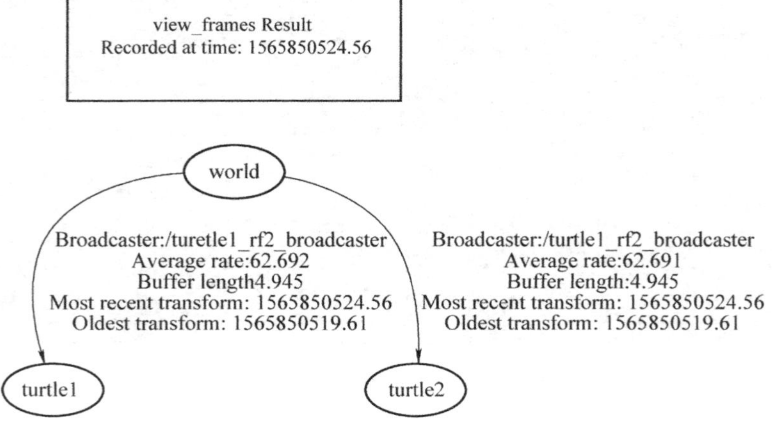

图 5-37 坐标系之间的关系示意图

由于篇幅所限，本小节仅对 TF 功能包进行了一个简要介绍。具体广播节点和监听节点的编写过程和方法，可以到 ROS WiKi 官网（http：//wiki. ros. org/tf）进行查询，此外，还可以拓展学习 TF 的设计、TF 工具和 TF 消息格式等内容。

本章小结

本章介绍了 ROS 功能包的创建与编译，用 C + +和 Python 语言分别编写了消息发布器、订阅器、服务器端和客户端的代码，学习了 . launch 文件的编写语法格式，还介绍了 ROS 程序的调试工具和可视化工具。

本章习题

5-1　简述 ROS 功能包的创建和编译过程。

5-2　简述 package. xml 文件中常用的标签。

5-3　简述 CMakeLists. txt 文件的定义和作用。

5-4　什么是消息文件?

5-5　如何创建并编译服务文件?

5-6　如何用 C + +语言编写消息发布节点?

5-7　简述 ROS 中的两种程序调试工具。

5-8　简述 ROS 中的两种可视化工具。

第 6 章 机器人传感系统

导读

传感器是机器人对环境进行感知和处理的载体。为了帮助读者掌握常用传感器在 ROS 中的应用，本章将对适用于机器人的常用传感器进行介绍，并对各种传感器在 ROS 中的使用方法进行举例说明，具体包括 RGB - D 相机、激光雷达传感器、IMU 传感器和 GPS 传感器。

6.1 RGB - D 相机

RGB - D 相机能够同时采集到场景的彩色图（RGB）和深度图（D），目前被广泛应用于增强现实、空间测绘、三维重建和自主导航等研究领域。但是，对于不同的 RGB - D 相机，其深度图的获取原理不尽相同。目前，RGB - D 相机以微软 Kinect、华硕 Xtion、奥比中光和英特尔 RealSense 等为主流，而且各公司研发的不同型号 RGB - D 相机之间也存在着明显的差异。本节主要对 Kinect 这款 RGB - D 相机进行介绍，以 Kinect v1 相机为例来说明 RGB - D 相机在 ROS 中的应用。

6.1.1 RGB - D 相机简介

1. Kinect v1

微软 Kinect v1 使用的是一种光编码（Light Coding）技术。Kinect v1 包含红外发射器、红外摄像头和彩色摄像头。其中，红外发射器和红外摄像头合称深度摄像头，它通过发射和接收红外线来获取拍摄物体的深度信息。Kinect v1 的外观如图 6-1 所示。

2. Kinect v2

微软 Kinect v2 采用了 ToF（Time of Fight）技术，通过从投射的红外线反射后返回的时间来取得深度信息。Kinect v2 必须运行在 Windows 8（或者更高的系统版本）和 USB 3.0 控制器上。其外观如图 6-2 所示。

Kinect v1 与 Kinect v2 的比较见表 6-1。

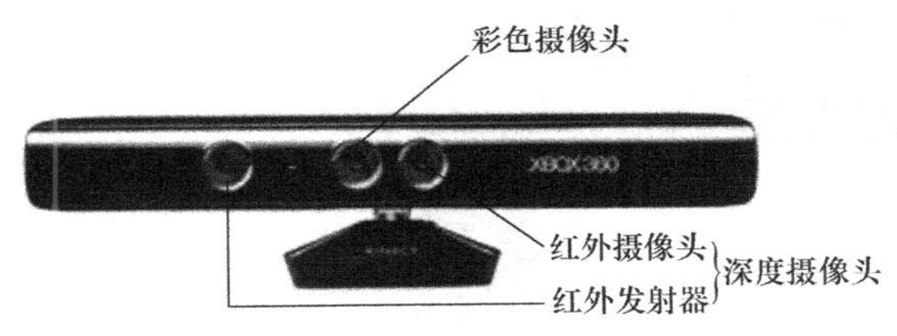

图 6-1　Kinect v1

图 6-2　Kinect v2

表 6-1　Kinect v1 与 Kinect v2 的比较

属性		Kinect v1	Kinect v2
彩色图	分辨率	640×480 像素	1920×1080 像素
	帧速率	30 帧/s	30 帧/s
深度图	分辨率	320×240 像素	512×424 像素
	帧速率	30 帧/s	30 帧/s
可识别人物数量		6 人	6 人
可识别关节数		20 关节/人	25 关节/人
检测范围		0.8～4.0m	0.5～4.5m
角度	水平	57°	70°
	垂直	43°	60°

6.1.2　在 ROS 中使用 RGB－D 相机

下面以 Kinect v1 相机为例，对其驱动安装和测试步骤进行说明，以助于理解 RGB－D 传感器在 ROS 中的使用过程。具体操作步骤如下：

1. 安装驱动

在终端输入如下命令，安装 Kinect v1 的驱动程序：

```
$ sudo apt-get install ros-kinetic-openni-* ros-kinetic-freenect-*
$ rospack profile
```

2. 启动相机

打开新终端，输入如下命令：

```
$ roslaunch openni_launch openni.launch
```

此时，将 Kinect v1 连接到计算机上，进行相机测试。

3. 测试相机

在终端输入如下命令，显示彩色图像：

```
$ rosrun image_view image_view image:=/camera/rgb/image_color
```

测试命令和 Kinect v1 采集到的彩色图像如图 6-3 所示。

按 <Ctrl + C> 组合键可退出彩色图像。

在终端输入如下命令，显示深度图像：

```
$ rosrun image_view image_view image:=/camera/depth_registered/image_raw
```

测试命令和 Kinect v1 采集到的深度图像如图 6-4 所示。

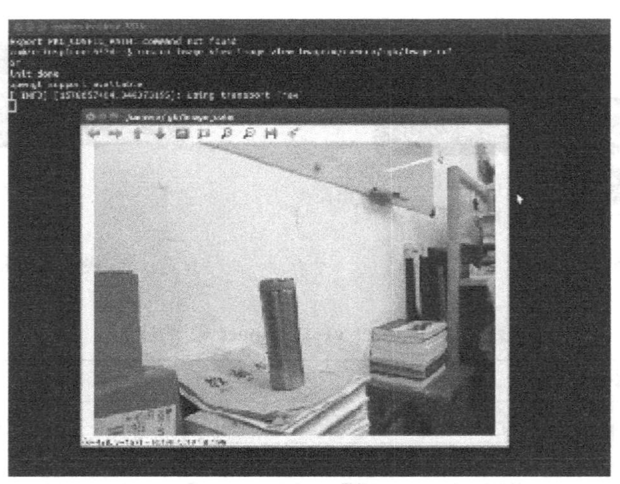

图 6-3　彩色图像测试命令与结果

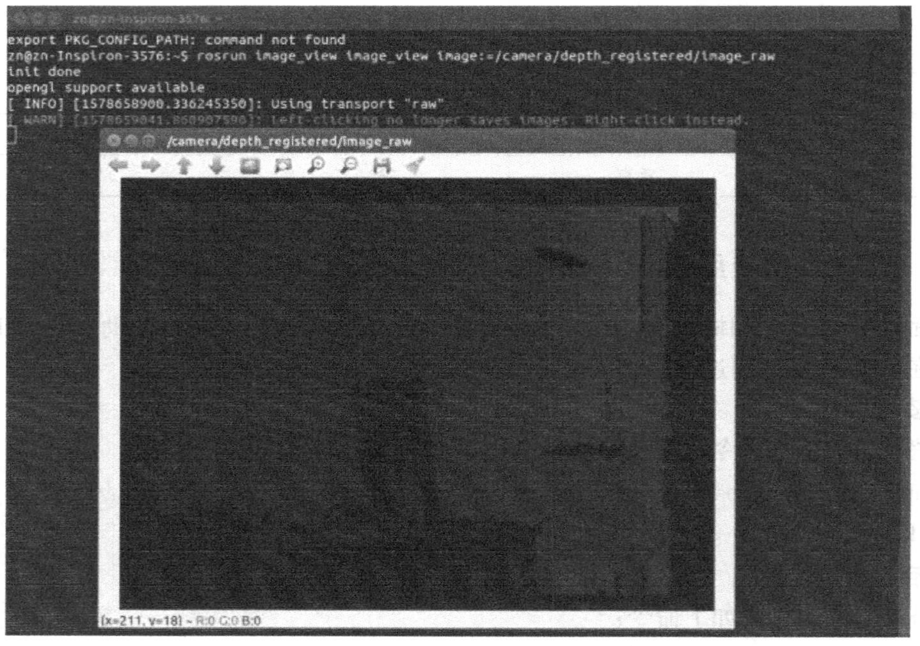

图 6-4　深度图像测试命令与结果

按 < Ctrl + C > 组合键可退出深度图像。

6.2　激光雷达传感器

激光雷达传感器通过向探测目标发射激光束，将从目标反射回来的目标回波信号与发射信号进行比较，计算出目标的距离、方向、高度、速度、姿态和形状等相关信息，能够实现对目标的探测、识别和跟踪。随着对激光雷达传感器需求的不断增大，不同种类的激光雷达传感器被相继研发出来并投入各个领域的使用。其按功能可分为激光测距雷达、激光测速雷达和激光成像雷达；按工作介质可分为固体激光雷达、气体激光雷达和半导体激光雷达；按线数可分为单线激光雷达和多线激光雷达；按扫描方式可分为 MEMS 型激光雷达、Flash 型激光雷达和相控阵激光雷达。

6.2.1　激光雷达传感器简介

目前，国内外研发激光雷达传感器并占据大部分市场份额的公司主要有美国的 Velodyne、Quanergy，德国的 IBEO 以及国内的中海达、巨星科技和思岚科技等，且各公司研发的不同型号产品之间也存在着明显的功能和价格差异。本小节主要对思岚科技 RoboPeak 团队研发的 RPLIDAR A1 进行介绍。

RPLIDAR A1 是一款低成本的360°激光扫描测距雷达，采用激光三角测距技术配合高速的视觉采集处理器，可进行 8000 次/s 以上的测距动作，从而获取周围环境的轮廓信息。RPLIDAR A1 的外观如图 6-5 所示。

图 6-5　RPLIDAR A1

RPLIDAR A1 集成了可以使用 3.3V 逻辑电平驱动的电动机控制器，便于用户通过该电动机驱动器使用 PWM 信号对电动机转速进行控制，以调节 RPLIDAR A1 扫描的频率或者在必要时刻关闭电动机节能。

6.2.2　在 ROS 中使用激光雷达传感器

为了便于读者掌握激光雷达在 ROS 中的使用，本小节以 RPLIDAR A1 为例，对其驱动安装和测试步骤进行说明。具体操作步骤如下：

1. 下载 RPLIDAR A1 驱动程序

下载 RPLIDAR A1 驱动程序到现有工作空间 catkin_ ws 的 src 文件夹下（或新建工作空间）。

```
$ cd ~/catkin_ws/src
$ git clone https://github.com/Slamtec/rplidar_ros.git
```

在终端输入如下命令返回到 catkin_ws 目录并编译：

```
$ cd ..
$ catkin_make
```

2. 添加环境变量

在终端输入如下命令配置环境：

```
$ source devel/setup. bash
```

连接 RPLIDAR A1 到计算机，激光雷达传感器的接口在计算机系统里会被当成一个串口。在终端输入如下命令查看接口：

```
$ ls -l /dev |grep ttyUSB
```

若激光雷达传感器连接正常的话，会显示新的设备。默认设备号为 ttyUSB0。

3. 赋予接口权限

在终端输入如下命令赋予接口权限：

```
$ sudo chmod 666 /dev/ttyUSB0
```

4. 运行测试，打开节点管理器

```
$ roscore
```

在终端输入如下命令运行 view_rplidar. launch 和 RViz：

```
$ roslaunch rplidar_ros view_rplidar. launch
$ rosrun rviz rviz
```

可以看到，激光雷达扫描数据显示在 RViz 界面中，如图 6-6 所示。

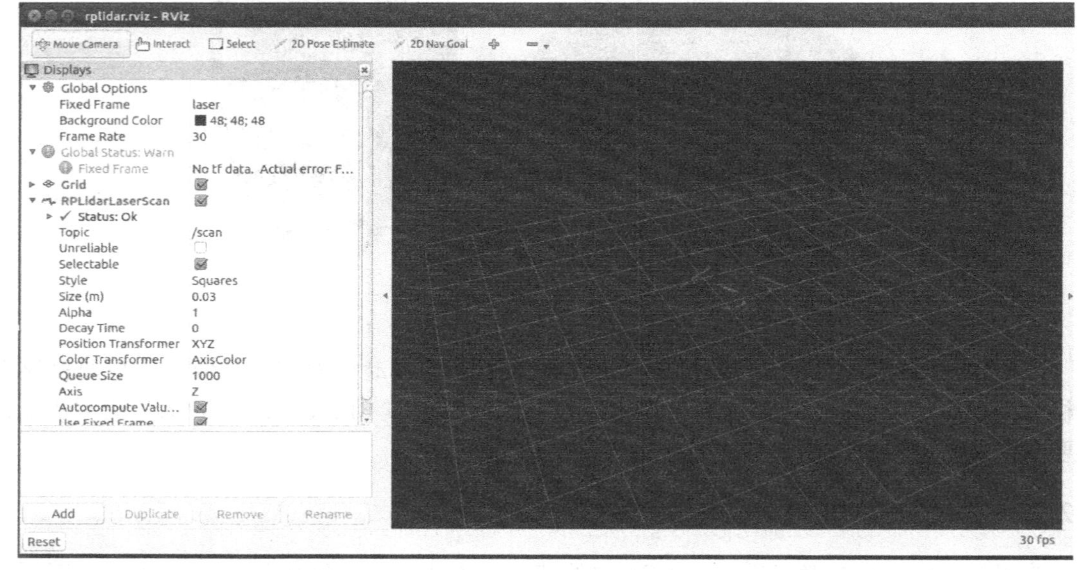

图 6-6　显示激光雷达扫描数据

6.3　IMU 传感器

6.3.1　IMU 传感器简介

IMU（Inertial Measurement Unit，惯性测量单元）传感器是测量物体三轴姿态角以及加速度的一种传感器，通常由三个单轴的加速度计和三个单轴的陀螺仪组成。加速度计检测物体在载体坐标系统独立三轴的加速度信号，陀螺仪检测载体相对于导航坐标系的角速度信号，对这些信号进行处理之后，便可解算出物体的姿态。IMU 传感器提供的是一个相对的定位信息，它能够获取物体相对于起点的运动路线，所以它并不能提供物体的绝对位置信息。

根据不同的使用场景，对 IMU 传感器的精度有不同的要求，精度越高、成本越高。为了让 IMU 传感器具备更高的精度，在三个加速度计和三个陀螺仪的基础上，还会添加磁力计，以提高可靠性，有的还会增加传感器的数量。下面来介绍 XSENS 公司的 MTi－1 系列模块，如图 6-7 所示。

图 6-7　MTi－1 系列模块

MTi－1 系列模块是输出三轴姿态角度、三轴加速度、三轴角速度和三轴磁场强度的模块，具体输出视产品配置而定。该模块可用作惯性测量单元（IMU）、垂直参考单元（VRU）和姿态与航向参考系统（AHRS）。动态条件下具有很高的翻滚/节距和偏航精度，分别可达 1.0°RMS 和 2°RMS，其输出适用于控制、稳定任何物体，被广泛应用在诸如无人驾驶车辆导航、微型飞行器、机器人和手持式设备中。

6.3.2　在 ROS 中使用 IMU 传感器

下面以 MTi－1 IMU 传感器为例，来帮助读者掌握 IMU 传感器在 ROS 中的使用过程和操作命令。

1. 将 IMU 传感器连接到计算机并安装驱动程序

在终端输入如下命令安装 MTi－1 的驱动程序：

```
$ sudo apt－get install ros－kinetic－xsens－driver
```

驱动程序安装过程如图 6-8 所示。

```
micang@micang-X3: ~
micang@micang-X3:~$ sudo apt-get install ros-kinetic-xsens-driver
正在读取软件包列表... 完成
正在分析软件包的依赖关系树
正在读取状态信息... 完成
下列软件包是自动安装的并且现在不需要了:
  linux-headers-4.15.0-45 linux-headers-4.15.0-45-generic
  linux-headers-4.15.0-91 linux-headers-4.15.0-91-generic
  linux-image-4.15.0-45-generic linux-image-4.15.0-91-generic
  linux-modules-4.15.0-45-generic linux-modules-4.15.0-91-generic
  linux-modules-extra-4.15.0-45-generic linux-modules-extra-4.15.0-91-generic
使用'sudo apt autoremove'来卸载它(它们)。
下列【新】软件包将被安装:
  ros-kinetic-xsens-driver
升级了 0 个软件包，新安装了 1 个软件包，要卸载 0 个软件包，有 128 个软件包未被升
级。
需要下载 0 B/30.0 kB 的归档。
解压缩后会消耗 160 kB 的额外空间。
正在选中未选择的软件包 ros-kinetic-xsens-driver。
(正在读取数据库 ... 系统当前共安装有 383858 个文件和目录。)
正准备解包 .../ros-kinetic-xsens-driver_2.2.2-0xenial-20200109-041442+0000_amd64
.deb  ...
正在解包 ros-kinetic-xsens-driver (2.2.2-0xenial-20200109-041442+0000) ...
正在设置 ros-kinetic-xsens-driver (2.2.2-0xenial-20200109-041442+0000) ...
micang@micang-X3:~$
```

图 6-8　驱动程序安装过程

2. 刷新安装记录

在终端输入如下命令运行节点管理器并刷新安装记录：

```
$ roscore
$ rosstack profile
$ rospack profile
```

3. 赋予接口权限

在终端输入如下命令赋予接口权限：

```
$ sudo chmod 777 /dev/ttyUSB0
```

4. 启动 IMU 传感器

在终端输入如下命令运行功能包 xsens_driver 的 xsens_driver. launch 文件：

```
$ roslaunch xsens_driver xsens_driver. launch
```

启动命令执行过程如图 6-9 所示。

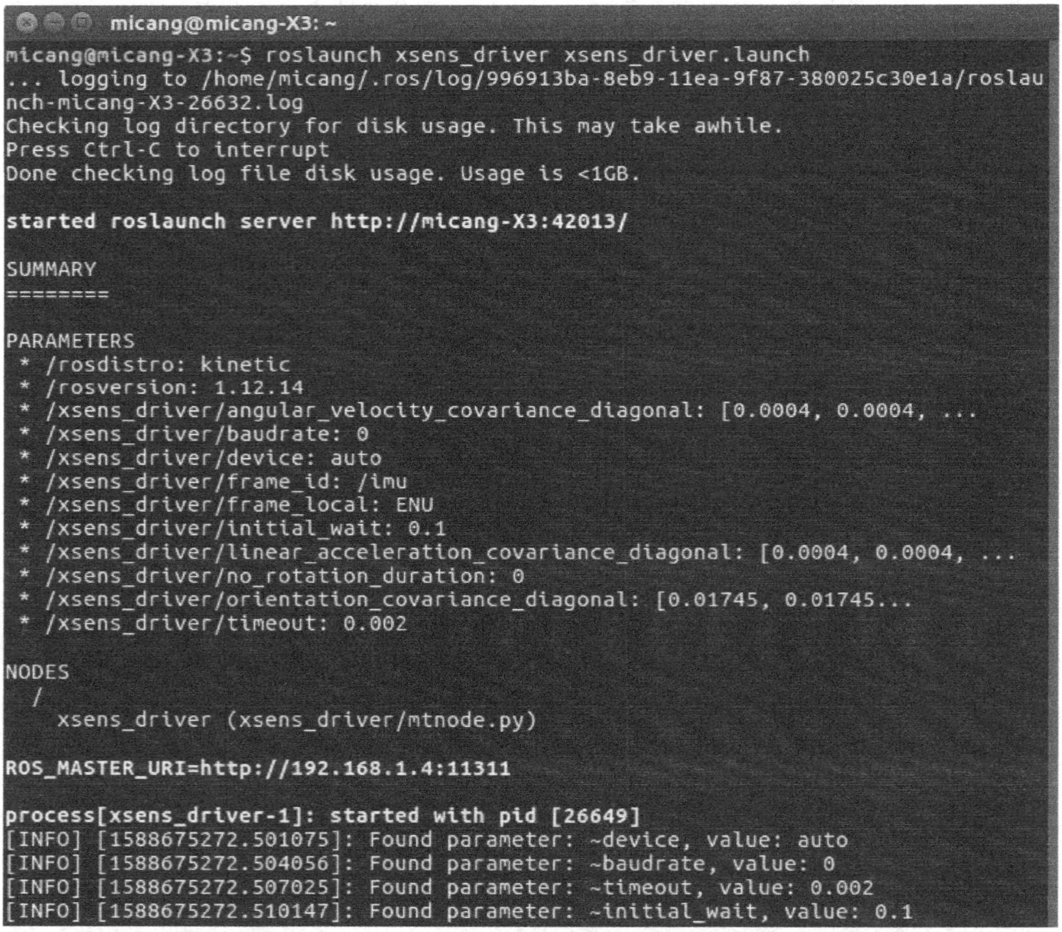

```
micang@micang-X3: ~
micang@micang-X3:~$ roslaunch xsens_driver xsens_driver.launch
... logging to /home/micang/.ros/log/996913ba-8eb9-11ea-9f87-380025c30e1a/roslau
nch-micang-X3-26632.log
Checking log directory for disk usage. This may take awhile.
Press Ctrl-C to interrupt
Done checking log file disk usage. Usage is <1GB.

started roslaunch server http://micang-X3:42013/

SUMMARY
========

PARAMETERS
 * /rosdistro: kinetic
 * /rosversion: 1.12.14
 * /xsens_driver/angular_velocity_covariance_diagonal: [0.0004, 0.0004, ...
 * /xsens_driver/baudrate: 0
 * /xsens_driver/device: auto
 * /xsens_driver/frame_id: /imu
 * /xsens_driver/frame_local: ENU
 * /xsens_driver/initial_wait: 0.1
 * /xsens_driver/linear_acceleration_covariance_diagonal: [0.0004, 0.0004, ...
 * /xsens_driver/no_rotation_duration: 0
 * /xsens_driver/orientation_covariance_diagonal: [0.01745, 0.01745...
 * /xsens_driver/timeout: 0.002

NODES
  /
    xsens_driver (xsens_driver/mtnode.py)

ROS_MASTER_URI=http://192.168.1.4:11311

process[xsens_driver-1]: started with pid [26649]
[INFO] [1588675272.501075]: Found parameter: ~device, value: auto
[INFO] [1588675272.504056]: Found parameter: ~baudrate, value: 0
[INFO] [1588675272.507025]: Found parameter: ~timeout, value: 0.002
[INFO] [1588675272.510147]: Found parameter: ~initial_wait, value: 0.1
```

图 6-9　启动命令执行过程

5. 查看 IMU 主题

在终端输入如下命令查看当前主题：

```
$ rostopic list
```

查看到的主题如图 6-10 所示。

```
/diagnostics
/imu/data
/imu/mag
/imu_data_str
/rosout
/rosout_agg
/time_reference
/velocity
```

图 6-10　查看到的主题

6. 查看 IMU 的主题/imu/data 信息

在终端输入如下命令查看主题/imu/data 的信息：

```
$ rostopic echo /imu/data
```

查看到的信息如图 6-11 所示。

```
header:
  seq: 1
  stamp:
    secs: 1557836149
    nsecs: 244334936
  frame_id: "/imu"
orientation:
  x: 0.0979296495231
  y: -0.0187944857638
  z: 0.970918591208
  w: 0.217654865088
orientation_covariance: [0.01745, 0.0, 0.0, 0.0, 0.01745, 0.0, 0.0, 0.0, 0.1
```

图 6-11　查看到的信息

6.4　GPS 传感器

6.4.1　GPS 传感器简介

GPS（Global Positioning System，全球定位系统）能够实时地提供准确的地理位置、行驶速度以及精确的时间信息，是一种以人造地球卫星为基础的高精度无线电导航定位系统。GPS 具有高精度、全天候、使用广泛和方便灵活等特点。GPS 通常包含空间部分（24 颗 GPS 卫星）、地面监控部分和用户部分。空间部分能够向用户连续发送测距信号和导航电文等信息，用于导航定位，并接收来自地面监控的信息和命令以保障系统的正常运转。地面监控部分主要用于跟踪 GPS 卫星，通过注入站向卫星发布指令，调整卫星的轨道以及时钟的读数，修复故障或启动备用件等。用户部分则通过 GPS 接收机测定接收机与 GPS 卫星的距离，并测算出自身的三维位置、三维运动速度等参数。通常所说的 GPS 或者 GPS 传感器是指 GPS 的用户部分，即 GPS 接收机。

下面来介绍集成 GPS 和北斗定位的双模定位模块 ATGM332D（型号是 5N3X，下面简称 ATGM332D－5N），如图 6-12 所示。

ATGM332D－5N 是高灵敏度 BDS/GPS 双模接收机模块，同时具有低功耗、低成本等优势，适用于机器人、可穿戴设备、车载导航和手持定位等。ATGM332D－5N 采用中科微电子第四代低功耗芯片 AT6558，能够支持 BDS、GPS、GLONASS、QZSS 以及 SBAS。该模块包含 32 个跟踪通道，能够同时接收 6 个卫星导航系统的 GNSS 信号，实现精确定位、导航与授时。

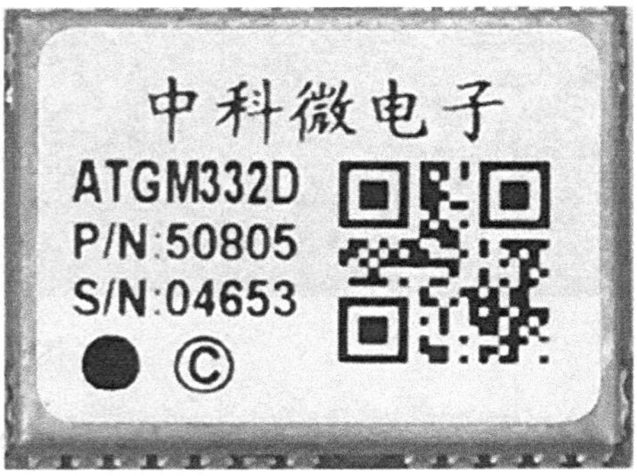

图 6-12　ATGM332D－5N 模块

6.4.2　在 ROS 中使用 GPS 传感器

这里，以 ATGM332D 5N31 为例，来说明 GPS 传感器在 ROS 中的使用。将定位模块与计算机连接好后，把天线放在室外。在 ROS 中的使用步骤如下：

1. 打开串口工具 cutecom

如果没有，则在终端输入以下命令进行安装：

```
$ sudo apt install cutecom
$ cutecom
```


以 9600 的码率读取 ttyUSB1（具体名称依实际情况而定）的数据，确认能读取 ATGM332D 中的定位数据。该模块发布的数据为 GPS 和北斗的联合定位数据，其中 GNRMC 数据的获取非常重要。GNRMC 数据的读取需要做如下几步：

2. 下载并安装 nmea－msgs 和驱动 nmea－navsat－driver

在终端输入如下命令：

```
$ sudo apt install ros-kinetic-nmea-msgs
$ sudo apt-get install ros-kinetic-nmea-navsat-driver libgps-dev
```

3. 在新终端发布定位模块的信息

启动节点管理器 roscore，再打开一个新终端，在其中输入如下命令来发布定位模块的信息：

```
$ rosrun nmea_navsat_driver nmea_serial_driver _port:=/dev/ttyUSB1 _baud:=9600
```

4. 读取定位信息

通过如下命令读取主题/nmea_sentence 上的定位信息：

```
$ rostopic echo /nmea_sentence
```

ROS 中 GPS 数据主要有四种数据结构，分别介绍如下：

1）nmea_msgs/Sentence：Sentence 表示 GPS 裸数据，一般是从驱动文件中直接读取出来，其格式遵守 NMEA0183。在终端输入如下命令查看 nmea_msgs/Sentence 的信息：

```
$ rosmsg show nmea_msgs/Sentence
```

查看到的信息如图 6-13 所示。

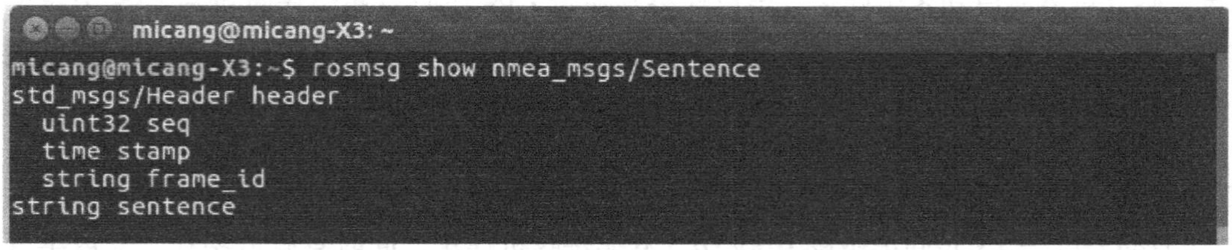

```
micang@micang-X3: ~
micang@micang-X3:~$ rosmsg show nmea_msgs/Sentence
std_msgs/Header header
  uint32 seq
  time stamp
  string frame_id
string sentence
```

图 6-13　查看到的 nmea_msgs/Sentence 信息

其中，header 为消息头，包含 seq、stamp 以及 frame_id。seq 表示消息序列，stamp 表示时间戳，frame_id 表示帧 id（其中，frame 表示坐标系，如 gps、imu 和 lidar 等）。

2）sensor_msgs/NavSatFix：该数据结构是通过解析 nmea_msgs/Sentence 结构而获取的。在终端输入如下命令查看 sensor_msgs/NavSatFix 的信息：

```
$ rosmsg show sensor_msgs/NavSatFix
```

查看到的信息如图 6-14 所示。

```
micang@micang-X3: ~
micang@micang-X3:~$ rosmsg show sensor_msgs/NavSatFix
uint8 COVARIANCE_TYPE_UNKNOWN=0
uint8 COVARIANCE_TYPE_APPROXIMATED=1
uint8 COVARIANCE_TYPE_DIAGONAL_KNOWN=2
uint8 COVARIANCE_TYPE_KNOWN=3
std_msgs/Header header
  uint32 seq
  time stamp
  string frame_id
sensor_msgs/NavSatStatus status
  int8 STATUS_NO_FIX=-1
  int8 STATUS_FIX=0
  int8 STATUS_SBAS_FIX=1
  int8 STATUS_GBAS_FIX=2
  uint16 SERVICE_GPS=1
  uint16 SERVICE_GLONASS=2
  uint16 SERVICE_COMPASS=4
  uint16 SERVICE_GALILEO=8
  int8 status
  uint16 service
float64 latitude
float64 longitude
float64 altitude
float64[9] position_covariance
uint8 position_covariance_type
```

图 6-14 查看到的 sensor_msgs/NavSatFix 信息

其中，消息头 header 和 nmea_msgs/Sentence 一致，status 代表全球定位系统类型与状态，latitude 表示纬度，longitude 表示经度，altitude 表示高度，position_covariance 表示位置协方差，后面几项表示位置协方差类型。

3）sensor_msgs/TimeReference。查看命令如下：

```
$ rosmsg show sensor_msgs/TimeReference
```

查看到的信息如图 6-15 所示。

```
micang@micang-X3: ~
micang@micang-X3:~$ rosmsg show sensor_msgs/TimeReference
std_msgs/Header header
  uint32 seq
  time stamp
  string frame_id
time time_ref
string source

micang@micang-X3:~$
```

图 6-15 查看到的 sensor_msgs/TimeReference 信息

其中，消息头 header 同其他，time_ref 表示外部源时间，source 表示外部源名称。

4）geometry_msgs/TwistStampede。在终端输入如下命令查看 geometry_msgs/TwistStamped 的信息：

```
$ rosmsg show geometry_msgs/TwistStamped
```

查看到的信息如图 6-16 所示。

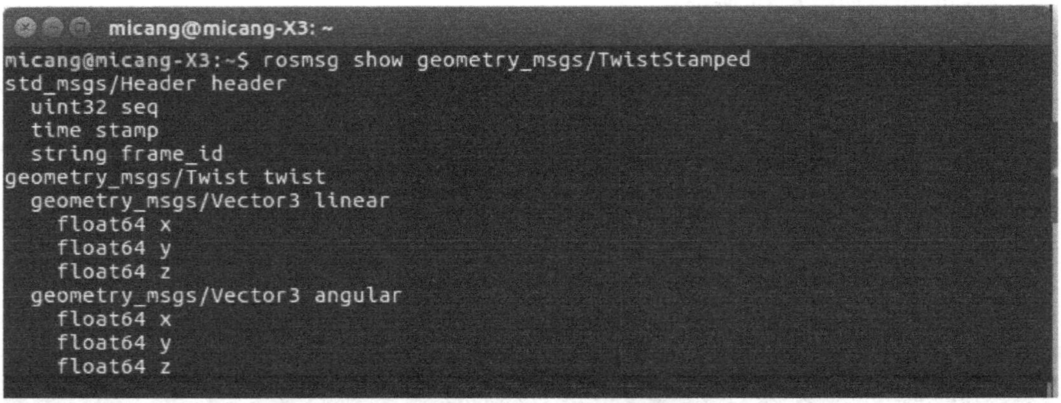

```
micang@micang-X3: ~
micang@micang-X3:~$ rosmsg show geometry_msgs/TwistStamped
std_msgs/Header header
  uint32 seq
  time stamp
  string frame_id
geometry_msgs/Twist twist
  geometry_msgs/Vector3 linear
    float64 x
    float64 y
    float64 z
  geometry_msgs/Vector3 angular
    float64 x
    float64 y
    float64 z
```

图 6-16 查看到的 geometry_msgs/TwistStamped 信息

其中，消息头 header 同其他，twist 代表速度，包括 linear（线速度）和 angular（角速度）。

本章小结

本章主要介绍了机器人系统中常用的四类传感器：RGB－D 相机、激光雷达传感器、IMU 传感器和 GPS 传感器。阐述了传感器的主要工作原理和特点。以具体型号的传感器为例，对其在 ROS 中的安装和使用进行了简要说明，给出了相应的显示结果。

本章习题

6-1 简述 RGB－D 相机的特点和常用的几种类型。

6-2 如何查看 Kinect 相机的彩色图像和深度图像?

6-3 简述激光雷达传感器的工作原理和分类。

6-4 简述激光雷达传感器在 ROS 中的使用步骤。

第7章 机器人视觉系统

导读

图像处理、相机标定和三维环境重构等是实现移动机器人项目开发的重要环节。为了帮助读者在 ROS 中实现这些与计算机视觉和点云处理有关的功能，本章将对开源计算机视觉库和点云库进行介绍，具体包括模块功能介绍、数据结构转换和在 ROS 中的使用方法。

7.1 OpenCV 概述

7.1.1 OpenCV 简介

开源计算机视觉库（Open Source Computer Vision Library，OpenCV）是一个开源的跨平台计算机视觉库。OpenCV 由一系列 C 函数和 C + +类构成，能够运行在 Windows、Linux、Android、FreeBSD 和 Mac OS 等操作系统中，也为 Python 和 MATLAB 等语言提供了接口，且这些接口函数可以通过在线文档获得。1999 年 Gary Bradsky 在英特尔创立 OpenCV，并于 2000 年发布第一个开源版本 OpenCV Alpha 3；2005 年，OpenCV 首次被应用于斯坦福大学的机器人斯坦利（Stanley），赢得了 DARPA 机器人挑战赛大奖；截至 2020 年，已经发布了最新版本 OpenCV 4.3.0。

OpenCV 支持与图像处理和计算机视觉有关的多种通用算法，并且在不断地扩展。在此，读者需要区别两个概念：图像处理和计算机视觉。前者侧重于对图像进行变换、重构和分析等操作，以实现图像的模糊、增强、腐蚀和分割等；而后者重点在于使用计算机来模拟人类视觉，包含对图像的理解，如通过图像来提取或推断空间信息，以实现景象的三维结构等。

计算机视觉和机器学习密不可分，计算机视觉的应用服务于机器学习，因此，OpenCV 提供了机器学习库（Machine Learning Library，MLL）。MLL 是一个类和函数的集合，它包含了十余种机器学习算法，主要有用于统计分类、聚类分析和回归分析的算法，大多数的统计分类和回归分析算法都被封装成了 C + +类，以便于用户使用。

7.1.2 不同版本 OpenCV 的模块对比

计算机视觉领域的新技术和新方法被不断添加进 OpenCV 中，同时新的版本也会对旧的版本中的模块进行合并与优化。因此，不同版本 OpenCV 的功能模块之间会存在共性和个性。为了帮助读者了解不同版本 OpenCV 之间的差异以能根据实际需求选择合适的 OpenCV 版本，下面对 OpenCV2、OpenCV3 和 OpenCV4 版本（分别以 2.4、3.2 和 4.1 版本为例）中包含的模块进行说明，见表 7-1。

表 7-1 不同版本 OpenCV 的模块对比

模块名称	OpenCV 版本		
	2.4	3.2	4.1
calib3d	√	√	√
contrib	√		
core	√	√	√
dnn			√
features2d	√	√	√
flann	√	√	√
gapi			√
gpu	√		
highgui	√	√	√
imgcodecs		√	√
imgproc	√	√	√
legacy	√		
ml	√	√	√
nonfree	√		
objdetect	√	√	√
ocl	√		
photo	√	√	√
shape		√	
stitching	√	√	√
superres	√	√	
ts	√		
video	√	√	√
videoio		√	√
videostab	√	√	
world		√	

注：√表示该版本包含此模块。

在此，对表 7-1 中各模块的功能进行介绍。

1）calib3d：它是 camera calibration and 3D reconstruction 的缩写。该模块主要用于实现相机标定和三维重建等功能，具体包括物体姿态估计、基本多视角几何算法、单立体相机标定和三维信息重建等。

2）contrib：它是 contributed/experimental stuf 的缩写。OpenCV 中最新添加的不太稳定的功能以及涉及专利保护的技术，往往放入该模块，因此它是一个扩展模块，也是 OpenCV2 版本特有的模块。例如，2.4 版本中该模块新增了人脸识别和人工视网膜模型等算法。OpenCV3 以后 contrib 模块不包含在 OpenCV 标准版本中，而需要额外安装。

3）core：它是核心功能模块，定义了 OpenCV 最基础的数据结构和基本操作，主要包括基本结构体、动态数据结构、数组操作函数、绘制功能、XML 或 YAML 文件、聚类和 OpenGL 的交互相关操作等。

4）dnn：它是深度学习模块。OpenCV 从 3.1 版本起就在扩展模块 contrib 中添加了 dnn 模块。当版本更新到 3.3 时，dnn 模块被独立到正式发布的模块中。该模块支持 Caffe、TensorFlow 和 Torch/PyTorch 等主流深度学习框架，支持 AlexNet、GoogLeNet 和 VGG – based FCN 等常见的模型，可通过加载训练好的模型数据来进行图像分类、语义分割和目标检测等。自 OpenCV 4.0 起，dnn 模块可支持 Mask – RCNN 模型。

5）features2d：它是 2D 特征模块。主要包括特征检测与描述算法（如 FAST、MSER、ORB、BRISK 和 SURF 等）、特征检测与描述通用接口、描述子匹配通用接口、特征点与匹配点的绘制函数和基于特征点的物体分类。

6）flann：它是 fast library for approximate nearest neighbors 的缩写。该模块不仅能实现高维空间中最近邻快速搜索和聚类的方法，而且还提供了自动选择最快搜索算法的机制。

7）gapi：它是 OpenCV 4.0 添加的全新模块。该模块不包含具体的算法，主要用于对常规图像处理过程加速，是一种非常高效的图像处理引擎。

8）gpu：它是基于 GPU 加速的计算机视觉模块。

9）highgui：它是 high – level graphical user interface 的缩写。该模块包含与操作系统、文件系统和相机等硬件交互的函数，通过 highgui 模块能够方便地实现媒体数据的输入/输出、图像和视频的编码/解码等功能。

10）imgcodecs：它是图像的读取和保存模块。自 OpenCV3 起，图像和视频的编码/解码从 highgui 模块中独立出来，形成 imgcodecs 和 videoio 模块。

11）imgproc：它是 image processing 的缩写。该模块通过 sobel 等函数实现图像滤波（包括线性和非线性滤波）、通过 resize 等函数实现图像的多种几何变换、通过 threshold 等函数实现图像形式的转换以及颜色空间转换。上述函数为最常见的图像处理操作函数，均可用于多种结构与形状的描述、目标跟踪、运动分析和特征检测等任务。

12）legacy：它是遗留模块，存放已经废弃的代码，用于向下兼容。自 OpenCV3 起，已经没有该模块了。

13）ml：它是 machine learning 的缩写。该模块包含与机器学习相关的统计模型与分类算法，主要包括统计模型、支持向量机、决策树、随机树、级联分类器和神经网络等。不同于 2.4 版本，OpenCV 3.2 中的 ml 模块增加了逻辑回归分类器。

14）nonfree：具有专利的算法模块。

15）objdetect：它是目标检测模块。该模块包含级联分类与 Latent SVM，主要用于图像目标检测，例如，实现基于 HBP 特征的人脸检测等。

16）ocl：它是 OpenCL – accelerated computer vision 的缩写，是基于 OpenCL 加速的模块。

17）photo：它是运算摄影模块，能够实现图像修复和图像降噪。

18）shape：它是形状距离与匹配模块。

19）stitching：它是图像拼接模块。能够解决图像的倾斜和旋转估计、拼接线估测、曝光补偿等图像拼接过程的相关问题。

20）superres：它是 super resolution 的缩写，该模块主要包括超分辨率相关的技术。

21）ts：它是 OpenCV 的测试模块。

22）video：它是视频分析模块。该模块主要包含物体跟踪、运动估计和背景分离等视频处理相关技术。

23）videoio：它是视频输入/输出模块。该模块主要实现视频或者图像序列的读取与写入。

24）videostab：它是 video stabilization 的缩写，是视频稳定模块。该模块包含一些解决视频稳定问题的函数和类，可用于进行全局运动估计。

25）world：它用于将 OpenCV 所有模块封装成一个 . dll 文件，便于环境配置。

7.1.3 图像数据结构

ROS 中图像通过 sensor_msgs/Image 消息格式来传输，而 OpenCV 中图像用 Mat 数据结构表达。实际开发中用户希望能够将 ROS 图像类型和 OpenCV 图像类型进行转换来实现不同需求的图像处理，ROS 中的功能包 cv_bridge 就成了这两者之间的“桥梁”，通过 ROS 中 CvBridge 类向这两者提供转换函数。下面来讨论 ROS 图像消息和 OpenCV 类型的转换。

CvBridge 中定义的 CvImage 数据类包含 OpenCV 图像、编码和 ROS 头文件，因此可以进行两者间的相互转换。CvImage 类代码如下：

```
class CvImage
{
public:
  std_msgs::Header header;
  std::string encoding;
  cv::Mat image;
};

typedef boost::shared_ptr<CvImage> CvImagePtr;
typedef boost::shared_ptr<CvImage const> CvImageConstPtr;
…
```

1. OpenCV 图像转换为 ROS 图像消息

通过成员函数 toImageMsg()将 OpenCV 图像转换为 ROS 图像消息，成员函数定义如下：

```
class CvImage
{
    sensor_msgs::ImagePtr toImageMsg() const;
    void toImageMsg(sensor_msgs::Image& ros_image) const;
};
```

例如，将 OpenCV 图像 . img 转换为 ROS 图像消息 . msg，可通过如下代码实现：

```
Mat img;
//将 Mat 类型转为 sensor_msgs::Image
sensor_msgs::ImagePtr msg = cv_bridge::CvImage(std_msgs::Header(),"bgr8", img).toImageMsg();
```

其中，bgr8 是图像编码格式。OpenCV 函数常用的图像编码还有：mono8：CV_8UC1，（灰度尺度图像）、mono16：CV_16UC1（16 位灰度尺度图像）、bgr8：CV_8UC3（BGR 彩色图像）、rgb8：CV_8UC3（RGB 彩色图像）、bgra8：CV_8UC4（带有 Alpha 通道的 BGR 彩色图像）以及 rgba8：CV_8UC4（带有 Alpha 通道的 RGB 彩色图像）等。

2. ROS 图像消息转换为 OpenCV 图像

此时，需要分以下两种情况：

1）需要修改图像消息数据。用成员函数 toCvCopy（）复制数据。成员函数定义如下：

```
CvImagePtr toCvCopy(const sensor_msgs::ImageConstPtr& source,const std::string& encoding = std::string());
CvImagePtr toCvCopy(const sensor_msgs::Image& source, const std::string& encoding = std::string());
```

2）不修改图像消息数据。用成员函数 toCvShare（）共享数据但不复制。成员函数定义如下：

```
CvImageConstPtr toCvShare(const sensor_msgs::ImageConstPtr& source, const std::string& encoding = std::string());
CvImageConstPtr toCvShare(const sensor_msgs::Image& source, const boost::shared_ptr<void const>& tracked_object, const std::string& encoding = std::string());
```

例如，将 ROS 图像消息 msg 转换为 OpenCV 图像 img 且需要修改，可通过如下代码实现：

```
cv_bridge::CvImagePtr cv0 = cv_bridge::toCvCopy(msg, sensor_msgs::image_encodings::BGR8);
Mat img = cv0->image;
```

7.2　在 ROS 中使用 OpenCV 的方法

在 ROS 中使用 OpenCV 库，有助于视觉编程的实现。由于 ROS 不是传统意义上的操作系统，因此 OpenCV 官网没有提供 ROS 版本的 OpenCV 库。但是，ROS 中会集成 OpenCV 库，例如，ROS Kinetic 自带的 OpenCV 为 3.3.1 版本。然而 OpenCV 很多有专利保护非免费的算法都放在 opencv_contrib 模块，因此在用到这些函数时，需要安装 OpenCV 以及相应的 opencv_contrib 模块。本节将对 ROS 下使用自带 OpenCV 和自安装 OpenCV 进行详细介绍。

7.2.1　使用自带 OpenCV

本小节通过采用 ROS 中 cv_bridge 模块实现将 OpenCV 下 Mat 类型的图片转换为 ROS 下 sensor_msgs::Image 类型的图片，以说明 ROS 中使用自带 OpenCV 3.3.1 的流程。

1. 新建一个工作空间

在终端输入如下命令新建工作空间 ros_opencv 及其子文件夹 src：

```
$ mkdir -p ros_opencv/src
```

2. 初始化工作空间

在终端输入如下命令切换到源文件空间 src 并初始化：

```
$ cd ros_opencv/src
$ catkin_init_workspace
```

3. 创建功能包

在终端输入如下命令实现在 src 文件夹下创建名为 opencv_test 的功能包，并依赖 sensor_msgs、cv_bridge、roscpp、std_msgs、image_transport：

```
$ catkin_create_pkg opencv_test sensor_msgs cv_bridge roscpp std_msgs image_transport
```

4. 编译功能包

在终端输入如下命令编译功能包并配置环境：

```
$ cd ..
$ catkin_make
$ source devel/setup.bash
```

5. 在 opencv_test/src 下创建 opencv_test_node.cpp

```
$ cd src/opencv_test/src
$ gedit opencv_test_node.cpp
```

在 opencv_test_node.cpp 中添加代码如下：

```
#include <ros/ros.h>
#include <stdio.h>
#include <image_transport/image_transport.h>
#include <cv_bridge/cv_bridge.h>
#include <sensor_msgs/image_encodings.h>
#include <opencv2/imgproc/imgproc.hpp>
#include <opencv2/highgui/highgui.hpp>

static const char WINDOW[] = "Image window";
int main(int argc, char ** argv)
{
ros::init(argc, argv, "image_converter");
//Reading an image from the file
cv::Mat cv_image = cv::imread("/home/image/1.jpg");

if(cv_image.empty() )
{
ROS_ERROR("Cann't read the picture!");
return -1;
}

ros::NodeHandle node;
image_transport::ImageTransport transport(node);
```

```
image_transport::Publisher image_pub;
image_pub = transport.advertise("OutImage", 1);
ros::Time time = ros::Time::now();

//Convert OpenCV image to ROS message
cv_bridge::CvImage cvi;
cvi.header.stamp = time;
cvi.header.frame_id = "image";
cvi.encoding = "bgr8";
cvi.image = cv_image;
sensor_msgs::Image im;
cvi.toImageMsg(im);
image_pub.publish(im);

ROS_INFO("Converted Successfully!");
//Show the image
cv::namedWindow(WINDOW);
cv::imshow(WINDOW,cv_image);
cv::waitKey(0);
ros::spin();
return 0;
}
```


6. 修改功能包 opencv_test 下的 CMakeLists.txt

修改后为：

```
cmake_minimum_required(VERSION 2.8.3)
project(opencv_test)

find_package(OpenCV REQUIRED)
find_package(catkin REQUIRED COMPONENTS cv_bridge image_transport roscpp sensor_msgs
std_msgs)

Include( ${catkin_INCLUDE_DIRS}
${OpenCV_INCLUDE_DIRS})

add_executable(opencv_test_node src/opencv_test_node.cpp)
target_link_libraries(opencv_test_node ${catkin_LIBRARIES} ${OpenCV_LIBRARIES})
```

7. 编译工作空间

在终端输入如下命令编译工作空间：

```
$ cd ros_opencv
$ catkin_make
```

在终端输入如下命令运行节点管理器和节点：

```
$ roscore
$ source devel/setup. bash
$ rosrun opencv_test opencv_test_node
```

运行成功即可显示加载的图片，如图7-1所示。

图 7-1 显示加载图片

7.2.2 使用自安装 OpenCV

在 ROS 中使用自安装的 OpenCV 时，需要先在 Ubuntu 下安装需要的 OpenCV 和对应版本的 opencv_contrib。下面以 OpenCV 3.4.8 为例，介绍具体的安装步骤。

1. 下载 OpenCV 和 opencv_contrib

登录 https://opencv.org/releases.html，下载 OpenCV 3.4.8 版本，如图 7-2 所示。

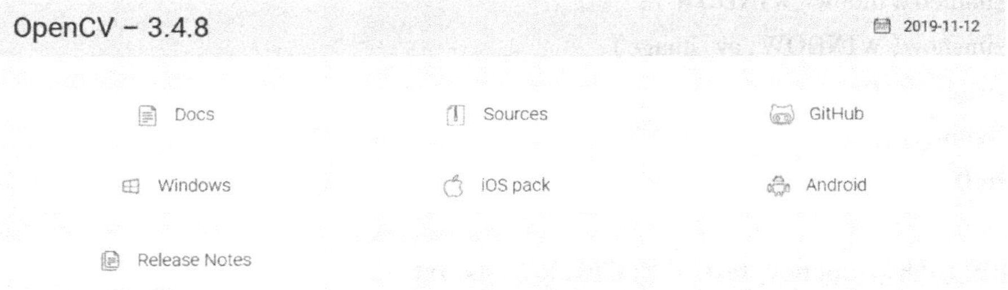

图 7-2 OpenCV 3.4.8 下载界面

opencv_contrib 3.4.8 版本的下载链接为 https://github.com/opencv/opencv_contrib/releases，如图 7-3 所示。

图 7-3 opencv – contrib 下载界面

2. 解压

解压这两个包并把 opencv_contrib –3.4.8 放到 opencv –3.4.8 文件夹里。

```
$ unzip opencv -3.4.8.zip
$ unzip opencv_contrib -3.4.8.zip
$ cp -r opencv_contrib -3.4.8 opencv -3.4.8
```

3. 安装 OpenCV 需要的依赖项

```
$ sudo apt – get install build – essential
$ sudo apt – get install cmake git libgtk2. 0 – dev pkg – config libavcodec – dev libavformat – dev libswscale – dev
$ sudo apt – get install python – dev python – numpy libtbb2 libtbb – dev libjpeg – dev libpng – dev libtiff – dev libjasper – dev libdc1394 – 22 – dev
```

4. 在 opencv –3. 4. 8 文件夹下新建一个 build 文件夹并进入 bulid

```
$ cd opencv – 3. 4. 8
$ mkdir build && cd build
```

5. cmake 配置编译

```
$ cmake  – D CMAKE_BUILD_TYPE = Release  – D CMAKE_INSTALL_PREFIX =/usr/local – D OPENCV_EXTRA_MODULES_PATH =../opencv_contrib – 3. 4. 8/modules ..
```

6. make 编译

```
$ make  – j8
```

make – j$（nproc）//nproc 是读取 CPU 的核心数量，j 后面的数字是使用的线程数量。

7. 安装 opencv –3. 4. 8

```
$ sudo make install
```

8. 对 OpenCV 进行环境配置

方式 1：

```
$ sudo /bin/bash  – c 'echo "/usr/local/lib"  > /etc/ld. so. conf. d/opencv. conf
```

方式 2：

```
$ sudo gedit /etc/ld. so. conf. d/opencv. conf
```

打开后可能是空文件，在文件内容最后添加以下内容：

```
/usr/local/lib
```

9. 测试 OpenCV 是否安装完成

方法 1：查看 OpenCV 版本。

```
$ pkg – config  – – modversion opencv
```

方法 2：切换到 opencv3. 4. 8/samples/cpp/example_cmake 目录，打开终端运行如下命令。

```
$ cd ~/opencv – 3. 4. 8/samples/cpp/example_cmake
$ cmake .
$ make
$. /opencv_example
```

如果摄像头打开，左上角出现 Hello OpenCV 则证明安装成功，如图 7-4 所示

此时，ROS 中存在自带的 OpenCV 3. 3. 1 和自安装的 OpenCV 3. 4. 8。虽然 ROS 里的 cv_bridge 模块可实现 OpenCV 和 ROS 类型之间的转换（详见第 7. 2. 1 小节），但是 cv_bridge 默认使用自带的 OpenCV。因此，当需要使用自安装的 OpenCV 3. 4. 8 版本时，就要对相关文件进行修改。这里，介绍在 ROS 中使用自安装 OpenCV 的三种方法：

方法 1：修改 CMakeLists. txt 文件修改，指定 OpenCV 路径。

该方法不使用 cv_bridge 包，只需在 CMakeLists. txt 文件中手动设置 OpenCV 路径即可。具体操作步骤如下：

1）找到自安装 OpenCV 配置文件 OpenCVConfig. cmake 的路径，如图 7-5 所示。

2）在功能包 opencv_test 下的 CMakeLists. txt 文件中指定配置文件 OpenCVConfig. cmake 的路径，即添加如下语句：

```
set( OpenCV_DIR /usr/local/share/OpenCV)
```

使用 find package 命令找到 OpenCV 包：

```
find_package( OpenCV REQUIRED)
```

指定 OpenCV 的头文件目录：

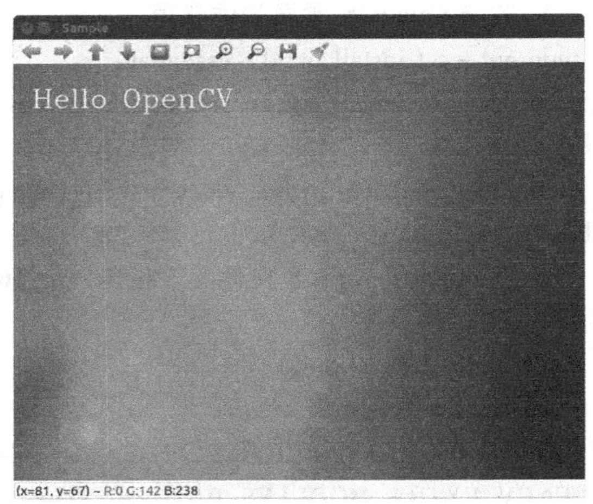

图 7-4　安装成功界面

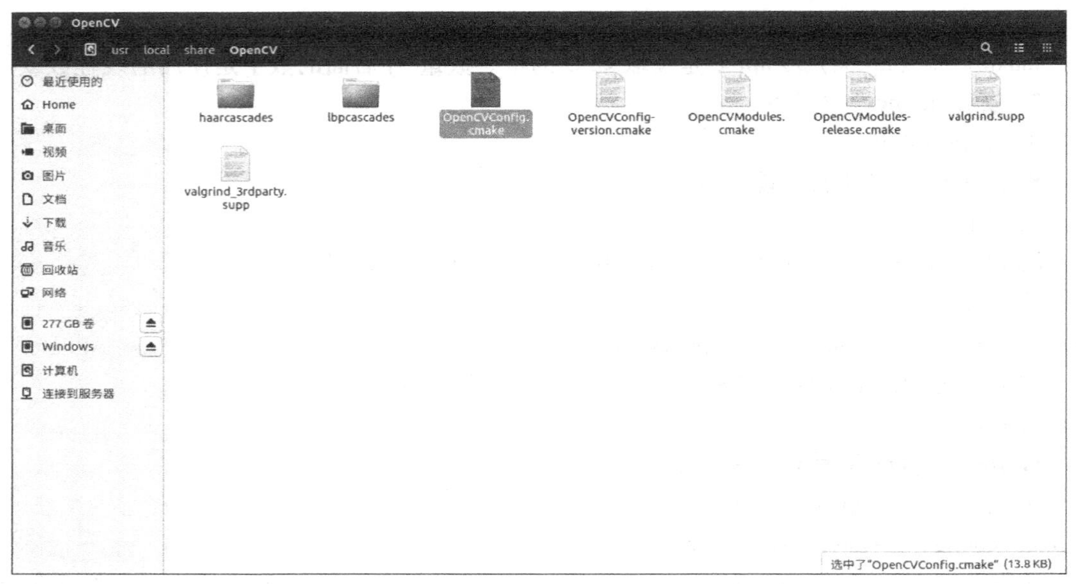

图 7-5　配置文件路径

```
include_directories(
  ……
  ${OpenCV_INCLUDE_DIRS}
  ……)
```

将编译生成的文件与 OpenCV 的动态库/静态库进行链接：

```
target_link_libraries(
  ……
  ${OpenCV_LIBS}
  ……)
```

修改后的 CMakeLists. txt 文件如图 7-6 所示。

3）重新编译运行工程，可在终端看到 OpenCV 的版本已经切换完成，即目前使用的

```
cmake_minimum_required(VERSION 2.8.3)
project(opencv_test)

find_package(OpenCV REQUIRED)
find_package(catkin REQUIRED COMPONENTS
  #cv_bridge
  image_transport
  roscpp
  sensor_msgs
  std_msgs
)

set(OpenCV_DIR /usr/local/share/OpenCV)
find_package(OpenCV REQUIRED)

include_directories(
${catkin_INCLUDE_DIRS}
${OpenCV_INCLUDE_DIRS}
)
add_executable(opencv_test_node src/opencv_test_node.cpp)
target_link_libraries(opencv_test_node ${catkin_LIBRARIES} ${OpenCV_LIBS})
```

图 7-6　修改后的 CMakeLists. txt

OpenCV 为自安装的 3. 4. 8 版本，如图 7-7 所示。

```
-- ~~  - opencv_test
--
-- +++ processing catkin package: 'opencv_test'
-- ==> add_subdirectory(opencv_test)
-- Found OpenCV: /usr/local (found version "3.4.8")
-- Configuring done
-- Generating done
-- Build files have been written to: /home/micang/ros_opencv/build
```

图 7-7　终端显示 OpenCV 切换为 3. 4. 8 版本

方法 2：修改 ROS 下 cv_bridge 的配置文件。

该方法是修改 cv_bridge 的配置文件，使得 cv_bridge 去调用自安装的 OpenCV 3. 4. 8。具体操作步骤如下：

1）打开终端并进入 cv_bridge 配置文件 cv_bridgeConfig. cmake 所在目录，使用 gedit 命令打开此该配置文件：

```
$ cd /opt/ros/kinetic/share/cv_bridge/cmake/
$ sudo gedit cv_bridgeConfig.cmake
```

2）修改配置文件中头文件和库文件的路径。

① 修改头文件。注释配置文件中默认的 OpenCV 3. 3. 1 头文件路径设置语句（如图 7-8 中①号框内语句），并将头文件指定到自安装 OpenCV 的头文件目录下（如图 7-8 中②号框内语句）。

② 修改库文件。在配置文件 cv_bridgeConfig. cmake 中修改库文件时，需要将库文件的路径和具体的库文件名称写入到配置文件中，然而 OpenCV3. 4. 8 的库文件很多，如图 7-9 所示。

因此，一般将常用的库文件如 core、highgui、imgproc 写入到配置文件中，如图 7-10 中框内语句。

如果编译运行提示需要的库文件没有包含在配置文件中，则只需要将缺少的库文件添加进

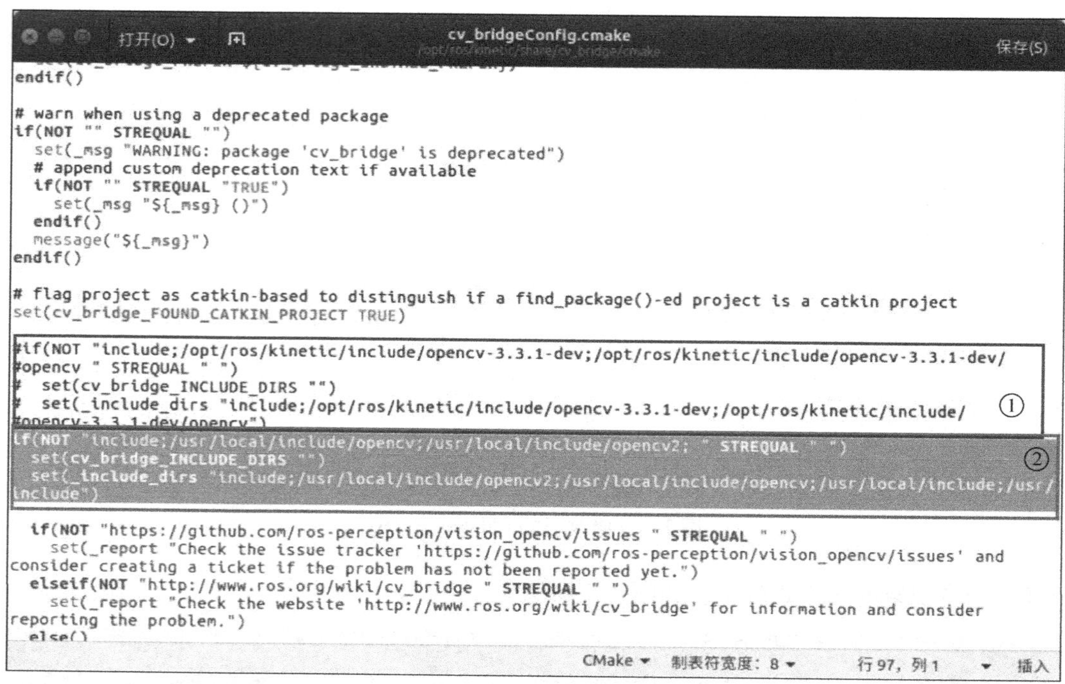

图 7-8　头文件修改界面

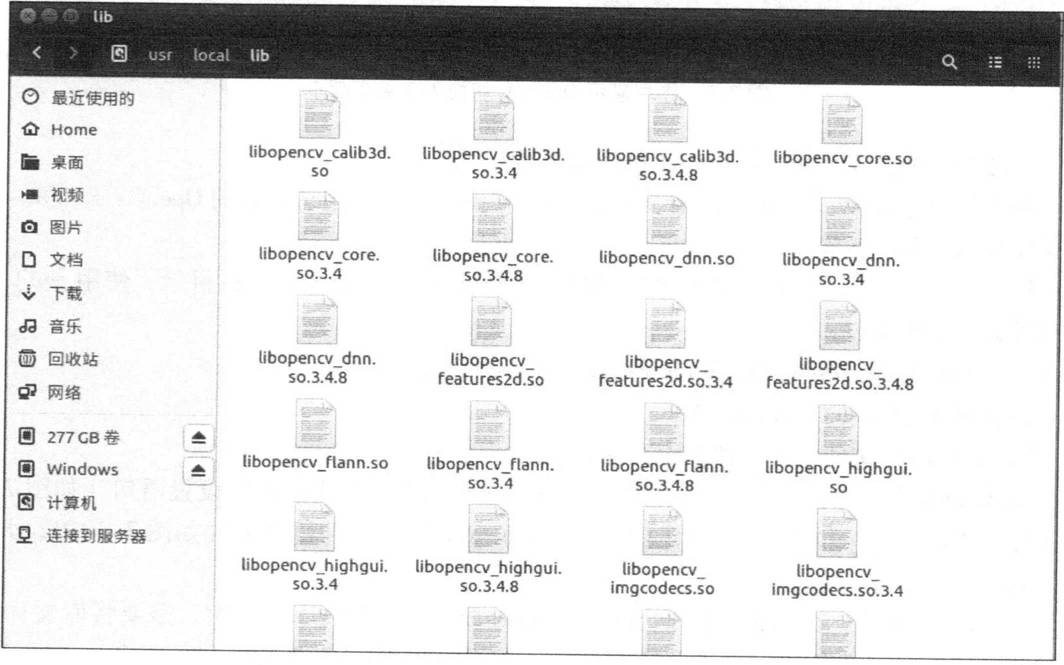

图 7-9　库文件存放位置

配置文件即可。配置文件修改完成后，只需要在 CMakeLists. txt 文件中的 find_package 中加入 cv_bridge就能够使用自安装的 OpenCV 3. 4. 8。修改后完整的 CMakeLists. txt 文件如图 7-11 所示。

```
cv_bridgeConfig.cmake
  else()
    set(_report "Report the problem to the maintainer 'Vincent Rabaud <vincent.rabaud@gmail.com>' and
request to fix the problem.")
  endif()
  foreach(idir ${_include_dirs})
    if(IS_ABSOLUTE ${idir} AND IS_DIRECTORY ${idir})
      set(include ${idir})
    elseif("${idir} " STREQUAL "include ")
      get_filename_component(include "${cv_bridge_DIR}/../../../include" ABSOLUTE)
      if(NOT IS_DIRECTORY ${include})
        message(FATAL_ERROR "Project 'cv_bridge' specifies '${idir}' as an include dir, which is not
found.  It does not exist in '${include}'.  ${_report}")
      endif()
    else()
      message(FATAL_ERROR "Project 'cv_bridge' specifies '${idir}' as an include dir, which is not
found.  It does neither exist as an absolute directory nor in '\${prefix}/${idir}'.  ${_report}")
    endif()
    _list_append_unique(cv_bridge_INCLUDE_DIRS ${include})
  endforeach()
endif()

#set(libraries "cv_bridge;/opt/ros/kinetic/lib/x86_64-linux-gnu/libopencv_core3.so.3.3.1;/opt/ros/kinetic/
#lib/x86_64-linux-gnu/libopencv_imgproc3.so.3.3.1;/opt/ros/kinetic/lib/x86_64-linux-gnu/
#libopencv_imgcodecs3.so.3.3.1")
set(libraries "cv_bridge;/usr/local/lib/libopencv_core.so.3.4.8;/usr/local/lib/
libopencv_imgproc.so.3.4.8;/usr/local/lib/libopencv_imgcodecs.so.3.4.8;/usr/local/lib/
libopencv_highgui.so.3.4.8;/usr/local/lib/libopencv_calib3d.so.3.4.8")
foreach(library ${libraries})
  # keep build configuration keywords, target names and absolute libraries as-is
  if("${library}" MATCHES "^(debug|optimized|general)$")
    list(APPEND cv_bridge_LIBRARIES ${library})
  elseif(${library} MATCHES "^-l")
    list(APPEND cv_bridge_LIBRARIES ${library})
  elseif(${library} MATCHES "^-")
    # This is a linker flag/option (like -pthread)
    # There's no standard variable for these, so create an interface library to hold it
    if(NOT cv_bridge_NUM_DUMMY_TARGETS)
      set(cv_bridge_NUM_DUMMY_TARGETS 0)
    endif()
CMake ▾  制表符宽度：8 ▾  行 124，列 1  ▾  插入
```

图 7-10　库文件修改界面

```
cmake_minimum_required(VERSION 2.8.3)
project(opencv_test)

#find_package(OpenCV REQUIRED)
find_package(catkin REQUIRED COMPONENTS
  cv_bridge
  image_transport
  roscpp
  sensor_msgs
  std_msgs
)

#set(OpenCV_DIR /usr/local/share/OpenCV)

#find_package(OpenCV REQUIRED)

include_directories(
${catkin_INCLUDE_DIRS}
#${OpenCV_INCLUDE_DIRS}
)
add_executable(opencv_test_node src/opencv_test_node.cpp)
target_link_libraries(opencv_test_node ${catkin_LIBRARIES}
#${OpenCV_LIBS}
)
```

图 7-11　修改后的 CMakeLists. txt

3）重新执行第 7.2.1 小节中的第 7 步，能够实现调用自安装 OpenCV 3.4.8 显示图片。方法 2 不需要在 CMakeLists.txt 文件中指定 OpenCV 路径，同时保留了 cv_bridge，使得 OpenCV 图片类型和 ROS 图片类型之间的转换更加便捷。

方法 3：在配置文件 cv_bridge 中指定 OpenCV 路径。

该方法是在配置文件中设置 OpenCV 的头文件和库目录文件。打开自安装 OpenCV 3.4.8 的配置文件 OpenCVConfig.cmake，可以看到该配置文件主要是用来设置 OpenCV 的版本等信息。因此，只要在 cv_bridge 中导入 OpenCV 的配置文件，cv_bridge 就能够调用对应的 OpenCV 版本。具体操作步骤如下：

1）在 cv_bridgeConfig.cmake 配置文件中添加设置语句（如图 7-12 中方框所示），来指定 OpenCV 的路径。

```
#if(NOT "include;/opt/ros/kinetic/include/opencv-3.3.1-dev;/opt/ros/kinetic/include/opencv-3.3.1-dev/
#opencv " STREQUAL " ")
#  set(cv_bridge_INCLUDE_DIRS "")
#  set(_include_dirs "include;/opt/ros/kinetic/include/opencv-3.3.1-dev;/opt/ros/kinetic/include/
#opencv-3.3.1-dev/opencv")
if(NOT "include;/usr/local/include/opencv;/usr/local/include/opencv2; " STREQUAL " ")
# set(cv_bridge_INCLUDE_DIRS "")
#  set(_include_dirs "include;/usr/local/include/opencv2;/usr/local/include/opencv;/usr/local/include;/
usr/include")
set(OpenCV_DIR /usr/local/share/OpenCV)
find_package(OpenCV REQUIRED)
set(cv_bridge_INCLUDE_DIRS "")
set(_include_dirs "include;${OpenCV_INCLUDE_DIRS}")
  if(NOT "https://github.com/ros-perception/vision_opencv/issues " STREQUAL " ")
```

图 7-12　指定 OpenCV 路径

2）在配置文件中设置库文件路径，如图 7-13 所示。

```
#set(libraries "cv_bridge;/opt/ros/kinetic/lib/x86_64-linux-gnu/libopencv_core3.so.3.3.1;/opt/ros/kinetic/
#lib/x86_64-linux-gnu/libopencv_imgproc3.so.3.3.1;/opt/ros/kinetic/lib/x86_64-linux-gnu/
#libopencv_imgcodecs3.so.3.3.1")
#set(libraries "cv_bridge;/usr/local/lib/libopencv_core.so.3.4.8;/usr/local/lib/
#libopencv_imgproc.so.3.4.8;/usr/local/lib/libopencv_imgcodecs.so.3.4.8;/usr/local/lib/
#libopencv_highgui.so.3.4.8;/usr/local/lib/libopencv_calib3d.so.3.4.8")
set(libraries "cv_bridge;${OpenCV_LIBS}")
```

图 7-13　修改库文件路径

3）重新执行第 7.2.1 小节中的第 6 步，能够实现调用自安装 OpenCV 显示图片。

综上所述，在 ROS 中不仅可以使用自带 OpenCV，也可以根据需要下载并安装其他版本的 OpenCV，且多个版本之间可以共存。

7.3　PCL 概述

7.3.1　PCL 简介

PCL（Point Cloud Library，点云库）是一个经 BSD 授权可用于点云处理的大型跨平台开源 C++编程库，其最早是以斯坦福大学 Radu 博士为首进行维护与开发的开源项目，主要用于机器人领域。PCL 自 2011 年正式推出以来，在各行业得到广泛应用，随着算法模块的不断优化与完善，目前 PCL 库已经发布到 1.9.1 版本，并完全集成到 ROS 中。

PCL 涵盖处理点云数据的多种通用算法和数据结构，其具体实现基于第三方库 Boost、Eigen、FLANN、VTK、CUDA、OpenNI 和 Qhull，能够支持 Windows、Linux、Mac OS X 和

Android 等多种操作系统平台。PCL 包括点云获取、分割、特征描述与提取、可视化、曲面重建、配准、滤波和输入/输出等功能模块以及动作跟踪识别等应用，并且在不断更新的 PCL 版本中会加入新的算法与应用。目前，PCL 已被广泛应用在立体 3D 影像、激光遥感测绘、虚拟现实/人机交互、机器人和逆向工程等领域。

7.3.2　PCL 架构与功能模块

PCL 中各功能的实现依赖于多个第三方库：

1）Boost 库，PCL 中各模块和算法均采用 Boost 共享指针传输数据，避免多次复制已有数据的需要。

2）Eigen 库，它是开源的线性代数模板库，PCL 通过 Eigen 进行矩阵和向量等数学操作。

3）FLANN 库，PCL 中 k 近邻搜索通过 FLANN 实现，可用于解决最近邻搜索问题。

4）VTK 库，它是一个可视化工具，PCL 通过 VTK 对 PCL 处理结果进行可视化。

5）CUDA 库，它是 NVIDIA 公司发布的通用并行运算平台，包含指令集架构和 GPU 内部的并行运算引擎，能够显著提高程序的执行效率。

6）OpenNI，它是一个跨平台和多语言的框架。采用 OpenNI 为上层应用提供一个与视觉和音频设备通信的统一接口，使得用户在开发应用程序时无须考虑传感器或中间件供应商相关的细节。

7）Qhull，它是一个开源的程序软件。PCL 通过 Qhull 实现凸或凹曲面的外包求解。

PCL 的架构如图 7-14 所示。

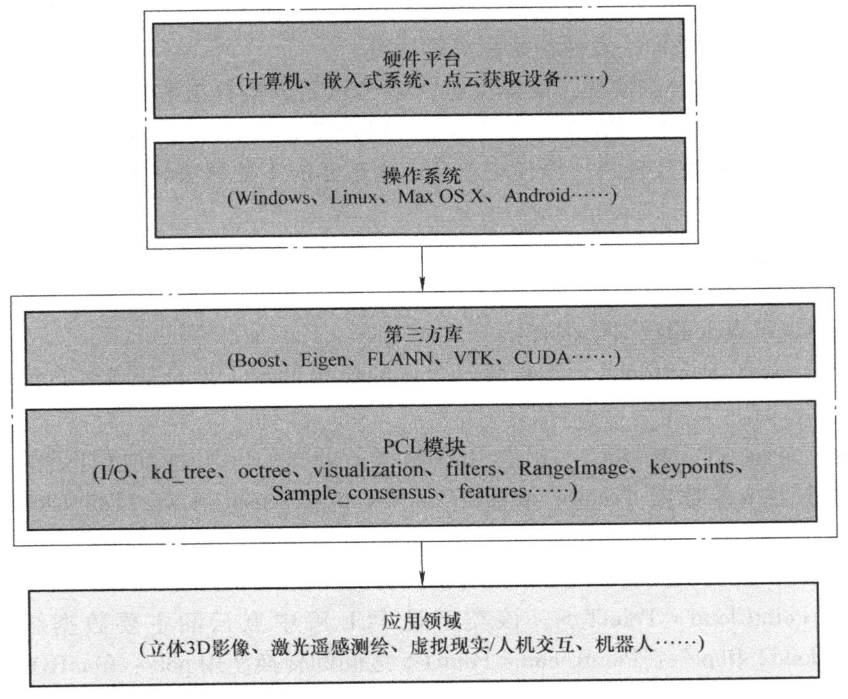

图 7-14　PCL 架构

下面对 PCL 主要功能模块进行介绍。

1）I/O：输入/输出模块。该模块能够实现点云数据/文件的获取、读入与存储等操作，通过封装 OpenNI 兼容的设备原始数据获取接口实现直接读取点云相关信息。

2）kd - tree：空间索引模块。该模块通过类与函数实现利用 kd - tree 数据结构建立点云的空间拓扑关系，实现基于 FLANN 第三方库的快速最近邻搜索。

3）octree：空间索引模块。该模块通过类与函数实现利用 octree 数据结构建立点云的空间拓扑关系，实现基于 FLANN 第三方库的快速最近邻搜索。

4）visualization：可视化模块。该模块包含了大量与可视化相关的数据结构与组件，依赖于第三方库 VTK，能够对其他模块的处理结果进行直观的展示。

5）filters：滤波模块。该模块能够实现对点云数据中噪声以及离群点的去除。

6）RangeImage：深度/距离图像模块。该模块用于深度/距离图像的表达和操作。

7）keypoints：关键点检测模块。该模块包含了多种关键点检测算法，能够实现对点云的三维关键点提取。

8）Sample_consensus：采样一致性模块。该模块包含算法（主要是随机采样一致性及扩展算法）和模型（平面、柱面等几何模型）两部分，通过算法和模型的不同组合来估计点云的几何模型，实现对点云几何模型的分割。

9）features：特征描述与提取模块。该模块包含大量的特征描述与提取算法和数据结构，如法向量估计、CVFH（Clustered Viewpoint Feature Histogram）描述子和 FPFH（Fast Point Feature Histogram）描述子的计算。

10）Registrstion：配准模块。该模块用于解决点云之间的配准问题，以得到完整的数据模型。具体实现包括初始对应点集的确定、错误对应点对的剔除、变换关系的求解，配准算法有迭代最近点算法和采样一致性初始配准算法等。

11）Segmentation：分割模块。该模块包含多种点云分割算法和数据结构，能够利用聚类分割或随机采样一致性分割等算法将完整点云划分成多个相互独立的子点云。

12）surface：曲面重建模块。该模块包含曲面重建的多种算法和数据结构，能够实现对源点云的曲面重建。

7.3.3 点云数据结构

在 ROS 中表示点云的数据结构有：

1）sensor_msgs::PointCloud，该类型包含点的位置信息、复合通道各自的类型及数值大小。

2）sensor_msgs::PointCloud2，它是 ROS 根据新颁布的 PCL 标准修订后的点云数据类型，目前主要描述 n 维数据。sensor_msgs::PointCloud 和 sensor_msgs::PointCloud2 之间的转换使用 sensor_msgs::convertPointCloud2ToPointCloud 和 sensor_msgs::convertPointCloudToPointCloud2。

3）pcl::PointCloud <PointT>，该类型是 PCL 库中点云的主要数据结构，sensor_msgs::PointCloud2 和 pcl::PointCloud <PointT> 之间的转换使用 pcl::fromROSMsg 或 pcl::toROSMsg。PointT 定义了点云的存储类型，例如：

- pcl::PointXYZ，这是最简单的点的类型，存储着点的 X、Y 和 Z 位置信息。
- pcl::PointXYZI，该类型存储了点的 X、Y 和 Z 位置信息和点的密集程度 I。

● pcl::PointXYZRGBA，这个类型的点存储了位置信息、颜色信息 RGB 和透明度 Alpha。

● pcl::Normal，最常用的点的类型，描述了给定点的曲面法线和曲率信息。

● pcl::PointNormal，这个类型与 pcl::Normal 类型相比，增加了位置信息。它的变体有 PointXYZRGBNormal（增加了颜色信息）和 PointXYZINormal（增加了密集度信息）。

除此之外，还有诸如 PointWithViewpoint、Histogram、Boundary 和 PrincipalCurvatures 等标准类型。更重要的是，在 PCL 中用户还可以自定义需要的类型。

7.4　在 ROS 中使用 PCL 的方法

同 OpenCV 类似，ROS 中会集成 PCL 库，如 ROS Kinetic 自带的 PCL 为 1.7 版本。但是，随着 PCL 版本的不断更新，有时候自带的 PCL 不能够满足用户的需求，因此，需要另外安装其他版本的 PCL。下面分两种情况来说明在 ROS 中使用 PCL，即使用 ROS 自带的 PCL，以及使用 Ubuntu 下自行安装的 PCL。

7.4.1　使用自带 PCL

编写一段代码来读取.pcd 文件中的点云，实现点云从 PCL 的 pcl::PointXYZ 类型转换到 ROS 的 sensor_msgs::PointCloud2 类型。具体操作步骤如下：

1. 新建一个工作空间

```
$ mkdir -p ros_pcl/src
```

2. 初始化工作空间并设置环境变量

```
$ cd ros_pcl/src
$ catkin_init_workspace
```

3. 在 ros_pcl/src 目录下创建一个功能包 chapter6_tutorials

```
$ catkin_create_pkg chapter6_tutorials sensor_msgs pcl_conversions pcl_ros sensor_msgs
```

4. 在 chapter6_tutorials/src 下新建一个源代码文件 pcl_sample.cpp

```
#include <ros/ros.h>
#include <pcl/point_cloud.h>
#include <pcl_conversions/pcl_conversions.h>
#include <sensor_msgs/PointCloud2.h>
#include <pcl/io/pcd_io.h>

int main(int argc, char ** argv)
{
  ros::init(argc, argv, "pcl_read");
  ROS_INFO("Started PCL read node");
  ros::NodeHandle nh;
  ros::Publisher pcl_pub = nh.advertise<sensor_msgs::PointCloud2>
  ("pcl_output", 1);
```

```
sensor_msgs::PointCloud2 output;
pcl::PointCloud<pcl::PointXYZ> cloud;

pcl::io::loadPCDFile("/home/cloud1.pcd", cloud);

pcl::toROSMsg(cloud, output);
output.header.frame_id = "odem";

ros::Rate loop_rate(1);
while(ros::ok())
{
    pcl_pub.publish(output);
    ros::spinOnce();
loop_rate.sleep();
}
    return 0;
}
```


5. 修改功能包 chapter6_tutorials 下的 CMakeLists.txt 文件

修改后为：

```
cmake_minimum_required(VERSION 2.8.3)
project(chapter6_tutorials)

find_package(catkin REQUIRED COMPONENTS
  pcl_conversions
  pcl_msgs
  pcl_ros
  sensor_msgs
)

find_package(PCL REQUIRED)
include_directories(${PCL_INCLUDE_DIRS})
link_directories(${PCL_LIBRARY_DIRS})

include_directories(
  ${catkin_INCLUDE_DIRS}
)

add_executable(pcl_sample src/pcl_sample.cpp)
target_link_libraries(pcl_sample ${catkin_LIBRARIES}
${PCL_LIBRARIES})
```

6. 编译工作空间

```
$ cd ~/catkin_ws
$ catkin_make
```

7. 启动节点管理器并运行节点

```
$ source devel/setup. bash
$ roscore
$ rosrun chapter6_tutorials pcl_sample
```

8. 启动 RViz 查看发布到主题/pcl_output 上的点云

```
$ rosrun rviz rviz
```

查看到的点云如图 7-15 所示。

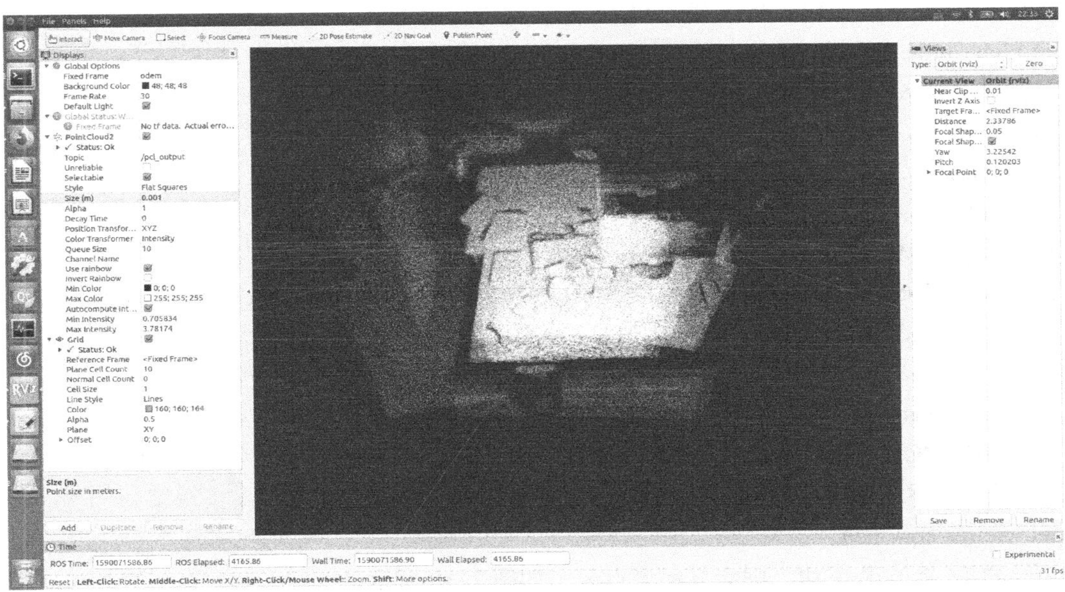

图 7-15　RViz 显示点云的界面

7.4.2　使用自安装 PCL

下面以 PCL1. 8 版本为例，说明 Ubuntu 下 PCL1. 8 的安装过程，以及 ROS 下自安装 PCL1. 8 的用法。

1. 安装 PCL 的依赖项

```
sudo apt - get update
sudo apt - get install git build - essential linux - libc - dev
sudo apt - get install cmake cmake - gui
sudo apt - get install libusb - 1. 0 - 0 - dev libusb - dev libudev - dev
sudo apt - get install mpi - default - dev openmpi - bin openmpi - common
sudo apt - get install libflann1. 8 libflann - dev
sudo apt - get install libeigen3 - dev
```

```
sudo apt-get install libboost-all-dev
sudo apt-get install libvtk5.10-qt4 libvtk5.10 libvtk5-dev
sudo apt-get install libqhull* libgtest-dev
sudo apt-get install freeglut3-dev pkg-config
sudo apt-get install libxmu-dev libxi-dev
sudo apt-get install mono-complete
sudo apt-get install qt-sdk openjdk-8-jdk openjdk-8-jre
sudo apt-get install libopenni-dev
sudo apt-get install libopenni2-dev
```

2. 安装 PCL

从 GitHub 下载源码，将下载的 PCL1.8 放到主目录下。

```
$ git clone https://github.com/PointCloudLibrary/pcl.git
```

在终端输入如下命令编译安装 PCL：

```
$ cd pcl
$ mkdir build
$ cd build
$ cmake  -DCMAKE_BUILD_TYPE=Release
 -DCMAKE_INSTALL_PREFIX=/home/Test/pcl-1.8  -DBUILD_GPU=ON  -DBUILD_apps
=ON  -DBUILD_examples=ON ..
make
$ sudo make install
```

3. 测试 PCL

切换到 PCL 安装目录，查看一个点云文件。

```
$ pcl_viewer cow.pcd
```

若 PCL1.8 安装成功，则会显示该点云，如图 7-16 所示。

图 7-16　点云显示

此时，ROS 中存在自带的 PCL1.7 和自安装的 PCL1.8。与 OpenCV 同理，如果需要使用自安装的 PCL，则通常在 CMakeLists.txt 里指定 PCL，即在第 7.4.1 小节中第 5 步需要设置 PCL_DIR 的路径为 PCL1.8 所在路径，并通过 find_package 指定使用 PCL1.8。则修改后的 CMakeLists.txt 如下：

```
set(PCL_DIR "/home/Test/pcl-1.8/share/pcl-1.8")
find_package(PCL 1.8 REQUIRED)
include_directories(include ${PCL_INCLUDE_DIRS})
link_directories(${PCL_LIBRARY_DIRS}
add_definitions(${PCL_DEFINATIONS})
add_executable(pcl_sample src/pcl_sample.cpp)
target_link_libraries(pcl_sample ${catkin_LIBRARIES}
${PCL_LIBRARIES})
```

其他步骤及运行结果同在 ROS 中使用自带 PCL1.7 一致，故不再赘述。

7.5 与计算机视觉相关的 ROS 功能包

在 ROS 中进行计算机视觉领域项目的设计或开发时，会涉及视觉传感器的使用、图像的传输与处理、点云的获取与处理等。结合前面几节内容可知，通过 OpenCV 和 PCL 中相关模块/功能包能够很大程度上简化项目的开发。这里对 ROS 中与计算机视觉相关的功能包进行介绍。

1）usb_cam 功能包，如果需要 USB 摄像头在 ROS 下正常使用，就需要有相应的软件包，ROS 中可通过 usb_cam 功能包来实现 USB 摄像头的驱动。

2）uvc_camera 功能包，该功能包能实现双目摄像头的驱动。如果需要对摄像头的视频流进行处理以实现立体摄像头测距等，则需要对摄像头进行校准，而在校准时需要用到 uvc_camera功能包来驱动摄像头。

3）openni_camera 功能包，该功能包可以用来驱动 Kinect、Asus Xtion 或 Primesense 等 RGB-D 相机，可以发布原始的深度图、彩色图和 IR 图。例如，在终端输入如下命令，在 ROS Kinetic 下安装 openni_camera 功能包：

```
$ sudo apt-get install ros-kinetic-openni-camera
```

4）openni_launch 功能包，该功能包与 openni_camera 功能包相比，不仅能够驱动相机，而且增加了对 RGB-D 数据的进一步处理。

5）viso2 功能包，它是用于实现视觉里程计的功能包。类似的还有功能包 fovis_ros。

6）image_transport 功能包，它能够提供低带宽压缩图像的传输支持。可用于图像话题的发布与订阅，其用法同主题发布者、主题订阅者一致，发布时执行图像下采样而订阅时执行上采样，从而保证图像尺寸不变化。image_transport 用于发布和订阅图像的代码示例如下：

```
#include <ros/ros.h>
#include <image_transport/image_transport.h>

Void Callback(const sensor_msg::ImageConstPtr& msg)
{
……
}
……
Ros::NodeHandle nh;
```

```
image_transport::ImageTransport it(nh);
image_transport::Subscriber sub = it.Subscribe(" in_image",1,Callback);
image_transport::Publisher pub = it.advertise("out_image",1);
...
```

该功能包通过 sensor_msgs/Image 传输图像信息，通过 sensor_msgs/CameraInfo 可同时提供图像信息以及相机的分辨率、畸变参数和内部参数等信息。此外，image_transport 仅提供原始格式传输，图像压缩和视频流压缩处理等特定传输由该功能包的插件包 Compressed_image_transport 和 Threora_image_transport 实现。

7）image_view 功能包，该功能包可用于查看主题上的图像/视频流。

8）image_geometry 功能包，该功能包里预设了针孔相机模型和双目相机模型，可结合 sensor_msgs/CameraInfo 的参数对图像的几何描述进行简化。

9）tf 功能包，tf 是一个可以实时追踪坐标系之间变换关系的功能包，它通过实时缓存的树结构来管理坐标系之间的关系，能够在任何时间点完成坐标系之间点或者向量的转换。tf 中的基本数据类型有 tf::Quaternion（表示四元数）、tf::Vector3（表示 3×1 的向量）、tf::Point（表示一个点坐标）、tf::Transform（表示转换关系）和 tf::Pose（表示位置和方向）。查看 tf 坐标变换常用的工具和对应的命令如下：

view_frames：能够监听当前时刻所有通过 ROS 广播的 tf 坐标系，绘制坐标系之间连接关系的树状图并保存到离线文件中。命令如下：


```
$ rosrun tf view_frames
```

tf_monitor：用于查看当前坐标转换树中所有坐标系的发布状态。命令如下：

```
$ rosrun tf tf_monitor
```

例如，查看坐标系/odom 和/base_footprint 之间的发布状态，则在终端输入如下命令：

```
$ rosrun tf tf_monitor /odom /base_footprint
```

tf_echo：用于查看两个坐标系之间的旋转、平移变换。例如，查看坐标系/odom 和/base_footprint之间的变换关系，则在终端输入如下命令：

```
$ rosrun tf tf_echo /odom /base_footprint
```

roswtf plugin：一个插件，分析当前的 tf 配置并试图找出常见问题。命令如下：

```
$ roswtf
```

rqt_tf_tree：用于实时刷新坐标系关系。命令如下：

```
$ rosrun rqt_tf_tree rqt_tf_tree
```

10）camera_calibration 功能包，它能够执行单目相机和双目相机的标定，以得到相机内部、外部和畸变等参数，从而实现对相机的校准。

11）camera_calibration_parsers 功能包，它用于读取、保存相机标定参数到相机参数文件中，通过调用该参数可实现对图像畸变的校正。相机标定文件的格式转换命令行工具为 convert，命令如下：

```
$ rosrun camera_calibration_parsers convert in-file out-file
```

例如，从 cal. yml 转换到 cal. ini 格式：

```
$ rosrun camera_calibration_parsers convert cal.yml cal.ini
```

12）cv_bridge 功能包，该功能包用于 ROS 图像消息（sensor_msgs/Image）和 OpenCV 图像消息（IplImage 和 Mat）之间的转换。

13）face_recognition 功能包，该功能包基于 Python 语言，可实现人脸检测与识别。节点 turty_face_detector 和 turty_face_recognizer 分别用于人脸检测和识别。

本章小结

本章主要学习了开源计算机视觉库（OpenCV）和点云数据库（PCL）。介绍了 OpenCV 不同版本中各个模块的含义和 OpenCV 在 ROS 中的使用方法，介绍了 PCL 架构与功能模块和 PCL 在 ROS 中的使用方法，学习了 ROS 中与计算机视觉相关的功能包。

本章习题

7-1　简述 OpenCV 中模块 flann、gpu、highgui 和 imgproc 的作用。

7-2　编写程序，实现：采用 OpenCV 函数 imread 读取图片、采用 imshow 显示图片；将图片格式转换成 ROS 类型并发布。

7-3　简述 PCL 架构。

7-4　编写程序，实现：用 PCL 中 loadPCDFile 读取 PCD 文件中的点云；将点云从 PCL 的 pcl::PointXYZ 类型转换到 ROS 的 sensor_msgs::PointCloud2 类型，并发布；通过 RViz 查看发布到主题上的点云。

第 8 章 机器人建模与仿真

导读

仿真是系统开发的重要方法。通过仿真，可以将机器人的物理状态和所处环境都展现出来，从而模拟出机器人的工作情形，减少实物验证的次数，加快机器人的研发进度。本章将在介绍机器人模型描述方法的基础上，以 Gazebo 仿真平台为例，介绍其特点和在 ROS 环境中的安装和使用方法。本章及之后章节都是在 ROS Kinetic 环境下进行的。

8.1 机器人模型描述格式——URDF

URDF（Unified Robot Description Format，统一机器人描述格式）是 ROS 中一种非常重要的机器人模型的描述文件。URDF 文件的语法遵循 XML 规范，由许多不同的功能包和组件构成。ROS 官方给出的关系结构如图 8-1 所示，可以清晰地看到包括 urdf_parser_plugin 等

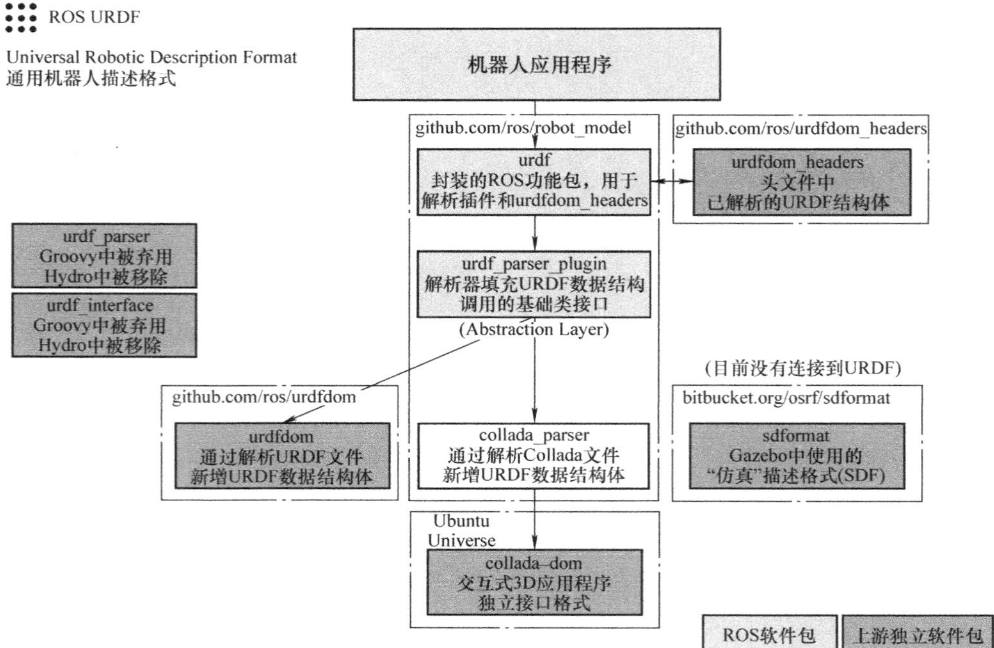

图 8-1　URDF 的组成

ROS 功能包和 urdfdom 等上层功能组件的关系。

8.1.1　URDF 文件标签

有了对 URDF 的初步了解，接下来看看一个具体的机器人是如何通过 URDF 描述为一个仿真环境下虚拟机器人模型的。机器人是由 Link（连杆）和 Joint（关节）组成，越复杂的机器人，连杆和关节的数量就越多。

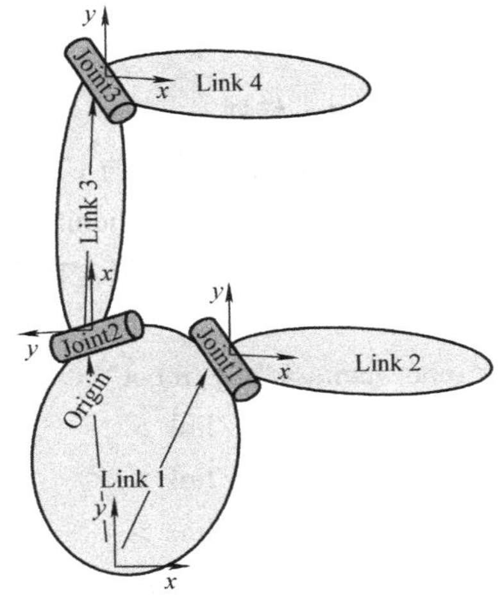

图 8-2　树形结构机器人模型

图 8-2 所示为一个简单的树形结构机器人模型。该机器人有四个 Link 和三个 Joint，不同 Link 间由 Joint 连接，每个 Joint 都连接一个 Parent Link（母连杆）和 Child Link（子连杆），基础 Link 仅有 Child Link。

该机器人模型的 URDF 文件 my_robot. urdf 表示为：

```
<robot name = "my_robot" >
  <link name = "link1" />
  <link name = "link2" />
  <link name = "link3" />
  <link name = "link4" />

  <joint name = "joint1" type = "continuous" >
    <parent link = "link1"/>
    <child link = "link2"/>
    <origin xyz = "6 5 0" rpy = "0 0 0" />
    <axis xyz = " -0.9 0.15 0" />
  </joint>

  <joint name = "joint2" type = "continuous" >
    <parent link = "link1"/>
    <child link = "link3"/>
    <origin xyz = " -4 6 0" rpy = "0 0 1.57" />
    <axis xyz = " -0.707 0.707 0" />
  </joint>

  <joint name = "joint3" type = "continuous" >
    <parent link = "link3"/>
    <child link = "link4"/>
    <origin xyz = "4 0 0" rpy = "0 0 -1.57" />
```

```
    <axis xyz="0.707 -0.707 0"/>
  </joint>
</robot>
```

1. <robot>标签

在一个完整机器人模型的 URDF 文件中，<robot>是最顶层标签。在本例中，此标签由四个<link>标签和三个<joint>标签组成。所有的机器人都可以用若干个<link>和<joint>标签组成，且必须包含在最顶层的<robot>标签内。<robot>标签的基本语法格式如下：

```
<robot name="my_robot">
  <link>…… </link>
  <link>…… </link>
  <link>…… </link>
  <joint>…… </joint>
  <joint>…… </joint>
</robot>
```

注：此处定义机器人名称为 my_robot，用户可自定义机器人名称，下同。

2. <link>标签

<link>标签用于描述机器人模型中某个具有特定物理属性的刚体，包括机器人的外观（visual appearance）、惯性矩阵（inertial matrix）和碰撞参数（collision properties）等。<link>标签的基本语法格式如下：


```
<link name="my_link">
  <inertial>
    <origin ……/>
    <mass ……/>
    <inertia ……/>
  </inertial>
  <visual>
    <origin ……/>
    <geometry>
      ⋮
    </geometry>
    <material name="Cyan">
      ⋮
    </material>
  </visual>
  <collision>
    <origin ……/>
    <geometry>
      ⋮
```

```
        </geometry>
    </collision>
</link>
```

其中，<inertial>标签表示机器人 link 部分的惯性参数，<visual>标签表示 link 的外观参数，<collision>标签表示 link 的碰撞参数。如图 8-3 所示为 URDF 中的 link 模型。可见，检测碰撞的 link 区域（图中 collision 区域）要大于外观可视区域（图中 inertial 区域），这就表示只要有其他物体与 collision 区域相交，就认为 link 发生碰撞。

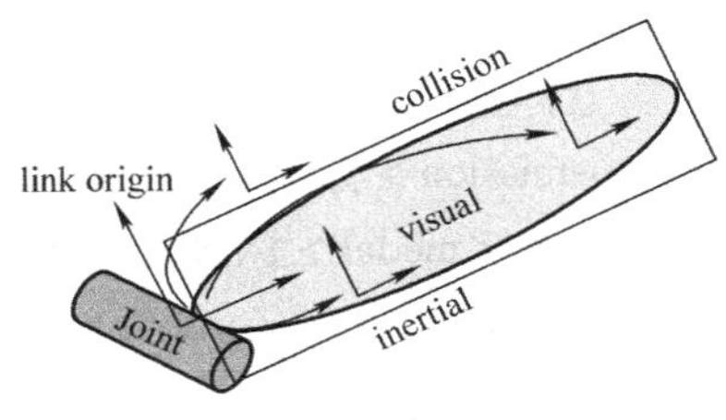

图 8-3 URDF 中的 link 模型

3. <joint>标签

<joint>标签用于描述机器人关节的运动学和动力学属性，如机器人关节的名称和类型、参考位置（<calibration>标签）、物理属性（<dynamics>标签）、安全限制（<limit>标签，如速度限制、力矩限制）等。<joint>标签的基本语法格式如下：

```
<joint name = "my_joint" type = "floating" >
    <origin ……/>
    <parent link = "link1" />
    <child link = "link2" />
    <axis ……/>
    <calibration ……/>
    <dynamics ……/>
    <limit …… />
    <safety_controller ……/>
</joint>
```

其中，机器人的关节运动形式可分为六种类型，此处定义的机器人关节类型为可平移和旋转的 floating 类型（浮动关节）。除此之外，还包括可以围绕轴无限旋转的 continuous 类型（旋转关节）、具有旋转角度极限的 revolute 类型（旋转关节）、沿轴线带限制滑动的 prismatic 类型（滑动关节）、允许在平面上平移或旋转的 planar 类型（平面关节）和不允许运动的 fixed 类型（固定关节）等在内的六种类型。

如图 8-4 所示为 URDF 中的 joint 模型。可见，在 joint 模型中，机器人关节用于连接两个刚体 link，这两个刚体分别称为 parent link 和 child link。

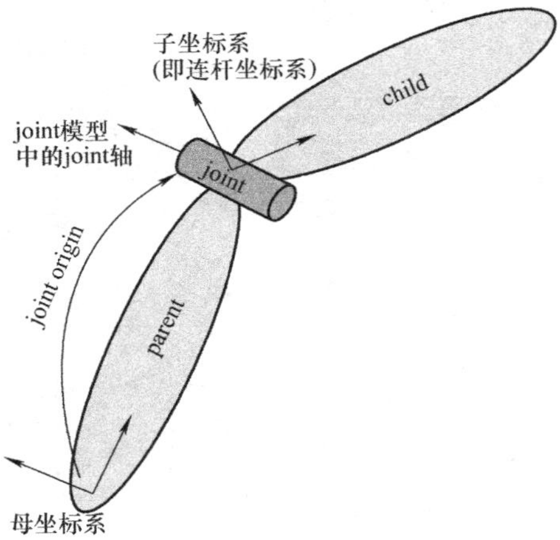

图 8-4 URDF 中的 joint 模型

4. <gazebo>标签

<gazebo>标签描述了机器人模型在 Gazebo 仿真平台中进行实物仿真所需要定义的参数，如阻尼和摩擦系数等。此标签是机器人在 Gazebo

进行仿真时的必要内容。< gazebo >标签的基本语法格式如下：

```
<gazebo reference = "my_link" >
    <material > Gazebo/Black </material >
</gazebo >
```

除以上标签外，还有用于描述传感器的 <sensor> 标签，描述关节和驱动器之间转换关系的 <transmission> 标签，描述模型当前状态的 <model_state> 标签，描述模型运动学参数和动态参数的 <model> 标签。有关 URDF 模型的详细内容可以通过 ROS 官网进行深入学习（http：//wiki. ros. org/cn/urdf/）。

8.1.2 URDF 文件的创建

在 ROS 中，可以使用 URDF 中定义好的标签和语法来创建机器人模型。但是，对于一些复杂的机器人来说，想要通过一步步编写 URDF 文件的方式来创建机器人模型就显得十分困难。为此，ROS 提供了一个插件（sw_urdf_exporter），支持从三维设计软件 SolidWorks（达索公司出品的一款三维 CAD 系统）中直接将机器人的三维模型导出为 URDF 文件。读者可从 ROS 官网下载该插件并了解使用方法（http：//wiki. ros. org/sw_urdf_exporter）。

完成 URDF 文件的创建后，可以用一些命令行工具来检查和梳理模型文件。首先需要在终端进行命令行工具的安装。

```
$ sudo apt - get install liburdfdom - tools
```

安装完成后，可以使用 check_urdf 命令对 URDF 文件进行检查。check_urdf 命令用于解析 URDF 文件并显示解析过程中发现的错误。最终的检查结果如图 8-5 所示。


```
$ check_urdf my_robot. urdf
```

```
annisen@ANNISEN: ~
annisen@ANNISEN:~$ check_urdf my_robot.urdf
robot name is: my_robot
---------- Successfully Parsed XML ---------------
root Link: link1 has 2 child(ren)
    child(1):  link2
    child(2):  link3
        child(1):  link4
annisen@ANNISEN:~$
```

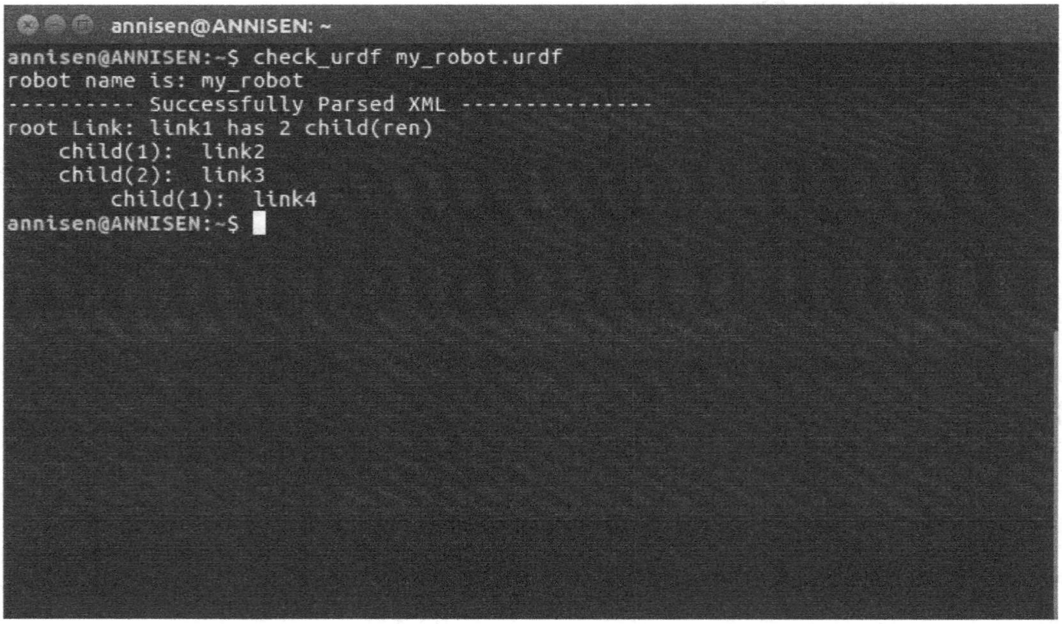

图 8-5　URDF 模型检查反馈结果

8.2　机器人仿真环境——Gazebo

Gazebo 是一款功能强大的三维物理仿真平台，拥有丰富的机器人模型、传感器模型和环境库，可以提供高保真度的物理模拟，能够在复杂的室内外环境中准确有效地模拟机器人。自 2002 年推出后，Gazebo 很快在全球积累了大量的用户和开发者，并于 2009 年得到了 ROS 的支持，被集成到 ROS 内部框架中，提供了完整的 ROS 接口。随着官方的不断推动和资金的持续支持，Gazebo 已经成为全球范围内热度较高的仿真平台之一。

8.2.1　Gazebo 的特点

1. 动力学仿真

支持访问多个高性能物理引擎，包括 ODE、Bullet（如图 8-6 所示）、Simbody 和 DART。

图 8-6　Bullet 环境下四足机器人运动仿真

2. 高级 3D 图形交互

利用 OGRE 引擎，Gazebo 可提供真实的三维环境渲染，包括光线、阴影和纹理，如图 8-7所示。

图 8-7　OGRE 高性能图形解决方案

3. 传感器和噪声

支持激光测距仪、2D/3D 相机、Kinect 深度传感器、接触传感器、力 - 扭矩传感器等数据仿真，并且可选择传感器噪声仿真。

4. 丰富的插件

拥有大量传感器和环境控制等方面的定制插件，可通过 Gazebo 的 API 直接访问，从而扩展 Gazebo 的功能。

5. 机器人模型库

提供了丰富的机器人模型，包括 PR2、Pioneer2 DX、Franka Panda、Baxter（如图 8-8 所示）和 TurtleBot。用户也可以使用 SDF 格式文件创建自己的机器人模型。

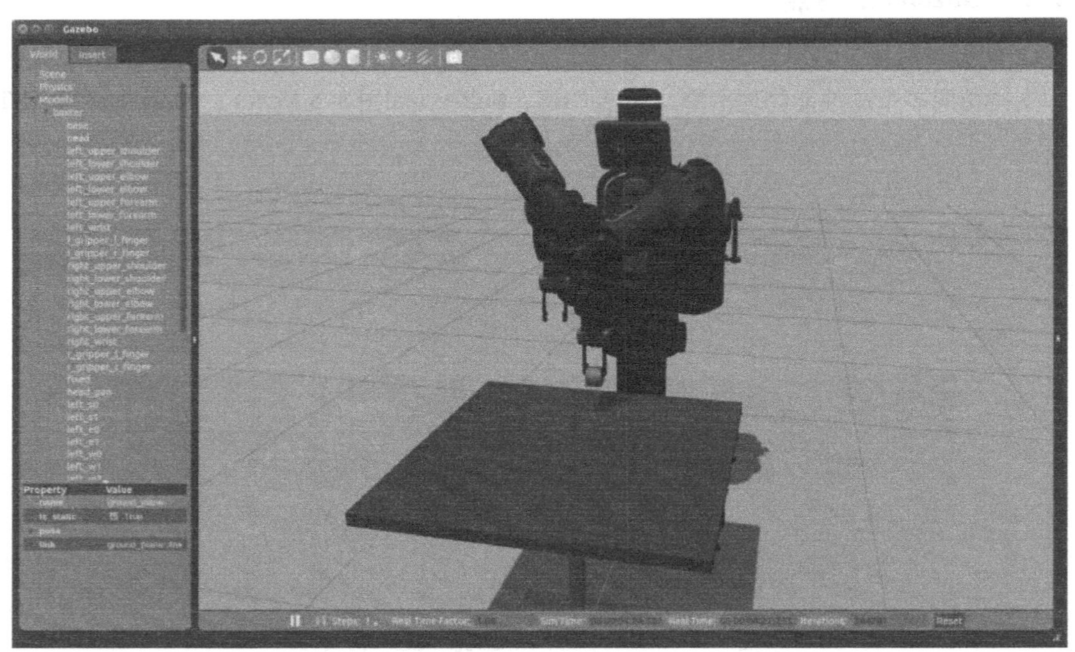

图 8-8　Baxter 机器人的 Gazebo 仿真效果

6. TCP/IP 通信

可以使用谷歌 Protobufs，通过基于套接字的消息传递与 Gazebo 进行通信，从而实现远程仿真。

7. 云仿真

可以使用 CloudSim 在 Amazon AWS 和 GzWeb 上运行 Gazebo，通过浏览器即可与模拟器进行交互。

8. 命令行工具

Gazebo 内置广泛的命令行工具，使用户可以方便、快捷地进行仿真器的控制和检查。

8.2.2　Gazebo 的安装与运行

安装 ROS 时如果选择安装的是完整版（Desktop - full），安装 ROS 过程中已经将 Gazebo 安装好。若未选择安装完整版 ROS，可以通过以下命令安装 Gazebo：

```
$ sudo apt-get update
$ sudo apt-get install ros-kinetic-gazebo*
```

安装成功后可以输入如下命令启动 Gazebo（如图 8-9 所示）。初次运行会需要等待几分钟，因为 Gazebo 加载环境会占用较大的计算机资源。

```
$ roscore
$ rosrun gazebo_ros gazebo
```

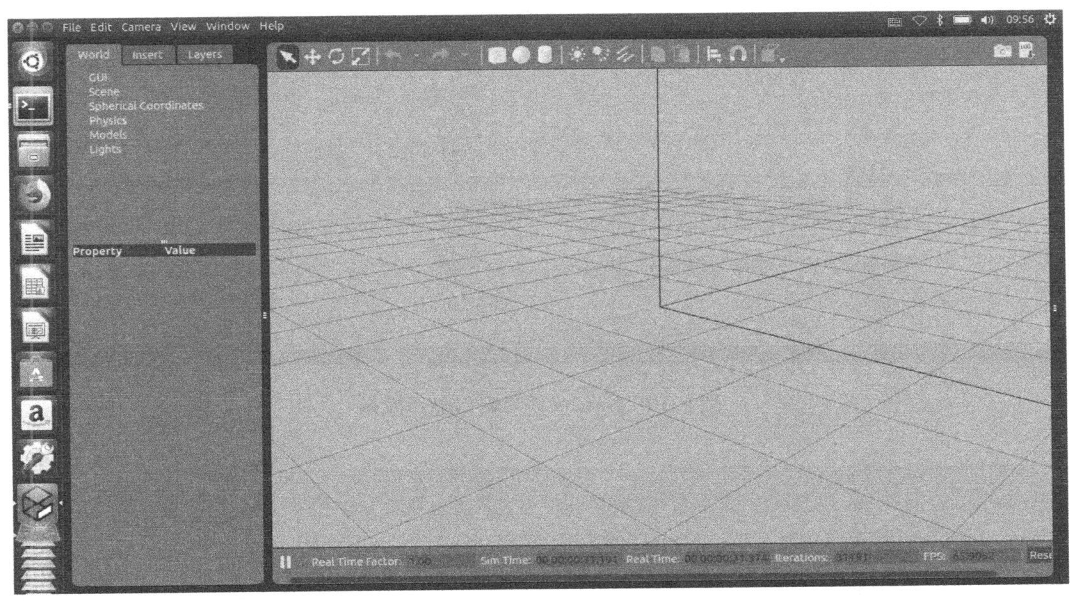

图 8-9　Gazebo 初始界面

除此之外，还可以通过独立于 ROS 的方式启动 Gazebo，命令：

```
$ gazebo
```

Gazebo 启动后的用户初始界面主要由以下几部分组成：场景窗口、面板、工具栏（上工具栏和下工具栏）和菜单栏。

1. 场景窗口

场景窗口（如图 8-10 所示）是 Gazebo 仿真平台最重要的组成部分，所有的仿真动画和模拟交互都在场景窗口中真实地反应出来。

2. 面板

左侧面板（如图 8-11 所示）中有三个选项卡，分别为 World、Insert 和 Layers。

1）World：此选项卡主要显示当前场景窗口中的仿真模型，包括 GUI（图形用户界面）、Scene（场景）、Spherical Coordinates（球面坐标）、Physics（物理）、Models（模型）和 Lights（光线）。通过 World 选项卡，用户可以查看和修改模型的参数、调整摄像头姿态等。

2）Insert：此选项卡提供模型的列表，可以向场景窗口插入已保存的模型。用户可以将自己制作或从线上下载的模型（SDF 文件格式）移至用户 home 目录下的 .gazebo/models/文件夹下，后期插入模型会更加快捷，避免在线下载时报错和卡顿。

3）Layers：此选项卡帮助用户将场景窗口中所有的模型进行组织、分类为一个或多个

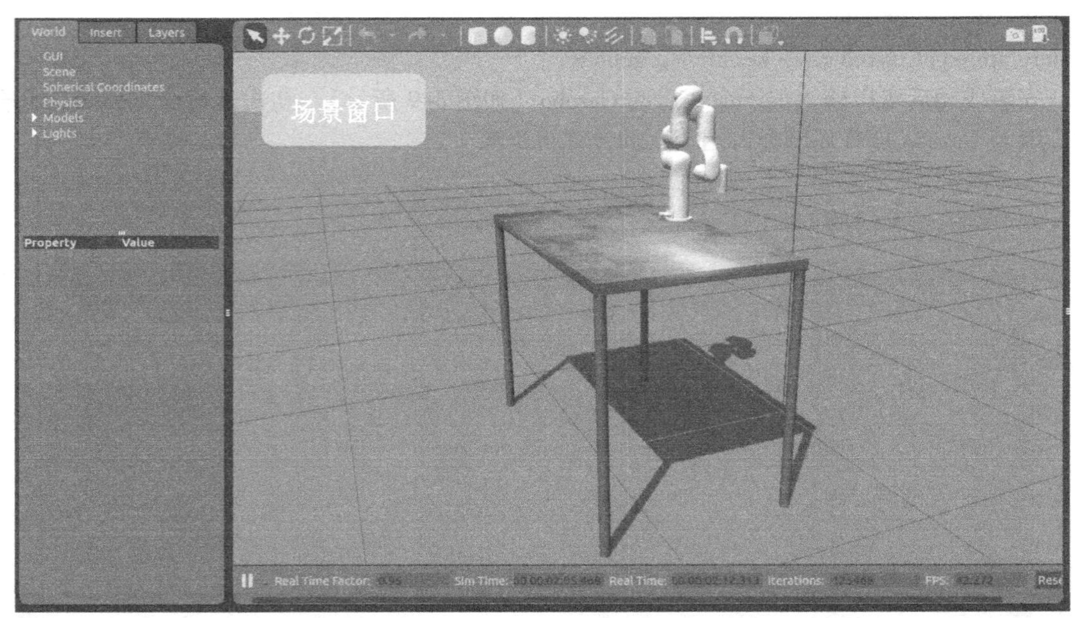

图 8-10　Gazebo 场景窗口显示效果

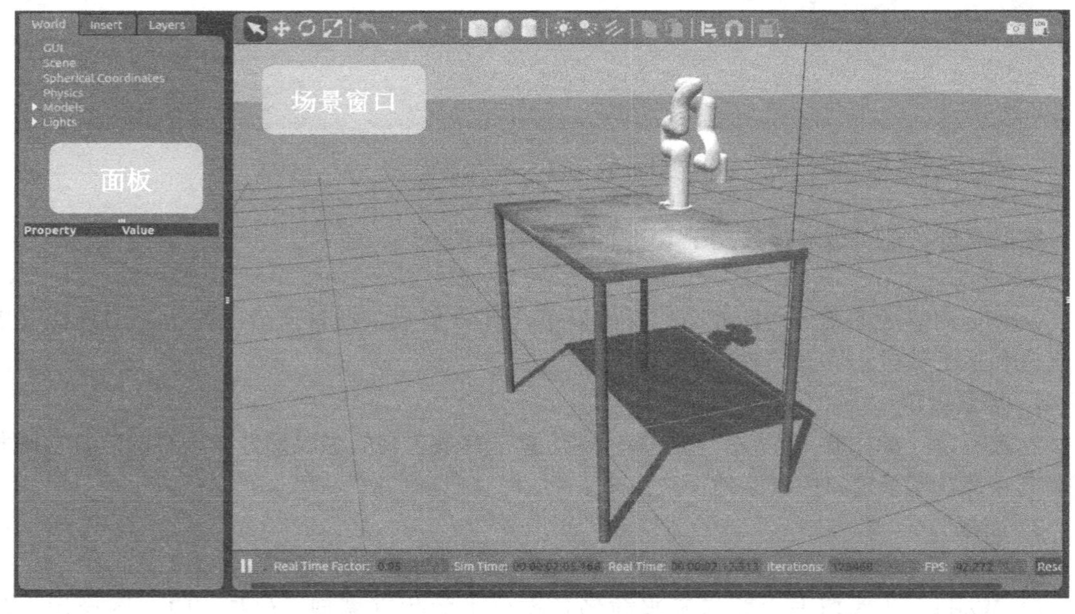

图 8-11　Gazebo 左侧面板和选项卡

图层，打开或关闭图层可以显示或隐藏该图层所有模型。

3. 工具栏

分上下两个工具栏（如图 8-12 所示），上工具栏包含一些常用的与模型交互的功能按钮，例如，选择、移动、旋转和缩放对象，创造简单的形状（如立方体、球体、圆柱体），添加光源，复制和粘贴等。下工具栏显示仿真相关的数据，如仿真时间与实际时间的关系。

上工具栏从左至右的功能按钮依次为：

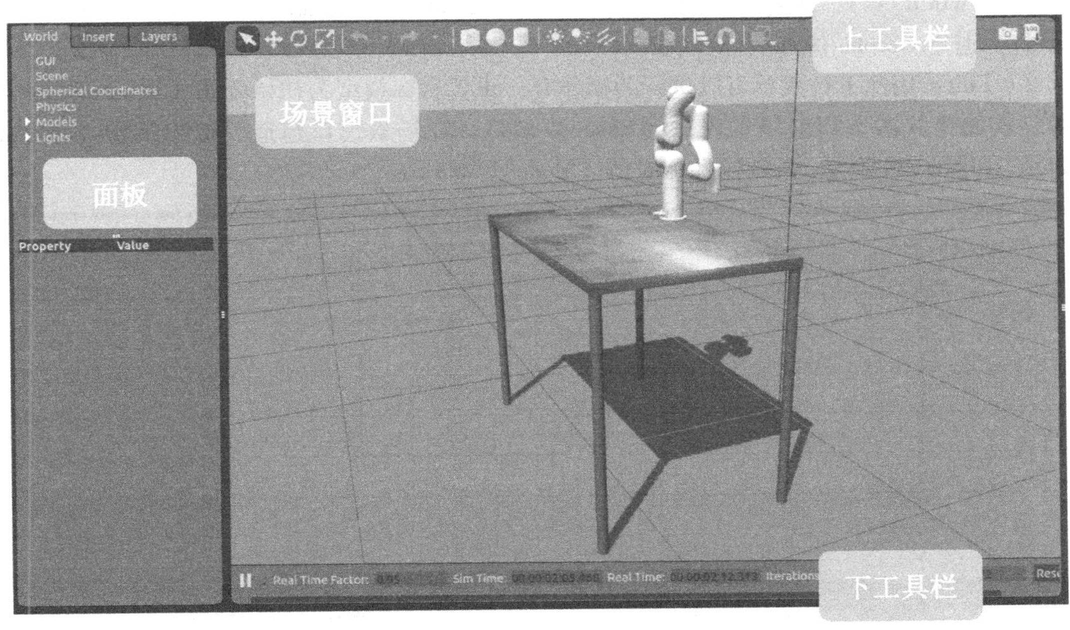

图 8-12　Gazebo 的上工具栏和下工具栏

- 选择按钮：场景窗口中的导航，可单击选中目标模型。
- 移动按钮：平移选中的目标模型。
- 旋转按钮：旋转选中的目标模型。
- 缩放按钮：放大或缩小选中的目标模型。
- 撤销/重做按钮：撤销或重做场景窗口中的操作。
- 简单形状添加按钮组：添加简单的正方体、球体和圆柱体模型到场景窗口。
- 光源添加按钮组：添加点光源、有向光源和平行光源到场景窗口。
- 复制/粘贴按钮：对场景窗口中的目标模型进行复制和粘贴操作。
- 对齐按钮：对场景窗口中的目标模型进行基于 *X/Y/Z* 轴的上下、左右、居中对齐操作。
- 重合按钮：将不同目标模型的点面对齐和重合。
- 视角切换按钮：切换场景窗口的观察视角。

4. 菜单栏

菜单栏分别有 File（文件）、Edit（编辑）、Camera（相机）、View（视图）、Window（窗口）和 Help（帮助）共六个下拉菜单，如图 8-13 所示。默认情况下，菜单栏隐藏在界面的左上角，将鼠标移至左上角菜单栏才会显示。

图 8-13　Gazebo 菜单栏

1）File：用此下拉菜单可以进行的操作有，保存当前文件（Save World），另存当前文件（Save World As），保存当前设置（Save Configuration），复制当前文件并打开（Clone World），退出 Gazebo 仿真平台（Quit）。

2）Edit：用此下拉菜单可以进行的操作有，重置目标模型为初始姿态（Reset Model Poses），初始化并清空当前场景窗口（Reset World），在场景窗口建造模拟建筑物（Building Editor，如图 8-14 所示），创建目标模型（Model Editor）。

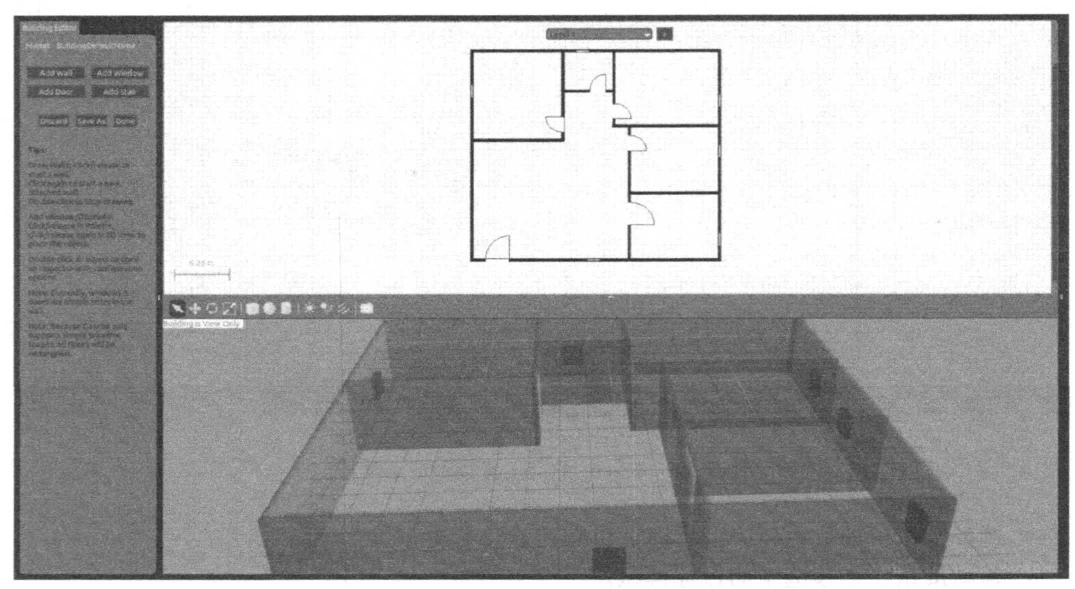

图 8-14　用 Building Editor 菜单命令创建建筑模型

3）Camera：用此下拉菜单可以进行的操作有，查看非透视的实际场景（Orthographic），查看透视的投影场景（Perspective），控制为第一人称视图模式（FPS View Control），通过鼠标围绕一个点旋转来控制视图（Orbit View Control），将视图移动到初始姿态（Reset View Angle）。

4）View：用此下拉菜单可以进行的操作有，显示或隐藏场景地平面网格（Grid），显示或隐藏场景窗口原点（Origin），将目标模型设置为透明显示（Transparent），将目标模型设置为线框轮廓显示（Wireframe），显示突出模型间的碰撞关系（Collisions），显示模型的关节坐标系（Joints），显示或隐藏模型的质量中心（Center of Mass），显示或隐藏模型的惯性（Inertias），显示或隐藏模型间碰撞点（Contacts），显示或隐藏连杆的坐标系（Link Frames）。

5）Windows：此下拉菜单可以进行以下操作，将每个话题发布的消息可视化（Topic Visualization），接入 Oculus Rift 虚拟现实显示器（Oculus Rift），显示或隐藏 GUI 插件的叠加层（Show GUI Overlays），显示或隐藏上/下工具栏（Show Toollbars），打开或关闭全屏显示模式（Full Screen）。

6）Help：用此下拉菜单可以进行的操作有，显示或隐藏快捷键表（Hotkey Chart），查看和 Gazebo 相关的信息（About）。

8.2.3　Gazebo 仿真环境搭建

Gazebo 提供了几种常用的方法，让用户可以便捷、快速地搭建仿真环境，进行机器人仿真调试。接下来将尝试用这几种方法搭建并保存一个属于用户自己的仿真环境。

1. Building Editor

Building Editor 是 Gazebo 提供的模拟建筑物编辑器，支持自定义搭建建筑物仿真模型。

1）启动 Gazebo。

```
$ gazebo
```

2）启动后在菜单栏选择 Edit（编辑）→Building Editor（模拟建筑物编辑器）命令，或使用快捷键 <Ctrl + B> 打开编辑器，如图 8-15 所示。

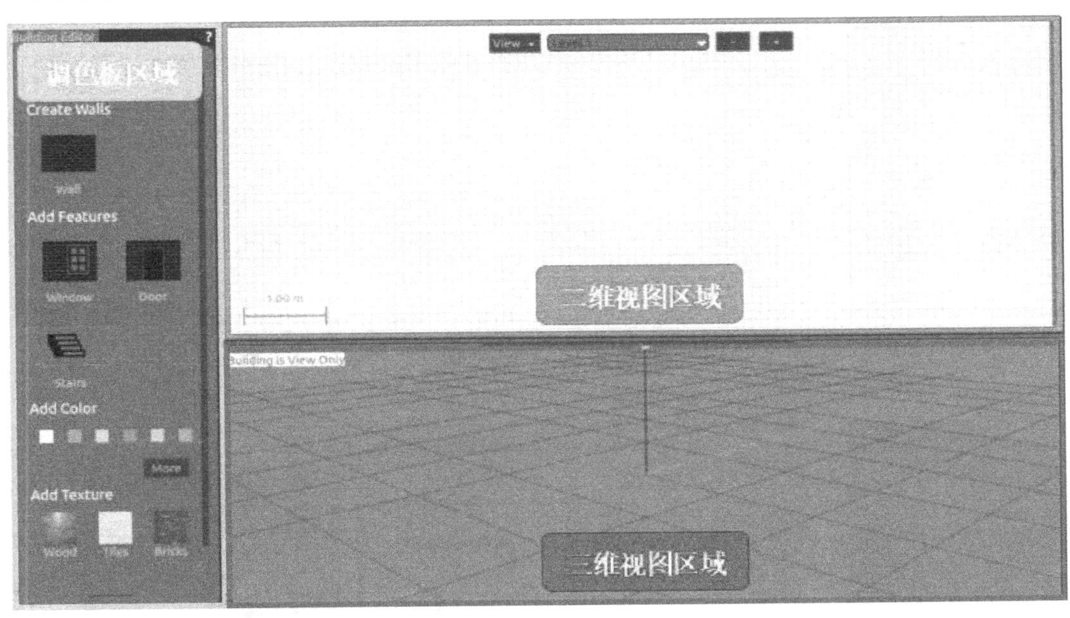

图 8-15　Building Editor 的界面

Building Editor 用户界面主要分三个区域：

- 左侧的调色板区域：用户可在此区域选择建筑物的材料和特征，并且给建筑物选择不同颜色。
- 右上侧的二维视图区域：用户可在此区域导入或自定义画出建筑物平面图，并插入建筑物特征，如窗户、楼梯和门等。
- 右下侧的三维视图区域：用户可在此区域预览建筑物的三维图，并为建筑物指定材料和纹理等特征。

3）绘制建筑物二维图形时，选择调色板区域 Wall（墙壁），然后在界面右上侧二维视图区域单击，开始绘制墙壁，移动指针可以拖动墙壁，此时会以橙色高亮显示墙壁和其长度，再次单击，确认墙壁的终点。此时，可以选择继续移动指针至上一面墙壁的终点开始绘制下一面墙壁，也可以右击结束此面墙壁的绘制。效果如图 8-16 所示。

4）以相同的方法绘制一个外形尺寸为 4m×4m 的封闭仿真环境，同时在里面绘制几面墙用于内部空间的隔离。绘制完成后可以对墙壁进行编辑和调整。双击需要编辑的墙壁弹出检查器，在检查器中可以对墙壁的位置、长度、厚度和高度等参数进行编辑。这里将外墙长度设置为 4m，内外墙高度都设置为 1m，厚度默认为 0.15m。绘制并编辑完成后如图 8-17 所示。

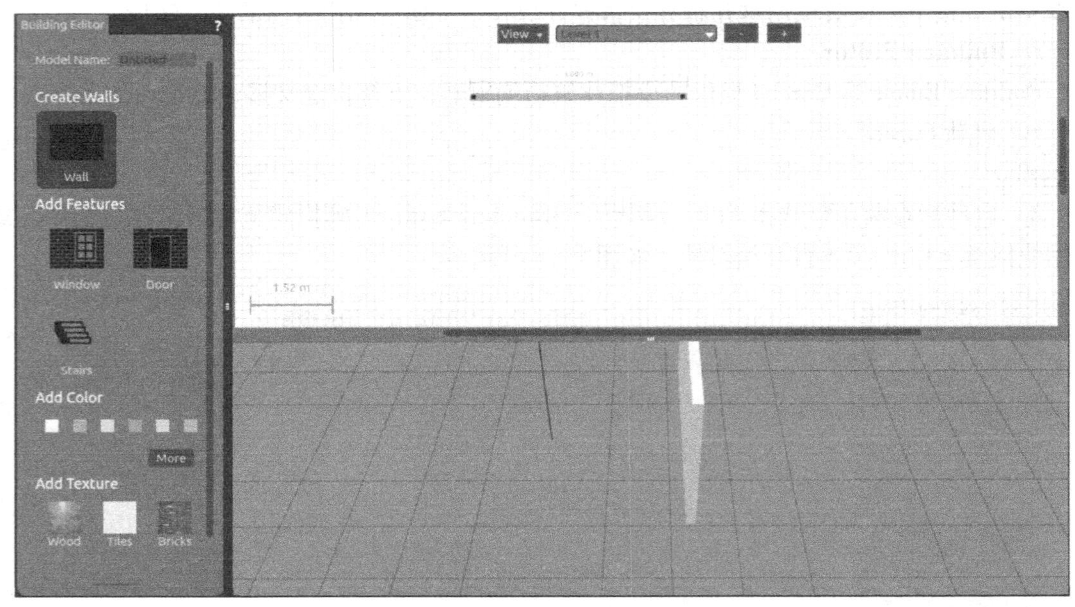

图 8-16　绘制墙壁

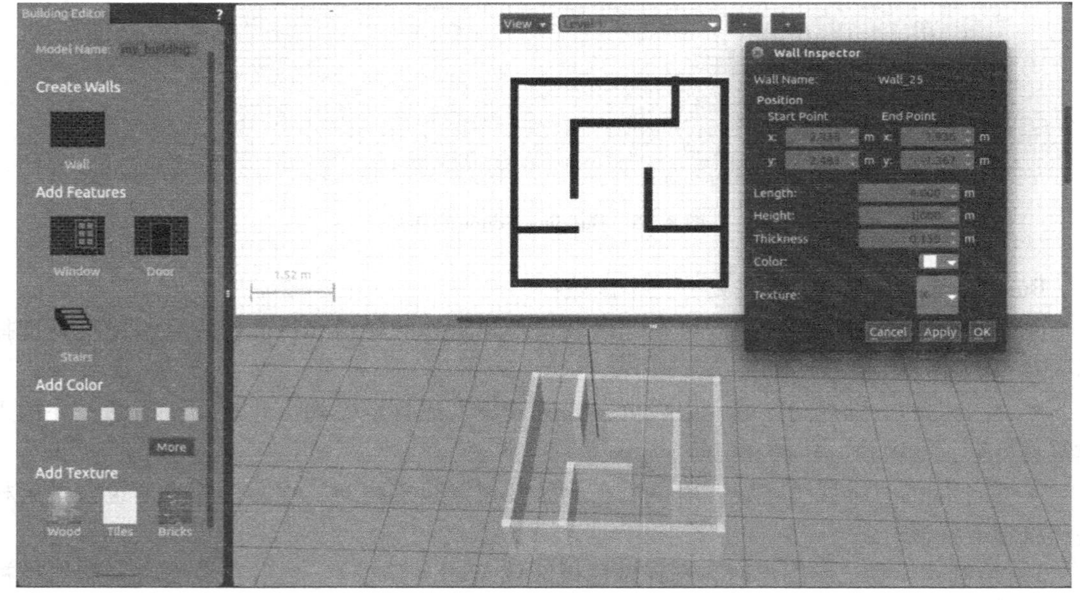

图 8-17　编辑墙壁参数

5）此时，仿真环境主结构已经基本搭建完成，接下来给墙壁添加材质和纹理特征，让墙壁看起来更加真实。选择调色板区域下方 Add Texture（添加质地）中的 Bricks（砖）选项，然后单击三维视图区域的外墙，即可为外墙添加砖的纹理和质地。采用同样的方法为内部墙壁添加 Wood（木质）纹理和质地。编辑效果如图 8-18 所示。

6）再为仿真环境中的墙壁增加 Window（窗户）、Door（门）和 Stairs（楼梯）。选中调色板区域中 Add Features（添加特征）中的 Window 选项，将指针移至二维视图区域的墙壁

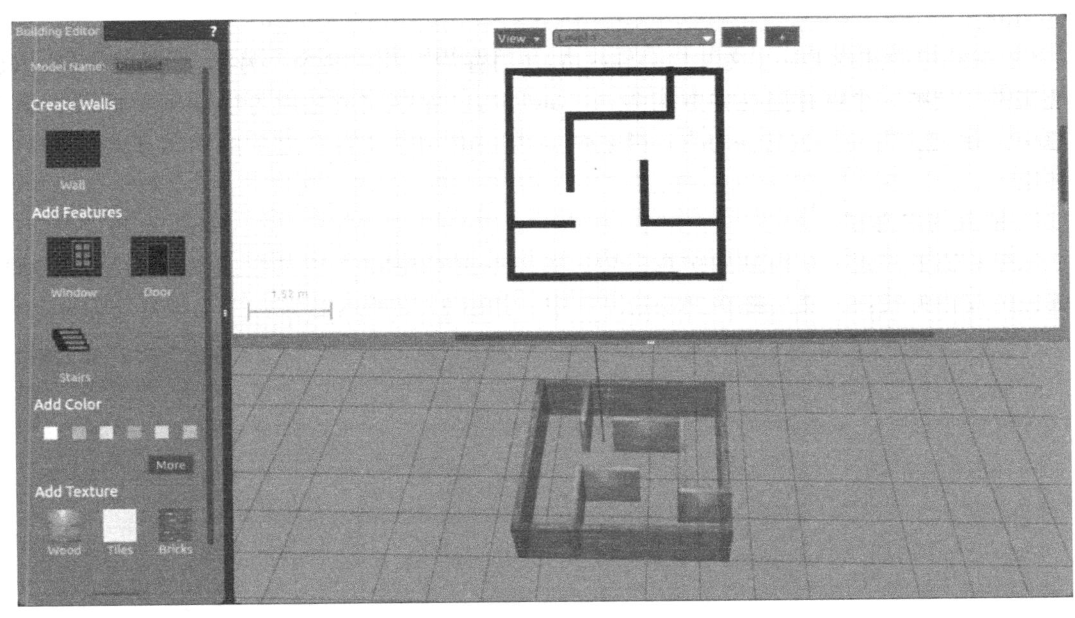

图 8-18 为墙壁增加材质和纹理特征

上，此时会以橙色高亮显示 Window 距离此墙壁两端的距离，单击可以将 Window 放置在此处，双击 Window 弹出检查器，可在其中进行尺寸和位置等参数的编辑修改。最后将 Window 调至合适大小并固定在指定位置。效果如图 8-19 所示。

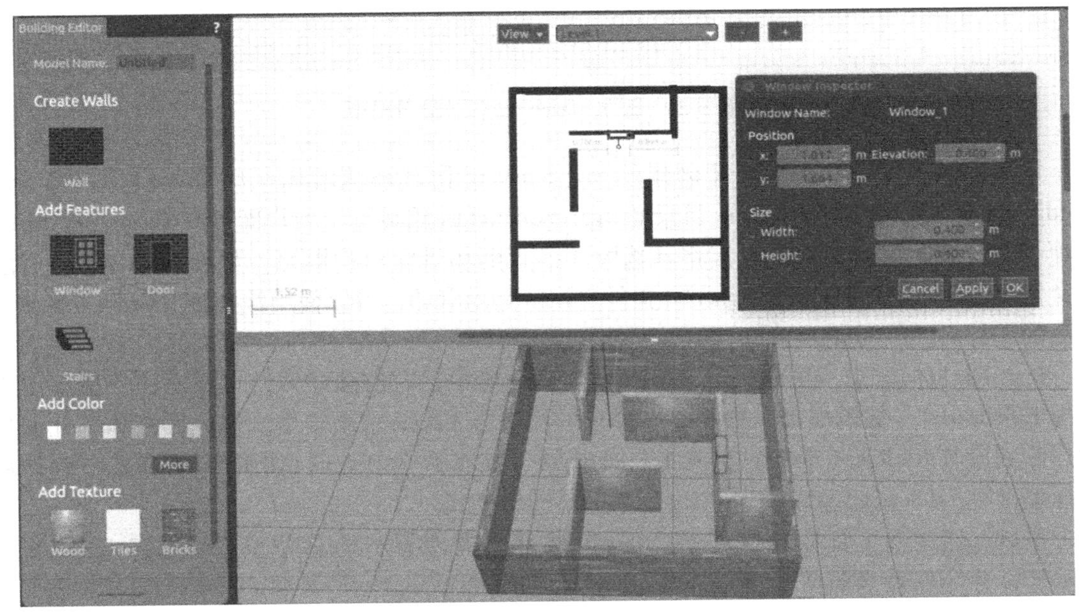

图 8-19 增加窗户特征

7）采用同样的方式为仿真环境增加门和楼梯。当仿真环境由多层建筑物组成时，可以用楼梯来连接。单击二维视图区域上方的 + 号可以增加层级。单击后会自动插入楼层，此时可以进行当前楼层的编辑。如果楼下有楼梯，楼梯上端连接上层的地方在保存文件时会自动进行切割。

8）在菜单栏选择 File（文件）→Save As（另存为）菜单命令，另存当前编辑好的仿真环境文件，选择一个保存路径并取名为 my_building。保存完成之后可以看到生成一个名为 my_building 的文件夹，包含 model. config 和 model. sdf 两个文件。之后的章节还会用到此仿真环境。

2. 插入简单形状

如果只需要搭建一个简易的仿真环境，可以单击 Gazebo 上工具栏提供的正方体、球体和圆柱体等模型按钮，然后拖动到场景窗口中，如图 8-20 所示。

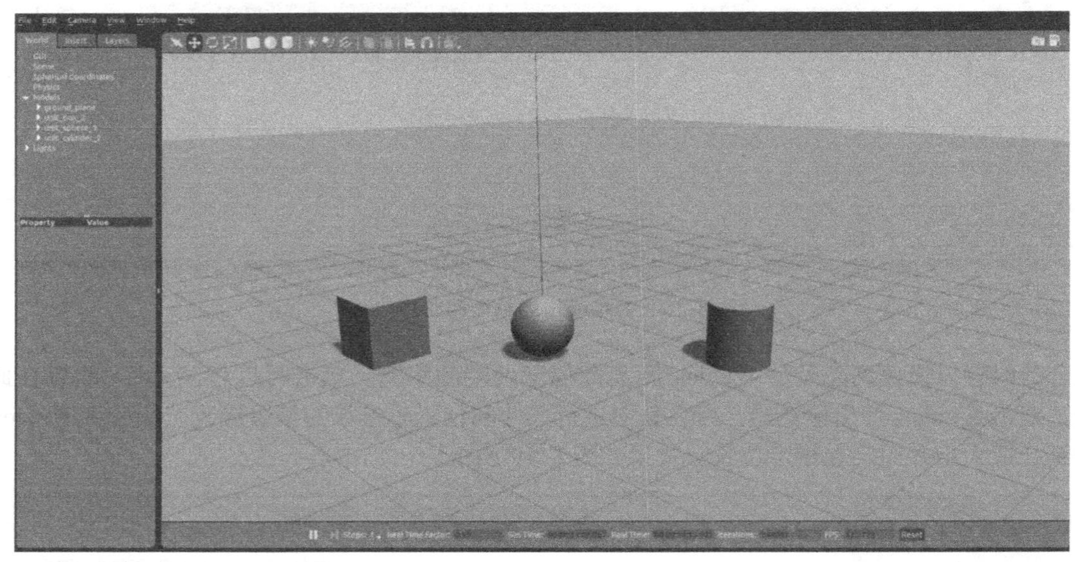

图 8-20　添加 Gazebo 提供的简单模型

这里可以通过此方式为刚才创建的 my_building 仿真环境增加一些简单模型。将 my_building 文件夹复制到用户 home 目录的 . gazebo/models 路径下，用户即可在 Gazebo 的 Insert 选项卡中看到此模型文件，直接将其选中并插入到场景窗口中即可，如图 8-21 所示。注：通常情况下，home 目录下的 . gazebo 文件夹默认是隐藏的，可以使用快捷键 < Ctrl + h > 显示隐藏的文件夹。

选择圆柱体模型，插入到 my_building 仿真环境中，右击圆柱体，在弹出的快捷菜单中选择 Edit model（编辑模型）命令，在弹出的检查器 Visual 选项卡中，修改圆柱体的几何尺寸，此处设置 Radius（半径）为 0. 1m，Length（高度）为 0. 5m，如图 8-22 所示。确认后选择菜单栏 File→Exit→Model Editor 命令退出编辑模式。

最后，通过上工具栏的“移动”按钮，将圆柱体移动到合适位置。再选择 File→Save World As 命令保存当前模型，并命名为 my_world. sdf。

3. 直接插入外部模型

如果已经有了一些第三方软件创建好的复杂环境、特征模型文件，可以转换为 SDF 格式后，放至用户 home 目录的 . gazebo/models 路径下，通过 Gazebo 的 Insert 选项卡直接插入到场景窗口中。上面已经使用过此方法，此处不再赘述。

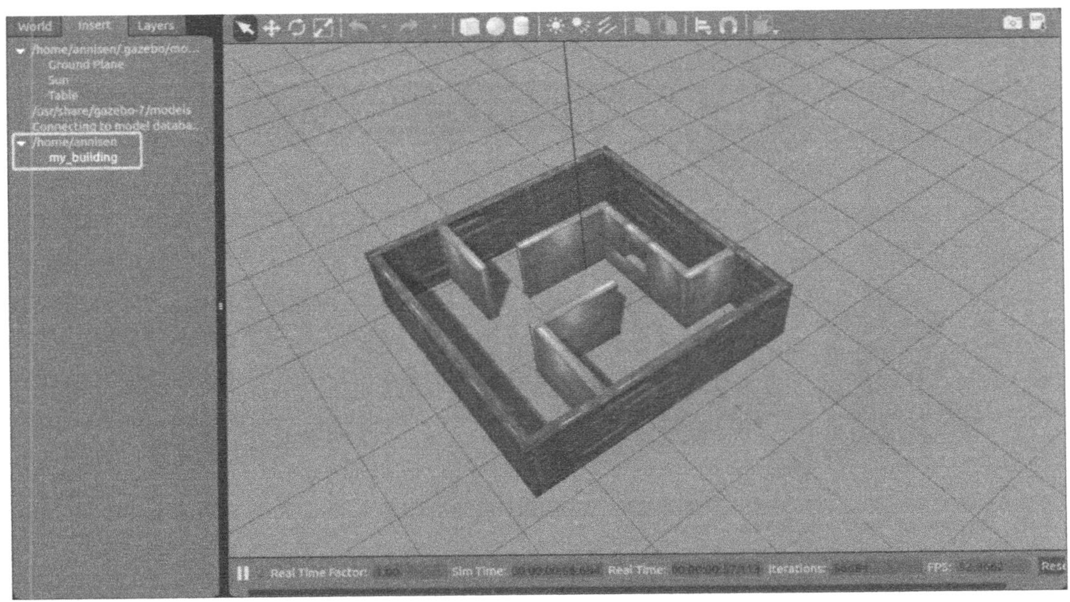

图 8-21　插入 my_building 仿真环境模型文件

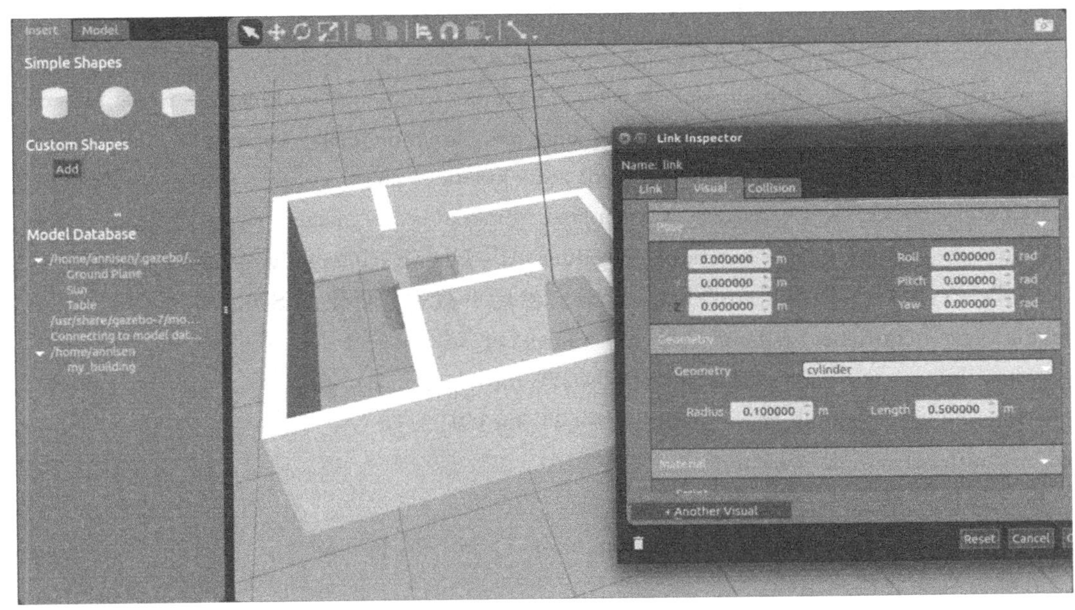

图 8-22　插入圆柱体并修改几何尺寸

8.2.4　在 Gazebo 中仿真 Turtlebot 机器人

Turtlebot 是 ROS 学习常用到的小型模块化移动机器人套件，自 2010 年推出第一代以来，已经迭代到了第三代——Turtlebot3（如图 8-23 所示）。本小节将以 Turtlebot3 Burger 为例，结合之前的内容，在 Gazebo 中控制 Turtlebot3 Burger 移动机器人。

因为 ROS 官方的维护和全球大量开发者的共同努力，Turtlebot 提供了大量的 SDK 和应

图 8-23　Turtlebot3 移动机器人

用功能包，可以在开源共享网站 GitHub 上下载。

首先，需要配置 Turtlebot3 依赖包。

```
$ sudo apt - get install ros - kinetic - joy ros - kinetic - teleop - twist - joy
ros - kinetic - teleop - twist - keyboard ros - kinetic - laser - proc ros - kinetic - rgbd - launch
ros - kinetic - depthimage - to - laserscan ros - kinetic - rosserial - arduino
ros - kinetic - rosserial - python ros - kinetic - rosserial - server ros - kinetic - rosserial - client
ros - kinetic - rosserial - msgs ros - kinetic - amcl ros - kinetic - map - server
ros - kinetic - move - base ros - kinetic - urdf ros - kinetic - xacro
ros - kinetic - compressed - image - transport ros - kinetic - rqt - image - view
ros - kinetic - gmapping ros - kinetic - navigation ros - kinetic - interactive - markers
```

创建一个 ROS 工作空间 turtlebot_ws/src，然后下载官方提供的 SDK，并编译。

```
$ mkdir -p ~/turtlebot_ws/src/ && cd ~/turtlebot_ws/src/
$ git clone https://github.com/ROBOTIS - GIT/turtlebot3_msgs.git
$ git clone https://github.com/ROBOTIS - GIT/turtlebot3.git
$ cd ~/turtlebot_ws && catkin_make
```

写入环境变量。

```
$ echo "source ~/turtlebot_ws/devel/setup.bash" >> ~/.bashrc
```

下载仿真功能包并编译。

```
$ git clone https://github.com/ROBOTIS - GIT/turtlebot3_simulations.git
$ cd ~/turtlebot_ws && catkin_make
```

编译成功后可以打开工作空间，熟悉一下当前已下载并安装好的主要功能包：

- turtlebot3_bringup：主要包含 Turtlebot3 和传感器的驱动、启动文件。
- turtlebot3_description：管理 Turtlebot3 的描述文件，包括 burger、waffle 和 waffle pi。
- turtlebot3_slam：主要包含 Turtlebot3 定位与地图构建功能的相关文件。
- turtlebot3_navigation：主要包含 Turtlebot3 自动导航功能的相关文件。
- turtlebot3_teleop：是常用到的键盘控制机器人运动功能包。

- turtlebot3_msgs：管理 Turtlebot3 使用到的消息文件。
- turtlebot3_simulations：主要包含 Turtlebot3 仿真功能的相关文件。

首先，启动 . launch 文件，加载一个仿真功能包中 Gazebo 的仿真环境（如图 8-24 所示），打开一个新的终端。

```
$ export TURTLEBOT3_MODEL = burger   #选择导入 burger model
$ roslaunch turtlebot3_gazebo turtlebot3_world. launch
```

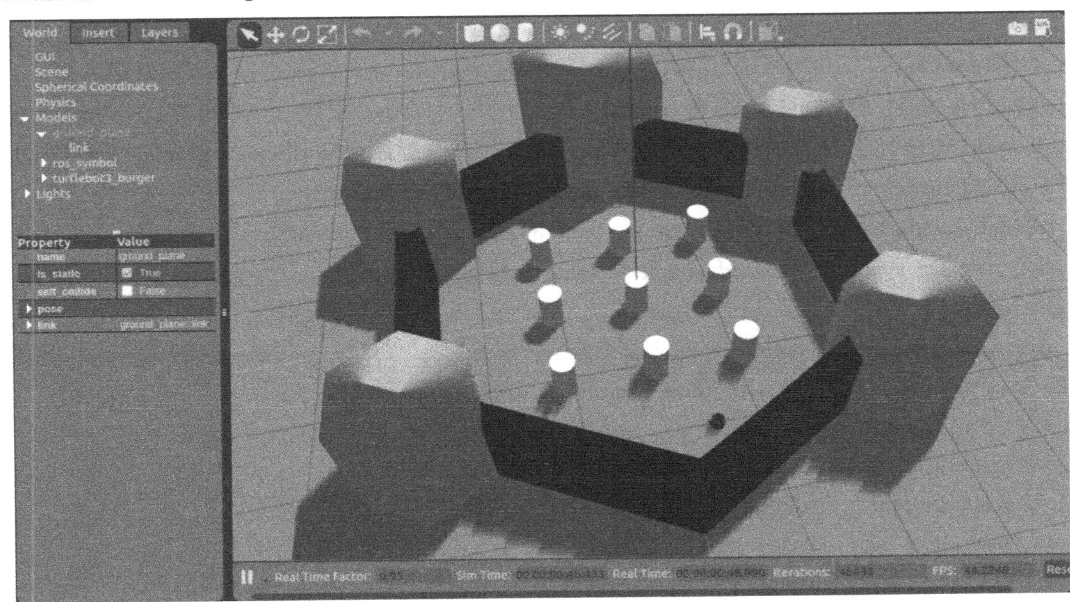

图 8-24　启动 Turtlebot3 仿真环境

这里还可以使用上一节创建的 my_world 仿真环境模型，使用快捷键 < Crtl + C >终止当前进程，打开 ~/tutlebot _ ws/src/turtlebot3 _ simulations/turtlebot3 _ gazebo/launch/turtlebot3 _ world. launch 文件。

```
<launch>
    <arg name = "model" default = "$( env TURTLEBOT3_MODEL)" doc = " model type [burger, waffle, waffle_pi]" />
    <arg name = " x_pos" default = "  -2. 0" />
    <arg name = " y_pos" default = "  -0. 5" />
    <arg name = " z_pos" default = "  0. 0" />

    <include file = " $ (find gazebo_ros) /launch/empty_world. launch" >
        <arg name = " world_name" value = " $ (find turtlebot3_gazebo) /worlds/turtlebot3_world. world" />
        <arg name = " paused" value = " false" />
        <arg name = " use_sim_time" value = " true" />
        <arg name = " gui" value = " true" />
        <arg name = " headless" value = " false" />
        <arg name = " debug" value = " false" />
```

```
</include>
<param name="robot_description" command="$(find xacro)/xacro --inorder $(find turtlebot3_description)/urdf/turtlebot3_$(arg model).urdf.xacro" />
<node pkg="gazebo_ros" type="spawn_model" name="spawn_urdf" args="-urdf -model turtlebot3_$(arg model) -x $(arg x_pos) -y $(arg y_pos) -z $(arg z_pos) -param robot_description" />
</launch>
```

.launch 文件启动时，会在 turtlebot3_gazebo/worlds/目录下搜寻名为 turtlebot3_world.world 的描述文件，所以只需将 my_world.sdf 文件复制到 turtlebot3_gazebo/worlds/目录下即可。将 turtlebot3_world.launch 文件中的加载模型处修改为：

```
<include file="$(find gazebo_ros)/launch/empty_world.launch" >
    <arg name="world_name" value="$(find turtlebot3_gazebo)/worlds/my_world.sdf" />
    <arg name="paused" value="false" />
    <arg name="use_sim_time" value="true" />
    <arg name="gui" value="true" />
    <arg name="headless" value="false" />
    <arg name="debug" value="false" />
</include>
```


还可以修改加载 Turtlebot3 模型在仿真环境中的初始位置。

```
<arg name="x_pos" default="-1.7" />
<arg name="y_pos" default="-1.7" />
<arg name="z_pos" default="0.0" />
```

修改完成后保存 .launch 文件。再次运行 turtlebot3_world.launch 文件，可以看到 Turtlebot3 机器人在已创建的仿真环境左上角，如图 8-25 所示。

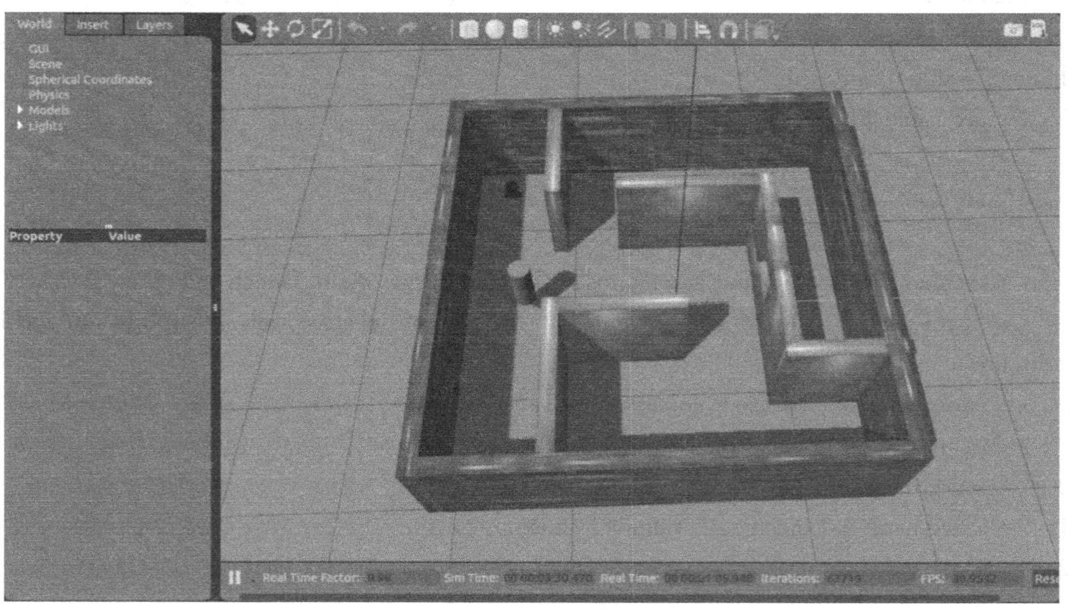

图 8-25　加载 my_world.sdf 仿真环境

打开一个新的终端，启动键盘控制文件控制仿真环境中的 Turtlebot3 机器人。启动成功后终端反馈提示信息如图 8-26 所示。

```
$ export TURTLEBOT3_MODEL = burger
$ roslaunch turtlebot3_teleop turtlebot3_teleop_key. launch
```

```
/home/annisen/turtlebot_ws/src/turtlebot3/turtlebot3_teleop/launch/turtlebot3_teleop_key.laun
Done checking log file disk usage. Usage is <1GB.

started roslaunch server http://ANNISEN:34591/

SUMMARY
========

PARAMETERS
 * /model: burger
 * /rosdistro: kinetic
 * /rosversion: 1.12.14

NODES
  /
    turtlebot3_teleop_keyboard (turtlebot3_teleop/turtlebot3_teleop_key)

ROS_MASTER_URI=http://localhost:11311

process[turtlebot3_teleop_keyboard-1]: started with pid [24607]

Control Your TurtleBot3!
---------------------------
Moving around:
        w
   a    s    d
        x

w/x : increase/decrease linear velocity (Burger : ~ 0.22, Waffle and Waffle Pi : ~ 0.26)
a/d : increase/decrease angular velocity (Burger : ~ 2.84, Waffle and Waffle Pi : ~ 1.82)

space key, s : force stop

CTRL-C to quit
```

图 8-26 反馈信息

根据 turtlebot3_teleop_key. launch 启动后的反馈信息可知，< W >/< X >按键分别控制线速度的增减，< A >/< D >按键分别控制角速度的增减，< S >键可以停止机器人。通过键盘上的指定按键，可以惊喜地发现能够控制仿真环境里的 Turtlebot3 机器人运动了。通过 ROS 中的计算图可视化工具 rqt_graph 看看到底发生了什么。

打开一个新的终端，启动 rqt_graph。

```
$ rosrun rqt_graph rqt_graph
```

通过图 8-27 可以看到，节点/turtlebot3_teleop_keyboard 通过话题/cmd_vel 发布速度消息，/gazebo 节点通过话题接收到速度消息，当速度消息不为零时，机器人便开始运动起来了。

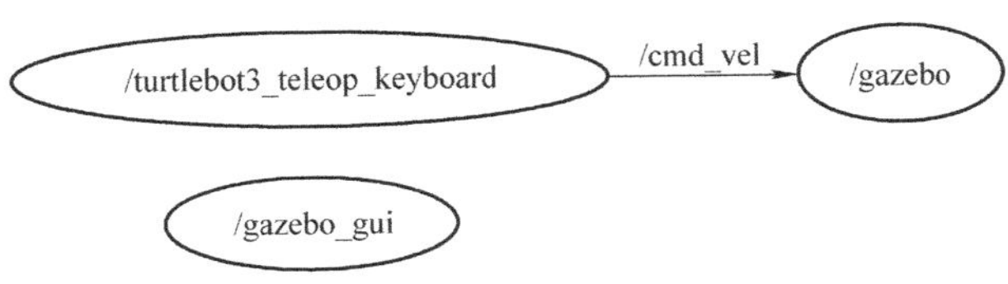

图 8-27 计算图可视化工具显示结果

本章小结

本章详细介绍了 Gazebo 仿真平台的特点和 URDF 文件的组成，通过具体的应用实例讲解了如何在 ROS 中使用 Gazebo 仿真平台，并创建了一个仿真环境，在此仿真环境中学习如何控制 Turtlebot3 Burger 运动。

本章习题

8-1 简述 Gazebo 仿真平台的特点。

8-2 URDF 文件是什么？

第 9 章 ROS综合实例

导读

随着机器人技术的快速发展，机器人开始逐步进入人类的生活。由于家庭与社会环境的复杂性对机器人应用安全性和可靠性提出了更高的要求，从而导致机器人的普及还面临许多亟待解决的问题。机器人自主移动与协同工作就是其中两大关键问题。使用ROS来实现自主移动与协同工作是非常方便的。本章将围绕机器人自主移动和协同工作两大主题，重点学习ROS中相关功能包的使用方法，以及如何使用仿真环境和真实机器人实现这些功能。

9.1 机器人移动

搭建好执行系统、驱动系统和控制系统，再适配好外部传感系统，一个完整的机器人就有了雏形。那么，机器人应该如何运动起来呢？本节核心内容就是让机器人动起来。

9.1.1 常用ROS控制器和底盘

在进行机器人原型开发和复杂机器人系统开发时，对于核心硬件的选择非常重要，如驱动执行机构、核心控制器、传感器和成套系统，需要考虑到应用场景、上层功能、数据处理量等因素。机器人传感器已经在第6章进行了系统讲述，本小节主要对核心控制器和成套系统进行学习。

1. Raspberry Pi（树莓派）

树莓派是一款基于ARM架构的微型计算机，系统基于Linux设计（同时支持运行Windows系统），仅有信用卡片大小，如图9-1所示。树莓派早期的概念是基于Atmel的ATmega644单片机，经过不断更新迭代后的第一个Beta版本于2012年由英国“Raspberry Pi基金会”正式推出。由于低廉的售价和强大的功能，短时间内积攒了大量粉丝和开发者。

树莓派看似虽小，但功能与通用个人计算机无异，视频、音频、USB接口、无线网卡等一应俱全，只需要通过接口连接显示器、键盘和鼠标，玩游戏、表格处理、网上冲浪、观看高清视频都不在话下。除此之外，树莓派还提供了GPIO、CSI和多种通信协议接口，周边设备丰富，可以说是目前最受欢迎的单板计算机。2019年发布的新版本Raspberry Pi 4 Model B相较于上一代3B+版本在性能上有了巨大的提升（见表9-1）。新款CPU采用四核

图 9-1　2019 年发布的 Raspberry Pi 4B

64 位的 ARM Cortex－A72 架构，主频 1.5GHz，最大提供 4GB 内存，支持千兆以太网、双频 802.11ac 无线网络、蓝牙 5.0、USB 3.0 和双 Micro HDMI 接口。自推出以来，可谓“一派难求”。

表 9-1　树莓派详细参数对比

名称	Raspberry Pi 4	Raspberry Pi 3B＋
SoC	Broadcom BCM2711	Broadcom BCM2837B0
CPU	四核 64 位 Cortex－A72，主频 1.5GHz（28nm 工艺）	四核 64 位 Cortex－A53，主频 1.4GHz（40nm 工艺）
GPU	Broadcom VideoCore VI @ 500MHz	Broadcom VideoCore IV @ 400MHz
蓝牙	蓝牙 5.0	蓝牙 4.2
USB 接口	USB 2.0×2，USB 3.0×2	USB 2.0×4
HDMI	Micro HDMI×2，支持 4K60Hz	标准 HDMI×1
供电接口	Type C（5V 3A）	Micro USB（5V 2.5A）
多媒体	H.265（4Kp60 decode） H.264（1080p60 decode，1080p30 encode） OpenGL ES，3.0 Graphics	H.264，MPEG－4（1080p30 decode） H.264（1080p30 encode） OpenGL ES1.1，2.0 Graphics
WiFi 网络	802.11AC 无线 2.4GHz/5GHz 双频 WiFi	802.11AC 无线 2.4GHz/5GHz 双频 WiFi
有线网络	千兆以太网	USB 2.0 千兆以太网（300Mbit/s）

在一些小型移动机器人、串联机器人，或者复杂机器人系统的某个单元，都可以考虑使用树莓派作为主控制器。安装系统的时候需要注意，树莓派采用 Micro SD 卡作为存储盘，所以需要将系统安装到 SD 卡上，建议安装 Ubuntu MATE 官方为树莓派推出的定制版系统（下载地址为 https：//ubuntu－mate.org/download）。选择需要的版本号，根据提示将系统镜像写入 SD 卡即可。最后，接上键盘鼠标和显示器，连上无线网，安装 ROS 系统，便可以继续 ROS 的学习和开发之旅。

2. NVIDIA Jetson Nano

Jetson Nano 是英伟达（NVIDIA）2019 年 3 月发布的机器人开发者工具，如图 9-2 所示。相比于英伟达 Jetson TX 系列，其价格更加亲民，所以自推出短短半年就积攒了大量的支持者。同树莓派类似，Nano 也非常小巧精悍，长宽仅 69.6mm × 45mm。

图 9-2 英伟达 Jetson Nano 机器人开发工具

英伟达在图形处理领域一直处在国际领先地位。Nano 的 GPU 采用了拥有 128 个 NVIDIA CUDA 核心的 Maxwell（麦克斯韦）架构显卡，意味着在人工智能、机器学习和机器语音等方面提供了更强大的功能。根据 NVIDIA 官方所述，Nano 还支持目前主流的 AI 框架，如 TensorFlow、PyTorch、Caffe/Caffe2、Keras、MXNetNano 等。Nano 提供了 472 千兆位的计算性能，但功耗仅为 5W，可以说是一款完美的小型桌面计算机。英伟达 Jetson Nano 的详细性能参数见表 9-2。在涉及人工智能框架和大量图形处理等开发内容时，英伟达 Jetson Nano 是一个不能错过的高性价比选择。用户可以在英伟达官方网站（https://developer.nvidia.com/embedded/downloads）下载 Ubuntu 镜像进行系统安装。

表 9-2 英伟达 Jetson Nano 详细参数

项目	参 数
名称	NVIDIA Jetson Nano
CPU	四核 64 位 Cortex – A57，主频 1.42GHz
GPU	NVIDIA Maxwell w/128 CUDA cores@921MHz
内存	4GB LPDDR4
USB 接口	4 × USB 3.0，USB 2.0 Micro – B
HDMI	标准 HDMI 接口
供电接口	Micro USB（5V，2A），DC 插孔（5V，4A）
多媒体	H.264/H.265（4Kp30）Video encode H.264/H.265（4Kp60，2 × 4Kp30）Video decode
Wireless	M.2Key – E with PCIe × 1
有线网络	千兆以太网

3. Kobuki 差速移动底盘

Kobuki 是一款两轮的差速移动底盘，是韩国 Yujin 株式会社专为教育和研究先进的机器人技术而设计的，如图 9-3 所示。Kobuki 差速移动底盘具备高精度的惯性测量单元、强大的续航能力和丰富的外置扩展接口，更重要的是支持 ROS，提供完整的 SDK 和应用软件包，是一款性价比极高的移动机器人系统。

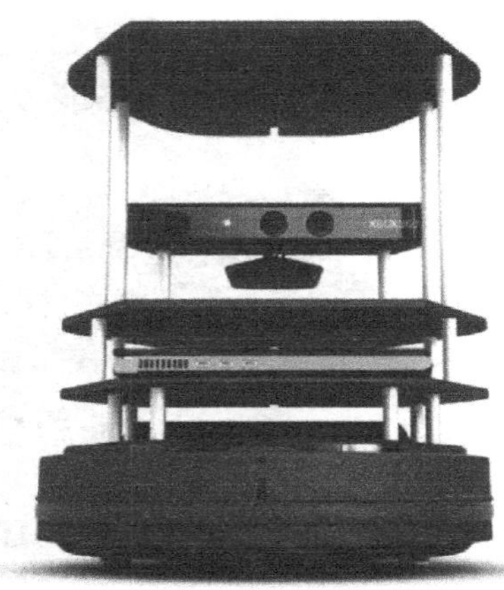

图 9-3　Kobuki 底盘和基于 Kobuki 开发的 Turtlebot2

Kobuki 移动底盘对于用户十分友好，基于此移动底盘进行服务机器人和智能机器人开发，可以大大提高开发效率，开发者可以专注于其他上层内容开发，免去了重复造轮子。Turtlebot2 移动机器人就是基于此底盘开发而来，这也让 Kobuki 一时声名大噪，目前许多机器人爱好者和商用机器人公司都在使用 Kobuki 进行学习和产品原型开发。读者可以到官网（http://kobuki.yujinrobot.com）了解更多相关内容。Kobuki 详细性能参数见表 9-3。

表 9-3　Kobuki 详细性能参数

名称	Kobuki
尺寸	直径 351.5mm，高 124.8mm
重量	2.35kg
驱动方式	两轮差分驱动
最大负载	5kg
最大线速度	0.7m/s
最大角速度	180deg/s
爬坡	1.2cm
续航	3/7h（根据选配电池容量）
充电时间	1.5/2.6h（根据选配电池容量）
自动回充	支持
PC 连接方式	USB 或串口
传感器	测距、陀螺仪、防跌落
接口	USB \ 电源输出口 \ 模拟输入 \ 数字输入/输出
ROS	支持

4. DashGo N1 移动底盘

DashGo N1 相比于 Kobuki 是一款更加适合机器人进阶教学和科研的移动底盘，如图 9-4所示。N1 除了高精度的惯性测量单元、超声波传感器和红外传感器，还集成了双激光雷达、深度视觉传感器，系统基于 ROS 开发，提供完整开源 SDK，可以支持 ROS 机器人系统、传感器融合技术、SLAM 和自动导航等多课程的进阶教学。

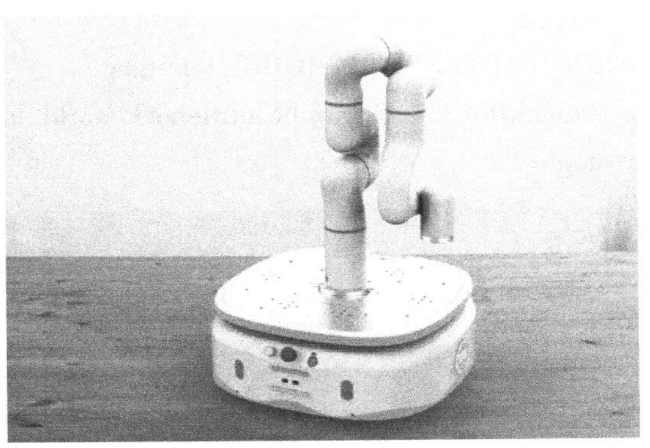

图 9-4　DashGo N1 搭载六轴机械手

DashGo N1 在机器人科研方向提供了强大的硬件和软件支持，开发者可以使用 APP 和网页进行操控和开发。配备大容量锂电池，提供 36V 和 24V 电源输出口，方便集成周边设备。在智慧物流运输、商用服务机器人和移动抓取机器人的研发上，DashGo N1 都是极佳的解决方案。DashGo N1 的详细性能参数见表 9-4。

表 9-4　DashGo N1 详细性能参数

名称	DashGo N1
尺寸	长×宽×高：560mm×560mm×265mm
主动轮直径	125mm
驱动方式	两轮差分驱动
最大负载	50kg
最大线速度	1m/s
主控 CPU	i5 -5250U
电池	36V，22.4Ah
自动回充	支持
传感器	红外、超声波、激光雷达、深度视觉
接口	USB、以太网接口、36V/24V 电源、HDMI、WiFi
系统	Ubuntu16.04 + ROS Kinetic

除以上介绍的控制器和移动底盘外，还有很多出色的控制器和开源底盘，如 Intel NUC 控制器套件、先锋 Pioneer 移动机器人、Clearpath Husky 等。

9.1.2　控制机器人移动实例

移动机器人有多种驱动控制方式，在实际开发过程中，第一步是为移动机器人建立运动学模型，然后求得机器人的运动学方程，最后才是代码的实现。本小节以最常使用的两轮差速移动机器人为例进行展开。

1. 在命令行中发布 Twist 消息控制机器人移动

两轮差速移动机器人有三种运动方式，通过其运动学方程推出，只要通过控制两个驱动轮电动机的输入脉冲频率，即控制小车的线速度和角速度，就可实现机器人的多种运动状态。这里依然用 Turtlebot3 Burger 机器人作为控制对象。

首先，启动仿真环境，并加载机器人模型，然后通过 rostopic list 命令查看 ROS 网络上发布的话题。

```
$ export TURTLEBOT3_MODEL = burger
$ roslaunch turtlebot3_gazebo turtlebot3_world. launch
$ rostopic list
```

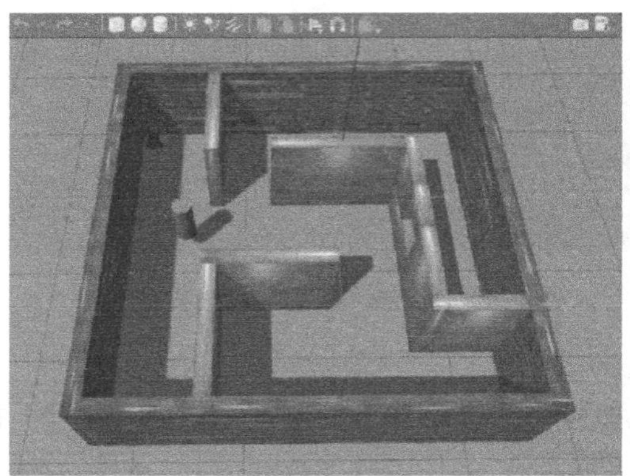

```
annisen@ANNISEN: ~
annisen@ANNISEN:~$ rostopic list
/clock
/cmd_vel
/gazebo/link_states
/gazebo/model_states
/gazebo/parameter_descriptions
/gazebo/parameter_updates
/gazebo/set_link_state
/gazebo/set_model_state
/gazebo_gui/parameter_descriptions
/gazebo_gui/parameter_updates
/imu
/joint_states
/odom
/rosout
/rosout_agg
/scan
/tf
```

图 9-5　运行仿真环境并查阅发布的话题

如图 9-5 所示，ROS 网络中正在发布一个名为/cmd_vel 的话题。通过 rostopic type 命令查看此话题上发布消息的类型为 geometry_msgs/Twist，此消息数据为机器人基于坐标系 x、y、z 轴上的线速度和角速度。查询结果如图 9-6 所示。

```
$ rostopic type /cmd_vel
$ rosmsg show geometry_msgs/Twist
```



```
annisen@ANNISEN: ~
annisen@ANNISEN:~$ rostopic type /cmd_vel
geometry_msgs/Twist
annisen@ANNISEN:~$ rosmsg show geometry_msgs/Twist
geometry_msgs/Vector3 linear
  float64 x
  float64 y
  float64 z
geometry_msgs/Vector3 angular
  float64 x
  float64 y
  float64 z

annisen@ANNISEN:~$
```

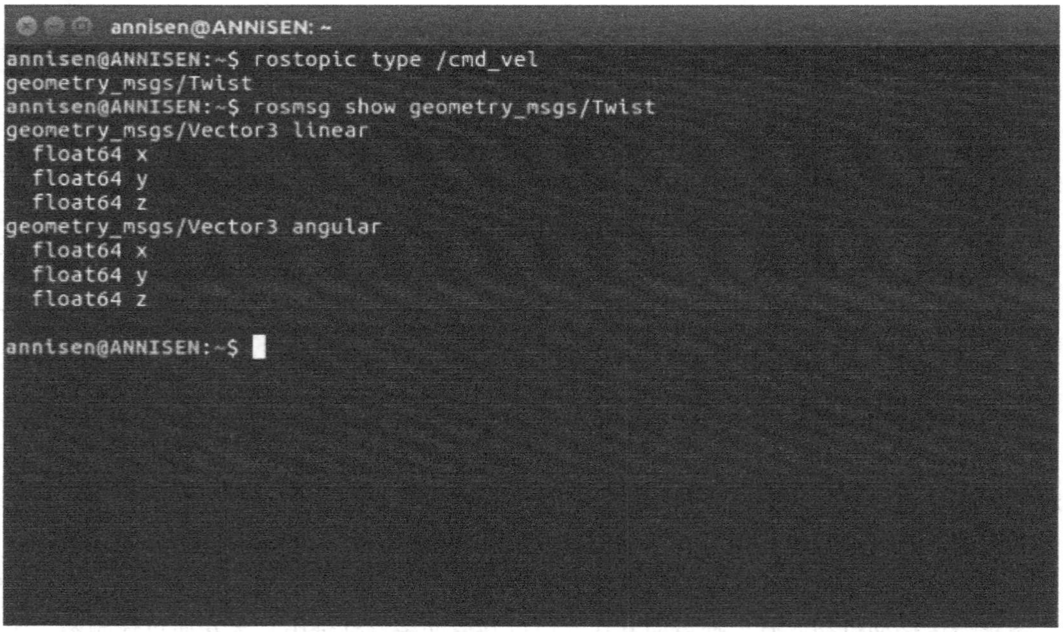

图 9-6　/cmd_vel 话题上传递标准的速度消息 geometry_msgs/Twist

当前因为 Twist 消息还没有数据，所以 Turtlebot3 Burger 机器人的速度为零，在仿真环境中保持静止状态。可以通过 rostopic pub 命令向/cmd_vel 话题发布消息，让机器人走直线，如图 9-7 所示。

```
$ rostopic pub -1 /cmd_vel geometry_msgs/Twist "linear:
  x: 0.1
  y: 0.0
  z: 0.0
angular:
  x: 0.0
  y: 0.0
  z: 0.0"
```

如上命令所示，给定 x 轴方向的线速度为 0.1m/s，参数“-1”表示发布一条消息后即退出，如果想持续发布消息不自动退出，可以将参数改为“-r”，同时指定消息发布的频率，如下所示：

```
$ rostopic pub -r 1 /cmd_vel geometry_msgs/Twist "linear:
  x: 0.1
  y: 0.0
  z: 0.0
angular:
  x: 0.0
  y: 0.0
  z: 0.0"
```

```
annisen@ANNISEN:~$ rostopic pub -1 /cmd_vel geometry_msgs/Twist "linear:
  x: 0.1
  y: 0.0
  z: 0.0
angular:
  x: 0.0
  y: 0.0
  z: 0.0"
publishing and latching message for 3.0 seconds
annisen@ANNISEN:~$
```

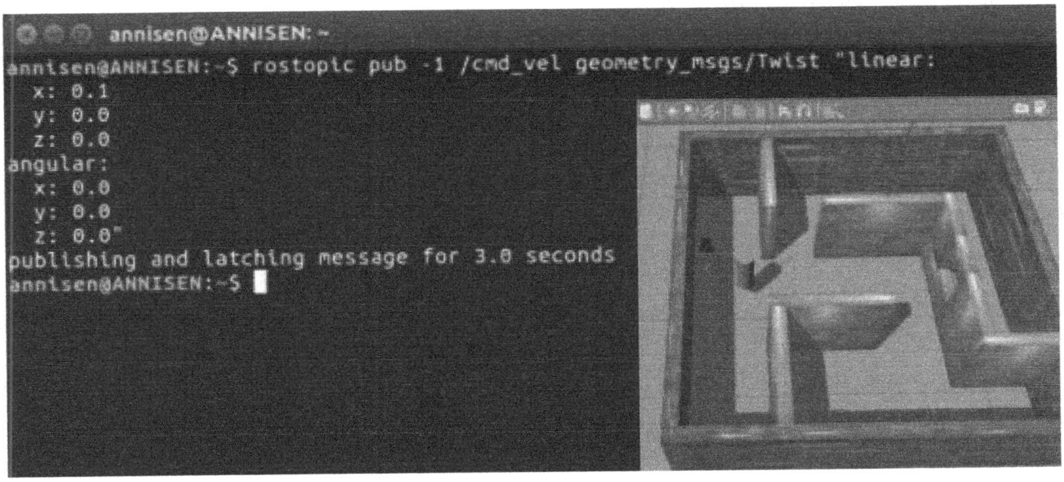

图 9-7 发布消息后机器人运动效果

当使用实体机器人时，也是类似的方法，编写一个机器人驱动节点订阅/cmd_vel 话题，当 ROS 网络里有发布器在此话题上发布 geometry_msgs/Twist 消息时，根据接收到的消息内容判断机器人的运动状态，将控制信号转换为电信号驱动机器人电动机做直线、圆弧或旋转运动即可。

2. 使用键盘控制机器人移动

通过键盘按键控制机器人运动是 ROS 机器人常用到的，相关源码也已经在开源网站公开（https://github.com/ros-teleop/teleop_twist_keyboard）。由于 ROS 强大的代码复用支持，开发者可以轻松地将键盘控制源码移植到自己的机器人上。

Turtlebot3 系列机器人同样移植了此源码，通过一些修改，实现了用键盘控制机器人的各种运动（源码地址为 https://github.com/ROBOTIS-GIT/turtlebot3/blob/master/turtlebot3_teleop/nodes/turtlebot3_teleop_key）。在第 8 章中已经初步了解和使用过 Turtlebot3 Burger 机器人的键盘控制节点，下面通过源码进行深入学习。

```
#! /usr/bin/env python
import rospy
from geometry_msgs.msg import Twist
import sys, select, os
if os.name == 'nt':
  import msvcrt
else:
  import tty, termios

BURGER_MAX_LIN_VEL = 0.22
BURGER_MAX_ANG_VEL = 2.84
WAFFLE_MAX_LIN_VEL = 0.26
WAFFLE_MAX_ANG_VEL = 1.82
LIN_VEL_STEP_SIZE = 0.01
ANG_VEL_STEP_SIZE = 0.1

msg = """
Control Your TurtleBot3!
---------------------------
Moving around:
        w
   a    s    d
        x
w/x : increase/decrease linear velocity (Burger : ~ 0.22, Waffle and Waffle Pi : ~ 0.26)
a/d : increase/decrease angular velocity (Burger : ~ 2.84, Waffle and Waffle Pi :
~ 1.82)
space key, s : force stop
CTRL-C to quit
"""

e = """
```

```
Communications Failed
"""

def getKey():
    if os.name == 'nt':
      return msvcrt.getch()

    tty.setraw(sys.stdin.fileno())
    rlist, _, _ = select.select([sys.stdin], [], [], 0.1)
    if rlist:
        key = sys.stdin.read(1)
    else:
        key = ''

    termios.tcsetattr(sys.stdin, termios.TCSADRAIN, settings)
    return key

def vels(target_linear_vel, target_angular_vel):
    return "currently:\tlinear vel %s\t angular vel %s " % (target_linear_vel,target_angular_vel)

def makeSimpleProfile(output, input, slop):
    if input > output:
        output = min( input, output + slop )
    elif input < output:
        output = max( input, output - slop )
    else:
        output = input
    return output

def constrain(input, low, high):
    if input < low:
      input = low
    elif input > high:
      input = high
    else:
      input = input
    return input

def checkLinearLimitVelocity(vel):
```

```
    if turtlebot3_model == "burger":
        vel = constrain(vel, -BURGER_MAX_LIN_VEL, BURGER_MAX_LIN_VEL)
    elif turtlebot3_model == "waffle" or turtlebot3_model == "waffle_pi":
        vel = constrain(vel, -WAFFLE_MAX_LIN_VEL, WAFFLE_MAX_LIN_VEL)
    else:
        vel = constrain(vel, -BURGER_MAX_LIN_VEL, BURGER_MAX_LIN_VEL)
    return vel

def checkAngularLimitVelocity(vel):
    if turtlebot3_model == "burger":
        vel = constrain(vel, -BURGER_MAX_ANG_VEL, BURGER_MAX_ANG_VEL)
    elif turtlebot3_model == "waffle" or turtlebot3_model == "waffle_pi":
        vel = constrain(vel, -WAFFLE_MAX_ANG_VEL, WAFFLE_MAX_ANG_VEL)
    else:
        vel = constrain(vel, -BURGER_MAX_ANG_VEL, BURGER_MAX_ANG_VEL)
    return vel

if __name__=="__main__":
    if os.name != 'nt':
        settings = termios.tcgetattr(sys.stdin)

    rospy.init_node('turtlebot3_teleop')
    pub = rospy.Publisher('cmd_vel', Twist, queue_size=10)
    turtlebot3_model = rospy.get_param("model", "burger")

    status = 0
    target_linear_vel   = 0.0
    target_angular_vel  = 0.0
    control_linear_vel  = 0.0
    control_angular_vel = 0.0

    try:
        print msg
        while(1):
            key = getKey()
            if key == 'w':
                target_linear_vel = checkLinearLimitVelocity(target_linear_vel + LIN_VEL_STEP_SIZE)
                status = status + 1
                print vels(target_linear_vel,target_angular_vel)
```

```
        elif key == 'x' :
            target_linear_vel = checkLinearLimitVelocity(target_linear_vel - LIN_VEL_STEP_SIZE)
            status = status + 1
            print vels(target_linear_vel,target_angular_vel)
        elif key == 'a' :
            target_angular_vel = checkAngularLimitVelocity(target_angular_vel + ANG_VEL_STEP_SIZE)
            status = status + 1
            print vels(target_linear_vel,target_angular_vel)
        elif key == 'd' :
            target_angular_vel = checkAngularLimitVelocity(target_angular_vel - ANG_VEL_STEP_SIZE)
            status = status + 1
            print vels(target_linear_vel,target_angular_vel)
        elif key == ' ' or key == 's' :
            target_linear_vel   = 0.0
            control_linear_vel  = 0.0
            target_angular_vel  = 0.0
            control_angular_vel = 0.0
            print vels(target_linear_vel, target_angular_vel)
        else:
            if (key == '\x03'):
                break
        if status == 20 :
            print msg
            status = 0

        twist = Twist()

        control_linear_vel = makeSimpleProfile(control_linear_vel, target_linear_vel, (LIN_VEL_STEP_SIZE/2.0))
        twist.linear.x = control_linear_vel; twist.linear.y = 0.0; twist.linear.z = 0.0
        control_angular_vel = makeSimpleProfile(control_angular_vel, target_angular_vel, (ANG_VEL_STEP_SIZE/2.0))
        twist.angular.x = 0.0; twist.angular.y = 0.0; twist.angular.z = control_angular_vel

        pub.publish(twist)
```

```
123     except:
124         print e

125     finally:
126         twist = Twist()
127         twist.linear.x = 0.0; twist.linear.y = 0.0; twist.linear.z = 0.0
128         twist.angular.x = 0.0; twist.angular.y = 0.0; twist.angular.z = 0.0
129         pub.publish(twist)

130     if os.name != 'nt':
131         termios.tcsetattr(sys.stdin, termios.TCSADRAIN, settings)
```

下面对源码主要部分进行分析。

首先是第 9 ~ 14 行，定义限制参数，对机器人的线速度和角速度最大值进行限制，同时定义了线速度和角速度的步进增量分别为 0.01 和 0.1。

```
9   BURGER_MAX_LIN_VEL = 0.22
10  BURGER_MAX_ANG_VEL = 2.84
11  WAFFLE_MAX_LIN_VEL = 0.26
12  WAFFLE_MAX_ANG_VEL = 1.82
13  LIN_VEL_STEP_SIZE = 0.01
14  ANG_VEL_STEP_SIZE = 0.1
```

第 29 ~ 39 行代码以非阻塞的方式检测键盘的按键动作，并将检测到的按键输入赋值给参数 key。

```
29  def getKey():
30      if os.name == 'nt':
31        return msvcrt.getch()

32      tty.setraw(sys.stdin.fileno())
33      rlist, _, _ = select.select([sys.stdin], [], [], 0.1)
34      if rlist:
35          key = sys.stdin.read(1)
36      else:
37          key = ''

38      termios.tcsetattr(sys.stdin, termios.TCSADRAIN, settings)
39      return key
```

初始化一个名为'turtlebot3_teleop'的节点，同时发布一个名为/cmd_vel 的话题，传递的消息格式为 Twist。当检测到键盘的按键输入动作后，就会在此话题上发布与键盘按键对应的 Twist 消息，这样就实现了通过键盘控制机器人运动。

```
74  if __name__ == "__main__":
75      if os.name != 'nt':
76          settings = termios.tcgetattr(sys.stdin)
77      rospy.init_node('turtlebot3_teleop')
78      pub = rospy.Publisher('cmd_vel', Twist, queue_size=10)
```

接下来实际操作观察 Turtlebot3 Burger 机器人的运动效果。为了方便观察，这里启动只有机器人没有建筑物的空仿真环境，如图 9-8 所示。

```
$ export TURTLEBOT3_MODEL = burger
$ roslaunch turtlebot3_gazebo turtlebot3_empty_world. launch
```

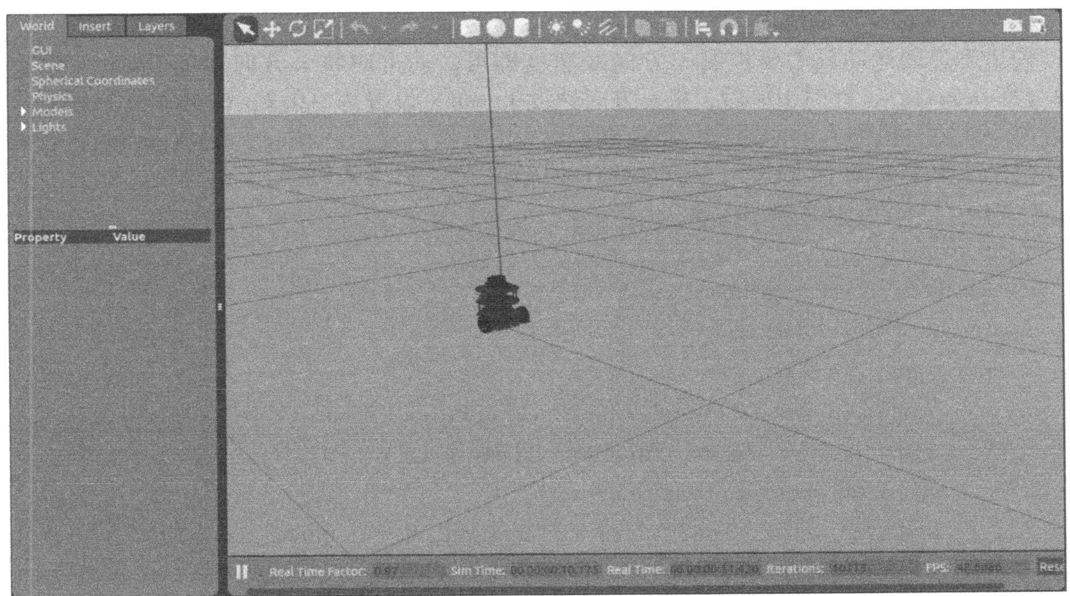

图 9-8　启动 Turtlebot3 Burger 仿真环境

键盘控制节点已写入 Launch 文件，打开一个新的终端启动 . launch 文件：

```
$ export TURTLEBOT3_MODEL = burger
$ roslaunch turtlebot3_teleop turtlebot3_teleop_key. launch
```


如图 9-9 中反馈信息提示，<W>和<X>键可以控制前进和后退，<A>和<D>键可以控制旋转，<S>键可以将速度清零，让机器人停止。

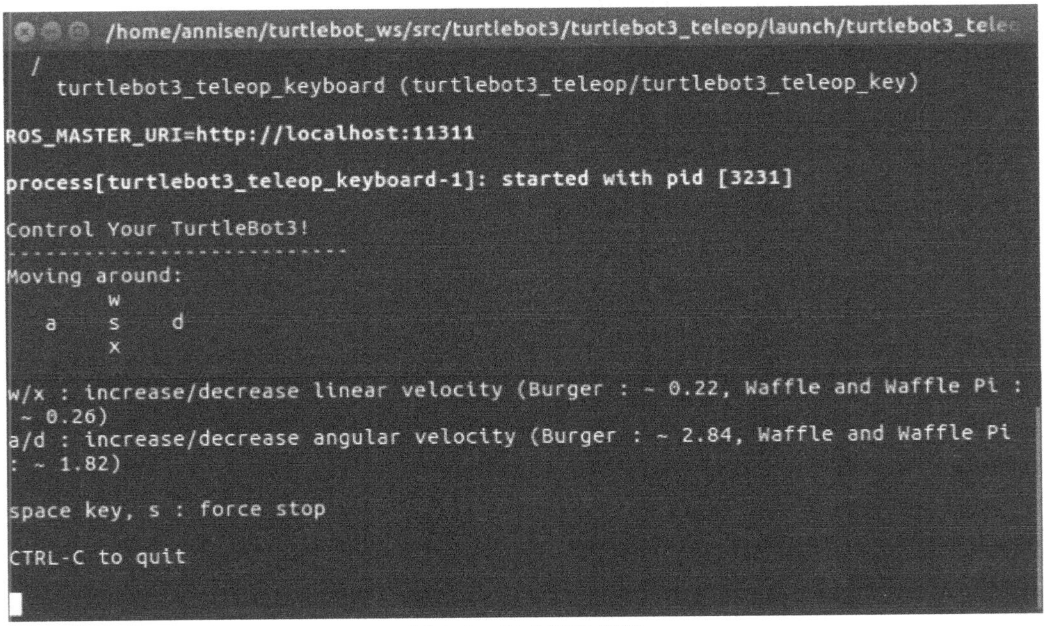

```
/home/annisen/turtlebot_ws/src/turtlebot3/turtlebot3_teleop/launch/turtlebot3_tele
 /
   turtlebot3_teleop_keyboard (turtlebot3_teleop/turtlebot3_teleop_key)

ROS_MASTER_URI=http://localhost:11311

process[turtlebot3_teleop_keyboard-1]: started with pid [3231]

Control Your TurtleBot3!
---------------------------
Moving around:
        w
   a    s    d
        x

w/x : increase/decrease linear velocity (Burger : ~ 0.22, Waffle and Waffle Pi :
 ~ 0.26)
a/d : increase/decrease angular velocity (Burger : ~ 2.84, Waffle and Waffle Pi
: ~ 1.82)

space key, s : force stop

CTRL-C to quit
```

图 9-9　启动键盘控制

9.1.3 编写程序控制机器人移动

在 9.1.2 小节控制实例的基础上，再编写几个控制程序，控制 Turtlebot3 Burger 机器人进行特定的运动。

1. 计时前进和返回运动

前进和返回运动只需要控制 x 方向线速度即可，前进时将 x 方向速度 linear. x 设置为 0.2（即 0.2m/s），计时 10s 后，将 x 方向速度 linear. x 设置为 -0.2，机器人开始后退，再次计时 10s 后，机器人返回原位，将速度置为 0，机器人停止。在 turtlebot3_example 软件包中新建一个 Python 文件 forward_time_backward. py，输入以下代码：

```
#! /usr/bin/env python
import rospy
from geometry_msgs. msg import Twist
class Forward_Time_Backward( ):
    def __init__( self):
        rospy. init_node('Forward_Time_Backward', anonymous = False)
        rospy. loginfo( " To stop TurtleBot3 CTRL + C" )
        rospy. on_shutdown( self. shutdown)
        self. cmd_vel = rospy. Publisher('/cmd_vel', Twist, queue_size = 10)
        r = rospy. Rate(10)
        forward_cmd = Twist( )
        forward_cmd. linear. x = 0. 2
        forward_cmd. angular. z = 0
        backward_cmd = Twist( )
        backward_cmd. linear. x = -0. 2
        backward_cmd. angular. z = 0
        while not rospy. is_shutdown( ):
            rospy. loginfo( " Go Forward" )
            for x in range(0, 100):
                self. cmd_vel. publish( forward_cmd)
                r. sleep( )  #10hz, 每 0. 1s 执行循环一次,100 次为 10s
            rospy. loginfo( " Go Backward" )
            for x in range(0, 100):
                self. cmd_vel. publish( backward_cmd)
                r. sleep( )
    def shutdown( self):
        # stop turtlebot3
        self. cmd_vel. publish( Twist( ) )
        rospy. sleep(1)
if __name__ = = '__main__':
    try:
```

```
        Forward_Time_Backward()
    except:
        rospy.loginfo("Forward_Time_Backward node terminated.")
```

运行仿真环境或者连接实体机器人，同时运行驱动程序，最后在一个新的终端运行此节点。可以看到，机器人往前运行 10s 后开始以相同的速度往后倒退，10s 后机器人停止，依此往复运行。

2. 基于测量的前进返回

在完全理解了控制机器人计时前进和返回后，应该掌握了控制机器人的基础运动方法。再编写一个程序，控制机器人基于测量路程的前进和返回。控制机器人往前运动 3m，然后往后运动 3m，返回原位后停止。具体实现：设置机器人 x 方向速度 linear. x 为 0. 2（即 0. 2m/s），往前运动 15s 后，将机器人 x 方向速度 linear. x 设置为 −0. 2，即往后运行 15s 后，将速度置为 0，机器人停止在原位置。

在 turtlebot3_example 软件包中新建一个 Python 文件 forward_line_backward. py，输入以下代码：

```
#! /usr/bin/env python
import rospy
from geometry_msgs.msg import Twist
class Forward_Line_Backward():
    def __init__(self):
        rospy.init_node('Forward_Line_Backward', anonymous=False)
        rospy.loginfo("To stop TurtleBot3 CTRL + C")
        rospy.on_shutdown(self.shutdown)
        self.cmd_vel = rospy.Publisher('/cmd_vel', Twist, queue_size=10)
        forward_cmd = Twist()
        forward_cmd.linear.x = 0.2
        forward_cmd.angular.z = 0
        backward_cmd = Twist()
        backward_cmd.linear.x = -0.2
        backward_cmd.angular.z = 0
        while not rospy.is_shutdown():
            rospy.loginfo("Go Forward 3m")
            self.cmd_vel.publish(forward_cmd)
            rospy.sleep(15)
            rospy.loginfo("Go Backward 3m")
            self.cmd_vel.publish(backward_cmd)
            rospy.sleep(15)
    def shutdown(self):
        # stop turtlebot3
        self.cmd_vel.publish(Twist())
        rospy.sleep(1)
```

```
if __name__ == '__main__':
    try:
        Forward_Line_Backward()
    except:
        rospy. loginfo("Forward_Line_Backward node terminated. ")
```

运行仿真环境或者连接实体机器人，同时运行驱动程序，最后在一个新的终端运行此节点。可以看到，机器人以 0. 2m/s 的速度往前运行 15s 后，开始以 0. 2m/s 的速度往后倒退，15s 后机器人停止，依此往复运行。

3. 利用测量走正方形

前两个控制实例都是简单的直线往复，最后这个实例需要控制机器人走一个 3m×3m 的正方形，除了控制线速度，还需要控制机器人的角速度让机器人转弯。具体实现：设置机器人 x 方向速度 linear. x 为 0. 3（即 0. 3m/s），运动 10s 后，设置机器人 z 方向的角速度 angular. z 为 0. 785rad/s，linear. x 为 0，运动 2s，即原地旋转 90°；当机器人转过 90°，再设置机器人 x 方向速度 linear. x 为 0. 3，angular. z 为 0，继续直线运动 10s；依此反复就可以完绕成 3m×3m 的正方形运动。

在 turtlebot3_example 软件包中新建一个 Python 文件 move_square. py，输入以下代码：

```
#! /usr/bin/env python
import rospy
import sys
from geometry_msgs. msg import Twist
from math import radians
class Move_Square():
    def __init__(self):
        rospy. init_node('Move_Square', anonymous = False)
        rospy. loginfo("To stop TurtleBot3 CTRL + C")
        rospy. on_shutdown(self. shutdown)
        self. cmd_vel = rospy. Publisher('/cmd_vel', Twist, queue_size = 10)
        forward_cmd = Twist()
        forward_cmd. linear. x = 0. 3
        forward_cmd. angular. z = 0
        turn_cmd = Twist()
        turn_cmd. linear. x = 0
        turn_cmd. angular. z = radians(45)    #45 deg/s in radians/s
        count = 0
        while not rospy. is_shutdown():
            rospy. loginfo("Go Forward 3m")
            self. cmd_vel. publish(forward_cmd)
            rospy. sleep(10)
            rospy. loginfo("Turning 90°")
```

```
            self.cmd_vel.publish(turn_cmd)
            rospy.sleep(2)
            count = count + 1
            if count == 4:
                count = 0
            if count == 0:
                rospy.loginfo("TurtleBot3 should be close to the original starting position")
                sys.exit(0)
    def shutdown(self):
        # stop turtlebot3
        self.cmd_vel.publish(Twist())
        rospy.sleep(1)
if __name__ == '__main__':
    try:
        Move_Square()
    except:
        rospy.loginfo("Move_Square node terminated.")
```

运行仿真环境或者连接实体机器人，同时运行驱动程序，最后在一个新的终端运行此节点。可以看到，机器人以 0.3m/s 的速度往前运行 10s 后，开始以 45°/s 的速度旋转 90°，然后继续直线运行，反复 4 次循环后机器人的运动轨迹即为一个 3m×3m 的正方形。

9.2 机器人 SLAM 与自主导航

自主移动功能是实现机器人大规模商用甚至走向千家万户的最基本要求。这其中涉及三个问题：①机器人知道自己在哪里，即所处的位置；②机器人知道自己要去哪里，即目的地；③机器人知道从所处位置到目的地的最优路径。SLAM 和自主导航便是用来解决实现自主移动三个核心问题的关键技术。第 8 章已经介绍了 Turtlebot3 Burger 机器人，该产品已经移植了 gmapping、hector_slam 等 SLAM 功能包和导航功能包，如果没有下载安装 Turtlebot3 Burger 机器人 SDK 和功能包的可以参考第 8 章进行下载安装。本节以 Turtlebot3 Burger 机器人为例来介绍 ROS 中 SLAM 和自主导航功能包的使用方法。

9.2.1 SLAM 功能包

SLAM（Simultaneous Localization And Mapping，即时定位与地图构建）技术是由 Smith、Self 和 Cheeseman 于 1988 年率先提出的，此技术可以解决机器人在未知环境中从一个未知位置开始移动，在移动过程中根据位置估计和地图进行自身定位，同时在自身定位的基础上建造增量式地图，实现机器人的自主定位和导航。由于其重要的理论与应用价值，被很多研究学者和业界专家认为是实现真正全自主移动机器人的关键。

在 ROS 中已经开源大量与 SLAM 和自动导航相关的功能包，常用的 SLAM 功能包有 gmapping、hector_slam、cartographer、rgbdslam 和 ORB_SLAM，自动导航相关的功能包有 move_base、amcl 等，开发者不需要深究算法层面，就可以方便地使用并移植这些功能包到自己的机器人上。

gmapping 是目前 ROS 中最常用的 SLAM 功能包。该功能包集成了 Rao - Blackwellized 粒子滤波算法（RBPF），并对 RBPF 存在的一些缺陷进行了有针对性地改进。gmapping 功能包通过订阅机器人的激光二维数据、IMU 数据和里程计数据，同时进行一些必要的参数配置，最后创建并输出二维格栅地图。

本小节主要以 gmapping 为例讲解 SLAM 功能包的使用方法。

1. gmapping 功能包的配置

ROS 中已经集成了常用的 SLAM 功能包的二进制安装文件，也可以通过如下命令进行安装：

```
$ sudo apt-get install ros-kinetic-gmapping ros-kinetic-hector-slam* ros-kinetic-cartographer*
```

使用 gmapping 功能包首先需要创建一个 . launch 文件用来启动 gmapping 节点和相关参数的配置。Turtlebot3 Burger 机器人创建的 . launch 文件（~/turtlebot3/turtlebot3_slam/launch/ turtlebot3_gmapping. launch）代码如下：

```
<launch>
  <!-- Arguments -->
  <arg name="model" default="$(env TURTLEBOT3_MODEL)" doc="model type [burger, waffle, waffle_pi]"/>
  <arg name="configuration_basename" default="turtlebot3_lds_2d.lua"/>
  <arg name="set_base_frame" default="base_footprint"/>
  <arg name="set_odom_frame" default="odom"/>
  <arg name="set_map_frame" default="map"/>

  <!-- Gmapping -->
  <node pkg="gmapping" type="slam_gmapping" name="turtlebot3_slam_gmapping" output="screen">
    <param name="base_frame" value="$(arg set_base_frame)"/>
    <param name="odom_frame" value="$(arg set_odom_frame)"/>
    <param name="map_frame" value="$(arg set_map_frame)"/>
    <param name="map_update_interval" value="2.0"/>
    <param name="maxUrange" value="3.0"/>
    <param name="sigma" value="0.05"/>
    <param name="kernelSize" value="1"/>
    <param name="lstep" value="0.05"/>
    <param name="astep" value="0.05"/>
    <param name="iterations" value="5"/>
    <param name="lsigma" value="0.075"/>
    <param name="ogain" value="3.0"/>
```

```
        <param name="lskip" value="0"/>
        <param name="minimumScore" value="50"/>
        <param name="srr" value="0.1"/>
        <param name="srt" value="0.2"/>
        <param name="str" value="0.1"/>
        <param name="stt" value="0.2"/>
        <param name="linearUpdate" value="1.0"/>
        <param name="angularUpdate" value="0.2"/>
        <param name="temporalUpdate" value="0.5"/>
        <param name="resampleThreshold" value="0.5"/>
        <param name="particles" value="100"/>
        <param name="xmin" value="-10.0"/>
        <param name="ymin" value="-10.0"/>
        <param name="xmax" value="10.0"/>
        <param name="ymax" value="10.0"/>
        <param name="delta" value="0.05"/>
        <param name="llsamplerange" value="0.01"/>
        <param name="llsamplestep" value="0.01"/>
        <param name="lasamplerange" value="0.005"/>
        <param name="lasamplestep" value="0.005"/>
    </node>
</launch>
```

可以看到，启动 gmapping 功能包的 slam_gmapping 节点配置了大量参数，配置参数时可以根据实际情况选择默认参数或者自定义参数。这些参数的定义见表9-5。

表9-5　slam_gmapping 节点需配置的参数

参数名	数据类型	默认值	描　述
throttle_scans	int	1	处理的扫描数据门限，默认每次处理1个扫描数据
base_frame	string	base_link	机器人基坐标
map_frame	string	map	地图坐标系
odom_frame	string	odom	里程计坐标系
map_update_interval	float	5.0	地图更新频率。值越低，计算负载越大
maxUrange	float	80.0	激光可探测的最大范围
sigma	float	0.05	端点匹配标准差
kernelSize	int	1	用于查找对应的内核
lstep	float	0.05	平移过程中的优化步长
astep	float	0.05	旋转过程中的优化步长
iterations	int	5	扫描匹配迭代次数
lsigma	float	0.075	用于扫描匹配概率的激光标准差
ogain	float	3.0	似然计算时用于平滑重采样效果

（续）

参数名	数据类型	默认值	描　　述
lskip	int	0	每次扫描跳过的光束数
minimumScore	float	0.0	扫描匹配结果的最低值。当使用有限范围的激光扫描仪时，可以避免在大开放空间出现跳跃姿势估计
srr	float	0.1	平移时里程误差作为平移函数（rho/rho）
srt	float	0.2	平移时的里程误差作为旋转函数（rho/theta）
str	float	0.1	旋转时的里程误差作为平移函数（theta/rho）
stt	float	0.2	旋转时的里程误差作为旋转函数（theta/theta）
linearUpdate	float	1.0	机器人每平移该距离后处理一次激光扫描数据
angularUpdate	float	0.5	机器人每旋转该弧度后处理一次激光扫描数据
temporalUpdate	float	−0.1	如果最新扫描处理比更新慢，则处理1次扫描。该值为负数时候关闭基于时间的更新
resampleThreshold	float	0.5	基于Neff的重采样阈值
particles	int	30	滤波器中粒子数目
xmin	float	−100.0	地图X方向初始最小尺寸
ymin	float	−100.0	地图Y方向初始最小尺寸
xmax	float	100.0	地图X方向初始最大尺寸
ymax	float	100.0	地图Y方向初始最大尺寸
delta	float	0.05	地图分辨率
llsamplerange	float	0.01	似然计算的平移采样距离
llsamplestep	float	0.01	似然计算的平移采样步长
lasamplerange	float	0.005	似然计算的角度采样距离
lasamplestep	float	0.005	似然计算的角度采样步长
transform_publish_period	float	0.05	TF变换发布的时间间隔
occ_thresh	float	0.25	栅格地图占用率的阈值
maxRange（float）	float	—	传感器的最大范围

然后，再创建一个.launch文件（~/turtlebot3/turtlebot3_slam/launch/turtlebot3_slam.launch），用于启动之前创建的.launch，以启动slam_gmapping节点；再启动RViz可视化工具，查看激光雷达信息和地图构建的实时信息。

```
<launch>
  <!-- Arguments -->
    <arg name="model" default="$(env TURTLEBOT3_MODEL)" doc="model type [burger, waffle, waffle_pi]"/>
    <arg name="slam_methods" default="gmapping" doc="slam type [gmapping, cartographer, hector, karto, frontier_exploration]"/>
    <arg name="configuration_basename" default="turtlebot3_lds_2d.lua"/>
    <arg name="open_rviz" default="true"/>
```

```
    <!-- TurtleBot3 -->
    <include file="$(find turtlebot3_bringup)/launch/turtlebot3_remote.launch">
      <arg name="model" value="$(arg model)" />
    </include>

    <!-- SLAM: Gmapping, Cartographer, Hector, Karto, Frontier_exploration, RTAB-Map -->
    <include file="$(find turtlebot3_slam)/launch/turtlebot3_$(arg slam_methods).launch">
      <arg name="model" value="$(arg model)"/>
      <arg name="configuration_basename" value="$(arg configuration_basename)"/>
    </include>

    <!-- rviz -->
    <group if="$(arg open_rviz)">
      <node pkg="rviz" type="rviz" name="rviz" required="true"
            args="-d $(find turtlebot3_slam)/rviz/turtlebot3_$(arg slam_methods).rviz"/>
    </group>
  </launch>
```

2. 在 Gazebo 仿真环境中查看 SLAM 效果

现在可以启动仿真环境和 gampping 的 .launch 文件，实际操作查看 SLAM 的效果。首先，启动仿真环境。


```
$ export TURTLEBOT3_MODEL=burger
$ roslaunch turtlebot3_gazebo turtlebot3_world.launch
```

然后，打开一个新的终端启动 gmapping。

```
$ export TURTLEBOT3_MODEL=burger
$ roslaunch turtlebot3_slam turtlebot3_slam.launch
```

启动后，RViz 可视化工具也会同时打开，添加 Map 和 LaserScan 插件，查看地图消息和激光雷达消息。如图 9-10 所示，根据激光雷达检测到的数据已经建立了部分地图，建立的地图呈现灰色，未知区域为黑色。

启动键盘控制节点，控制机器人在封闭的仿真建筑环境中运动，建立完整的地图。

```
$ export TURTLEBOT3_MODEL=burger
$ roslaunch turtlebot3_teleop turtlebot3_teleop_key.launch
```

控制机器人缓慢地在仿真环境中走完一圈，地图就构建完成了，如图 9-11 所示。构建的地图和仿真环境基本一致，部分地图发生形变主要是机器人配备的激光雷达精度的原因。

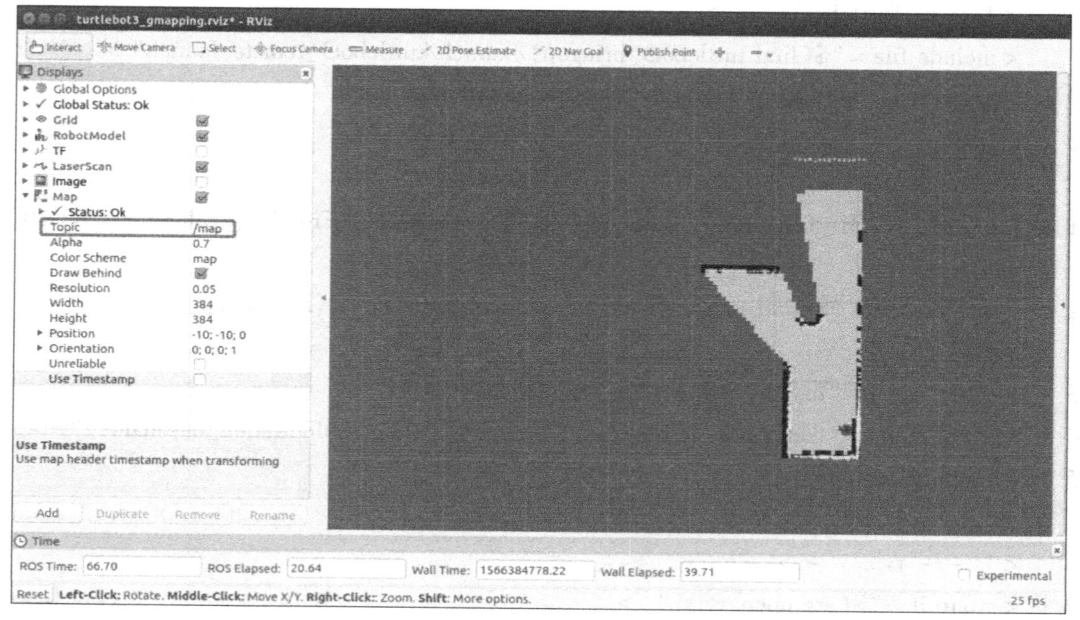

图 9-10　RViz 可视化工具订阅到的 Map 信息

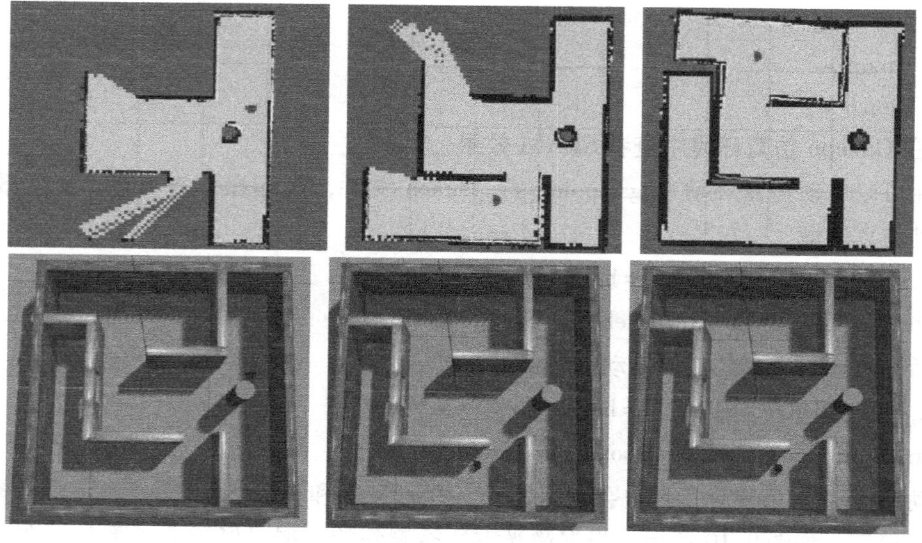

图 9-11　Turtlebot3 Burger 机器人 SLAM 过程

地图构建完成后，可以通过命令进行保存，以便后期重复使用。在新的终端运行以下命令：

```
$ rosrun map_server map_saver -f ~/my_map
```

将地图命名为 my_map，并保存在当前用户/home 目录下。完成后可以看到生成了一个 my_map. pgm 的可编辑地图数据文件，还有一个 my_map. yaml 的地图信息配置文件。

3. 实体机器人 SLAM

如果有实体机器人，同样可以完成和仿真环境一样的 SLAM 过程。首先，在机器人控制器端运行驱动程序，包含激光雷达驱动和电动机驱动。

$ export TURTLEBOT3_MODEL = burger

$ roslaunch turtlebot3_bringup turtlebot3_robot. launch

然后，在一个新的终端启动 gmapping。

$ export TURTLEBOT3_MODEL = burger

$ roslaunch turtlebot3_slam turtlebot3_slam. launch

最后，启动键盘控制节点，控制实体机器人运动。当建立好所需要的环境地图后（如图 9-12 所示）退出键盘控制节点，通过命令保存地图。

$ export TURTLEBOT3_MODEL = burger

$ roslaunch turtlebot3_teleop turtlebot3_teleop_key. launch

$ rosrun map_server map_saver -f ~/my_map2

图 9-12 实体机器人创建的复杂环境地图

除了 gmapping 功能包，还可以尝试使用 hector_slam、cartographer 等功能包进行 SLAM，对比不同算法构建地图的效果差异。使用其他 SLAM 功能包只需要在启动 turtlebot3_slam. launch 文件时加上 slam_methods 参数。

$ export TURTLEBOT3_MODEL = burger

$ roslaunch turtlebot3_slam turtlebot3_slam. launch slam_methods: = hector_slam

如果想更换默认启动的 slam 算法，只需要修改 turtlebot3_slam. launch 文件中的一行命令。

4 < arg name = "slam_methods" default = "gmapping" doc = "slam type [gmapping, cartographer, hector, karto, frontier_exploration]"/ >

此行中默认启动 gmapping（default = "gmapping"），将其修改为 slam type 中的任一功能包名即可。

9.2.2 导航功能包

1. 导航功能包简介

完成了地图的构建和保存，就可以在此地图的基础上进行导航了。如图 9-13 所示，机器人完成了两个点 A 和 B 之间的导航任务，导航过程中绕过了障碍物，但是却走了许多的无效路程，这当然不是想要的最终结果。机器人能够以最短的路径完成导航任务，并且在行进过程中实时避开障碍物才是最终目标。由此可见，自动导航的核心是机器人的定位和路径规划。

图 9-13　机器人固定点之间导航

要能够在特定要求下完成导航任务，从概念层面并不复杂，只需要从里程计和传感器数据流获取信息，然后将速度命令发送给移动机器人。ROS 提供了 navigation stack（导航功能包集，如图 9-14 所示）（地址为 https://github.com/ros-planning/navigation.git），开发者同样可以快速移植到自己的移动机器人上。ROS 也提供了导航功能包集的二进制安装文件，可以通过如下安装命令进行安装：

```
$ sudo apt-get install ros-kinetic-navigation
```

导航功能包集中各功能包的作用如下：

1）amcl：核心功能包，针对在二维平面移动的机器人的基于概率定位系统。它实现了自适应的蒙特卡罗滤波定位方法，并使用粒子滤波器去跟踪在已知地图中机器人的位置。

2）base_local_planner：提供 Trajectory Rollout 和 Dynamic Window Approach 两种算法在二维平面局部导航的方法。通过提供一个跟随的规划路径和一个代价地图，控制器生成速度指令并发送至机器人，如图 9-15 所示。这个包可以通过 nav_core 包的 BaseLocolPlanner 接口

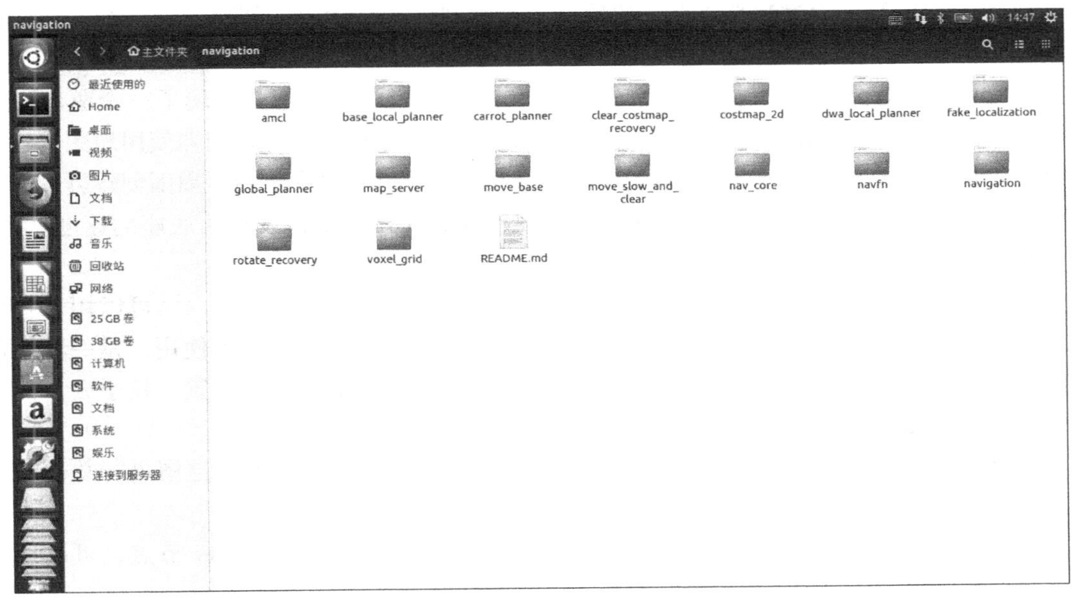

图 9-14　导航功能包集中的导航相关功能包

来调用。

3）carrot_planner：一个简单的全局规划器，当指定的运动目标点在障碍区域内时，通过沿机器人和目标点之间的向量向后移动，直到找到距离目标点最近且没有障碍物的点，如图 9-16 所示。可以通过 nav_core 包中的 nav_core::BaseGlobalPlanner 接口调用，可以用作 move_base 节点的全局规划器插件。

4）clear_costmap_recovery：提供了一种恢复行为，通过将导航功能包使用的代价地图恢复到已知区域外的静态地图从而清除出空间。

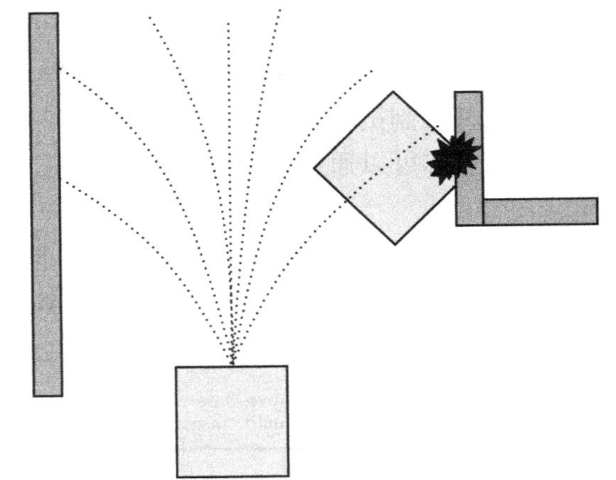

图 9-15　通过采样离散点模拟多条路径并选择最优路径

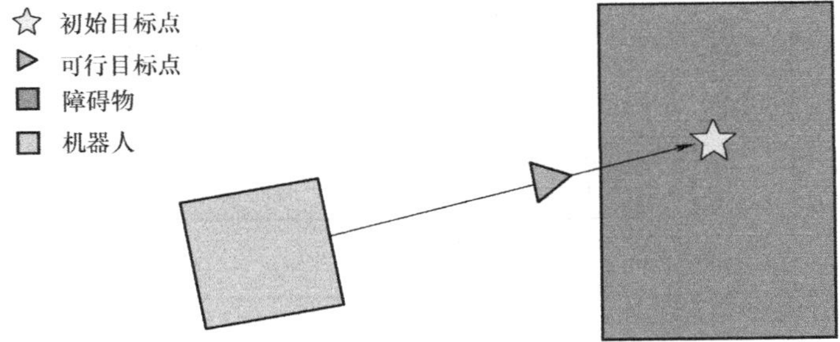

图 9-16　cattot_planner 使机器人尽可能靠近指定目标点

5）costmap_2d：通过激光或点云的数据，投影到二维平面上，创建代价地图，并可以设置膨胀半径。

6）dwa_local_planner：局部规划器，与 base_local_planner 类似。实现了一个驱动底座移动的控制器，该控制器将路径规划器和机器人底座连在了一起。该规划器使用地图创建运动路径，让机器人从起点到达目标点。在移动过程中，规划器会在机器人周围创建可以表示为栅格地图的评价函数。控制器的主要任务就是利用评价函数确定发送给底座的速度（dx，dy，dtheta）。

7）fake_localization：提供了一个简单的 ROS 节点 fake_localization node，可以用于替代定位系统，并提供了 amcl 包的 ROS API 的子集。该节点在仿真中被频繁使用，是一种不需要大量计算资源就能进行定位的方式。这个节点将里程计数据转换为位置、粒子云，并以 amcl 发布的数据格式发布。

8）global_planner：全局路径规划节点，根据给定的目标位置和全局地图进行总体路径的规划。

9）map_server：将代价地图作为 ROS Service 发布，提供了 map_saver 节点，可以通过命令行存储地图。在地图构建时已经使用过该节点保存地图。

10）move_base：核心功能包，包含导航框架中核心的 move_base 路径规划节点，节点将全局路径规划器（global_planner）和本地路径规划器（local_planner）连接到一起来实现全局导航任务，让机器人能够运动到指定目标点。

11）move_slow_and_clear：为机器人提供一种简单的恢复行为，即清除 costmap（代价地图）的信息并限制机器人速度。这种恢复行为不是绝对安全的，机器人可能会撞到某些障碍，并且仅兼容可以通过 dynamic_reconfigure 配置最大速度的局部规划器（如 dwa_local_planner）。

12）nav_core：是为机器人实现导航任务提供了关键的路径规划器接口，包括 BaseGlobalPlanner、BaseLocalPlanner 和 RecoveryBehavior interfaces 等，所有规划器和修复行为可以插件方式在 move_base 节点中使用，且使用时必须继承这些接口，如图 9-17 所示。

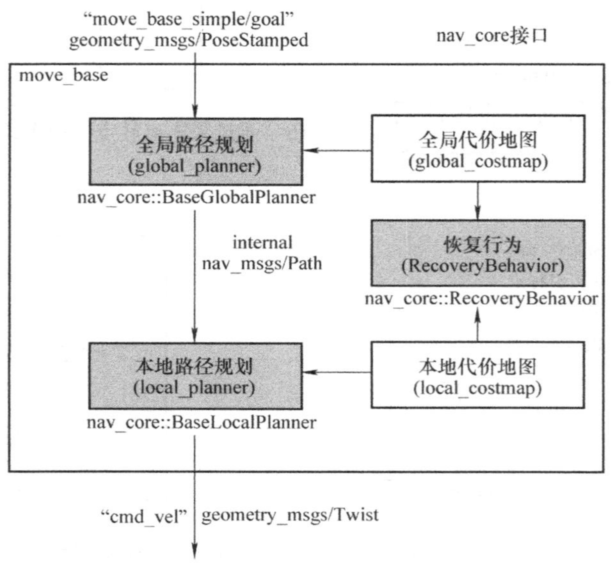

图 9-17　nav_core 提供的路径规划器接口

13）navfn：提供快速插值导航功能，使用Dijkstra最优路径算法，在起始点到目标点之间进行全局路径规划，并找到代价最小的一条路径。此外，navfn也提供了ROS封装接口供调用，继承了nav_core中指定的nav_core::BaseGlobalPlanner接口。navfn功能包和global_planner功能包类似，都是用于做全局规划。

14）navigation：内含导航功能包集的变更日志及说明。

15）rotate_recovery：提供了rotate_recovery::RotateRecovery恢复行为，让机器人执行360°旋转来完成清理导航功能包里代价地图的空间。

16）voxel_grid：提供一个有效的三维体素网格的实现。

了解导航功能包大概实现的功能后，可以通过更加形象的关系图了解ROS自动导航的框架，如图9-18所示。

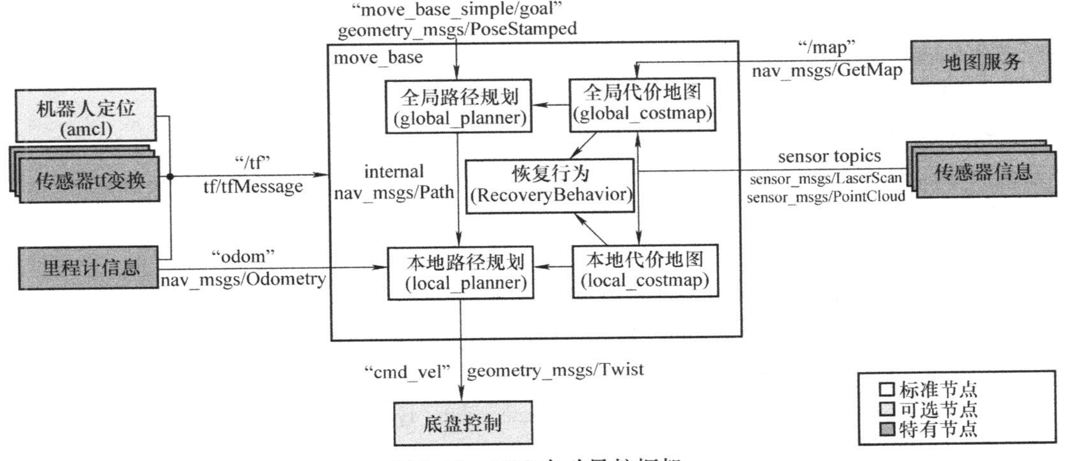

图9-18　ROS自动导航框架

从图中可看出，整个导航框架的核心节点为move_base，此节点通过订阅tf（坐标转换）、odom（里程计数据）、map（地图服务）、sensor topics（激光数据或点云）以及机器人位置姿态等话题和信息，最后在/cmd_vel话题上传递Twist消息，控制机器人完成相应运动。

2. 导航功能包的配置

虽然导航功能包集被设计成尽可能通用，但对机器人硬件还是有一些限制：

- 导航功能包基于正方形或者圆形的差分、轮式机器人开发，并且假设可以通过速度命令Twist消息进行控制，对于其他形状的移动机器人运行效果可能不理想。
- 机器人必须安装激光雷达或者视觉传感器等，能够获取环境的深度信息用于构建地图和定位。

导航功能包集要移植到机器人上，还需要进行一系列的配置，通过前几章的内容，已经知道如何让机器人能够通过tf发布不同参考坐标系之间的关系信息，同时能够通过激光雷达或视觉传感器采集环境信息，在ROS网络中发布sensor_msgs/LaserScan消息或者sensor_msgs/PointCloud消息，并且能够在话题/odom发布nav_msgs/Odometry消息。当然，还需要创建一张地图，机器人要能够订阅/cmd_vel话题，接收导航包输出的geometry_msgs/Twist消息控制底盘移动。如果已经忘记如何实现以上功能，请再翻阅前几章的内容，这是导航功能包集正常运行的必要条件。

1）配置代价地图（costmap）。

导航功能包集需要两个代价地图来保存环境的障碍物信息。一个是用于全局路径规划的 global_costmap，在整个环境中创建长期的路径规划；另一个是用于局部路径规划与实时避障的 local_costmap。两个代价地图需要使用一些共用或独立的配置文件、分别是 common 配置文件、global 配置文件和 local 配置文件。

① common 配置文件（global_costmap&local_costmap）。

导航功能包集使用代价地图存储障碍物信息，为了使这个过程更合理，需要指出要监听的传感器话题，以便地图信息更新。这里可以为两种代价地图创建一个名为 costmap_common_params. yaml 的通用配置文件，内容如下：

```
1 obstacle_range: 2.5
2 raytrace_range: 3.0
3 footprint: [[x0, y0], [x1, y1], ... [xn, yn]]
4 #robot_radius: ir_of_robot
5 inflation_radius: 0.55
6 cost_scaling_factor: 3.0
7 max_obstacle_height: 0.5
8 min_obstacle_height: 0.5
9 observation_sources: laser_scan_sensor point_cloud_sensor
10 laser_scan_sensor: {sensor_frame: frame_name, data_type: LaserScan, topic: topic_name, marking: true, clearing: true}
11 point_cloud_sensor: {sensor_frame: frame_name, data_type: PointCloud, topic: topic_name, marking: true, clearing: true}
```

代码解析如下：

- 第 1、2 行：设置放入代价地图的障碍物的阈值。obstacle_range 参数决定了传感器检测障碍物的最大范围。如设定为 2.5m，则地图中只会更新 2.5m 内的障碍信息。raytrace_range 参数决定了能检测到的无障碍空间的最大范围。设置为 3.0m 意味着机器人将根据传感器检测信息清除其前面 3m 远的空间。
- 第 3～6 行：footprint 参数是机器人在地图上所占面积，参数以机器人的中心点（0.0，0.0）作为原点。如果机器人是圆形外观，则可以用 robot_radius 参数设置其半径。inflation_radius 参数设置代价地图的膨胀半径，膨胀半径是机器人和障碍物的安全距离。例如，膨胀半径设定在 0.55m 意味着机器人所规划路径与障碍物至少保持 0.55m 的安全距离。cost_scaling_factor 参数是计算膨胀中应用到的比例系数。
- 第 7、8 行：这两个参数分别设置障碍物的最大高度和最小高度。传感器检测到在此尺寸范围内的障碍物会实时更新到地图上。
- 第 9～11 行：observation_sources 参数定义了代价地图需要用到的传感器信息，如此处用到的激光雷达和视觉传感器。laser_scan_sensor 和 point_cloud_sensor 参数是激光雷达及视觉传感器的相关信息，frame_name 是传感器的参考坐标系名称，data_type 参数应设置为 LaserScan 或 PointCloud，topic_name 是传感器发布话题的名称，marking 和 clearing 参数确定是否使用传感器的实时信息对代价地图中障碍物信息进行添加或清除。

以 Turtlebot3 Burger 机器人的 common 配置文件 costmap_common_params_burger. yaml 为

例（文件路径为~/turtlebot3/turtlebot3_navigation/param/），其参数的具体配置情况如下：

```
obstacle_range: 3.0
raytrace_range: 3.5
footprint: [[-0.105, -0.105], [-0.105, 0.105], [0.041, 0.105], [0.041, -0.105]]
#robot_radius: 0.105
inflation_radius: 1.0
cost_scaling_factor: 3.0
map_type: costmap
observation_sources: scan
scan: {sensor_frame: base_scan, data_type: LaserScan, topic: scan, marking: true, clearing: true}
```

② global 配置文件。

global 配置文件用来存储全局代价地图的相关配置参数。新建一个名为 global_costmap_params.yaml 的文件，并写入以下代码：

```
global_costmap:
  global_frame: /map
  robot_base_frame: base_link
  update_frequency: 5.0
  publish_frequency: 10.0
  transform_tolerance: 1.0
  static_map: true
```

global_frame 参数定义了代价地图运行的参考坐标系。robot_base_frame 参数定义了代价地图参考的机器人的坐标系。update_frequency 参数决定了代价地图中信息更新的频率（单位为 Hz）。publish_frequency 参数决定了代价地图发布可视化信息的速率（单位为 Hz）。transform_tolerance 参数决定了参考坐标系 TF 转换所允许的最长等待时间，意味着如果没有在此等待时间内更新 TF 树，则停止导航。static_map 参数决定代价地图是否根据 map_server 提供的地图信息进行初始化，如果不使用现有的地图，可以将此参数设为 false。

同样，可以查看 Turtlebot3 Burger 机器人的 global 配置文件如下（路径与 common 配置文件相同）：

```
global_costmap:
  global_frame: map
  robot_base_frame: base_footprint
  update_frequency: 10.0
  publish_frequency: 10.0
  transform_tolerance: 0.5
  static_map: true
```

③ local 配置文件。

local 配置文件用来存储本地代价地图的相关配置参数。新建一个名为 local_ costmap_params.yaml 的文件，并写入以下代码：

```
local_costmap:
  global_frame: odom
  robot_base_frame: base_link
  update_frequency: 5.0
  publish_frequency: 2.0
  transform_tolerance:0.5
  static_map: false
  rolling_window: true
  width: 6.0
  height: 6.0
  resolution: 0.05
```

与 global 配置文件不同的参数有：rolling_window，此参数设置为 true，则机器人在移动过程中始终处于代价地图的中心；width、height、resolution 参数分别设置局部代价地图的宽度（m）、高度（m）和分辨率（m/格），这里的分辨率通常和静态地图的分辨率设成相同。

查看 Turtlebot3 Burger 机器人的 local 配置文件如下（路径与 common 配置文件相同）：

```
local_costmap:
  global_frame: odom
  robot_base_frame: base_footprint
  update_frequency: 10.0
  publish_frequency: 10.0
  transform_tolerance: 0.5
  static_map: false
  rolling_window: true
  width: 3
  height: 3
  resolution: 0.05
```


2）配置本地规划器（Base Local Planner）。

base_local_planner 负责根据全局路径规划计算速度命令并发送给机器人。该规划器需要根据机器人的规格配置相关参数。新建一个名为 base_local_planner_params.yaml 的文件，并写入以下代码：

```
TrajectoryPlannerROS:
  max_vel_x: 0.45
  min_vel_x: 0.1
  max_vel_theta: 1.0
  min_vel_theta: -1.0
  min_in_place_vel_theta: 0.4
  acc_lim_theta: 3.2
  acc_lim_x: 2.5
  acc_lim_y: 2.5
```

```
holonomic_robot: true
xy_goal_tolerance: 0.1
yaw_goal_tolerance: 0.1
sim_time: 1.0
sim_granularity: 0.02
vx_samples: 10
vtheta_samples: 15
```

文件中主要声明了机器人本地规划采用 Trajectory Rollout 算法，并设置了机器人的速度、加速度的范围，以及机器人到达目标点时允许的最大误差等参数。

3. 创建 .launch 启动文件

创建好所需要的所有配置文件后，接下来就可以创建 .launch 文件启动与自动导航相关的节点。这里依然以 Turtlebot3 Burger 机器人为例。

首先，创建 move_base.launch 文件启动 move_base 节点，文件地址为 ~/turtlebot3/turtlebot3_navigation/launch/，代码如下：

```
<launch>
  <!-- Arguments -->
  <arg name="model" default="$(env TURTLEBOT3_MODEL)" doc="model type [burger, waffle, waffle_pi]"/>
  <arg name="cmd_vel_topic" default="/cmd_vel" />
  <arg name="odom_topic" default="odom" />
  <arg name="move_forward_only" default="false"/>
  <!-- move_base -->
  <node pkg="move_base" type="move_base" respawn="false" name="move_base" output="screen" >
    <param name="base_local_planner" value="dwa_local_planner/DWAPlannerROS" />
    <rosparam file="$(find turtlebot3_navigation)/param/costmap_common_params_$(arg model).yaml" command="load" ns="global_costmap" />
    <rosparam file="$(find turtlebot3_navigation)/param/costmap_common_params_$(arg model).yaml" command="load" ns="local_costmap" />
    <rosparam file="$(find turtlebot3_navigation)/param/local_costmap_params.yaml" command="load" />
    <rosparam file="$(find turtlebot3_navigation)/param/global_costmap_params.yaml" command="load" />
    <rosparam file="$(find turtlebot3_navigation)/param/move_base_params.yaml" command="load" />
    <rosparam file="$(find turtlebot3_navigation)/param/dwa_local_planner_params_$(arg model).yaml" command="load" />
    <remap from="cmd_vel" to="$(arg cmd_vel_topic)"/>
```

```
        <remap from="odom" to="$(arg odom_topic)"/>
        <param name="DWAPlannerROS/min_vel_x" value="0.0" if="$(arg move_forward_only)" />
    </node>
</launch>
```

可以看出，move_base. launch 文件启动 move_base 节点的同时，加载了之前创建的一些配置文件。

然后，再创建一个 amcl. launch 文件，启动 amcl 定位节点，并定义相关参数，文件路径与 move_base. launch 文件路径相同。

```
<launch>
    <!-- Arguments -->
    <arg name="scan_topic" default="scan"/>
    <arg name="initial_pose_x" default="0.0"/>
    <arg name="initial_pose_y" default="0.0"/>
    <arg name="initial_pose_a" default="0.0"/>
    <!-- AMCL -->
    <node pkg="amcl" type="amcl" name="amcl">
        <param name="min_particles" value="500"/>
        <param name="max_particles" value="3000"/>
        <param name="kld_err" value="0.02"/>
        <param name="update_min_d" value="0.20"/>
        <param name="update_min_a" value="0.20"/>
        <param name="resample_interval" value="1"/>
        <param name="transform_tolerance" value="0.5"/>
        <param name="recovery_alpha_slow" value="0.00"/>
        <param name="recovery_alpha_fast" value="0.00"/>
        <param name="initial_pose_x" value="$(arg initial_pose_x)"/>
        <param name="initial_pose_y" value="$(arg initial_pose_y)"/>
        <param name="initial_pose_a" value="$(arg initial_pose_a)"/>
        <param name="gui_publish_rate" value="50.0"/>
        <remap from="scan" to="$(arg scan_topic)"/>
        <param name="laser_max_range" value="3.5"/>
        <param name="laser_max_beams" value="180"/>
        <param name="laser_z_hit" value="0.5"/>
        <param name="laser_z_short" value="0.05"/>
        <param name="laser_z_max" value="0.05"/>
        <param name="laser_z_rand" value="0.5"/>
        <param name="laser_sigma_hit" value="0.2"/>
        <param name="laser_lambda_short" value="0.1"/>
        <param name="laser_likelihood_max_dist" value="2.0"/>
```

```
        <param name="laser_model_type" value="likelihood_field"/>
        <param name="odom_model_type" value="diff"/>
        <param name="odom_alpha1" value="0.1"/>
        <param name="odom_alpha2" value="0.1"/>
        <param name="odom_alpha3" value="0.1"/>
        <param name="odom_alpha4" value="0.1"/>
        <param name="odom_frame_id" value="odom"/>
        <param name="base_frame_id" value="base_footprint"/>
    </node>
</launch>
```

最后，创建一个顶层的导航启动 . launch 文件 turtlebot3_ navigation. launch，启动所有导航需要的节点，代码如下：

```
<launch>
  <!-- Arguments -->
  <arg name="model" default="$(env TURTLEBOT3_MODEL)" doc="model type [burger, waffle, waffle_pi]"/>
  <arg name="map_file" default="$(find turtlebot3_navigation)/maps/my_map.yaml"/>
  <arg name="open_rviz" default="true"/>
  <arg name="move_forward_only" default="false"/>
  <!-- Turtlebot3 -->
  <include file="$(find turtlebot3_bringup)/launch/turtlebot3_remote.launch">
    <arg name="model" value="$(arg model)" />
  </include>
  <!-- Map server -->
  <node pkg="map_server" name="map_server" type="map_server" args="$(arg map_file)"/>
  <!-- AMCL -->
  <include file="$(find turtlebot3_navigation)/launch/amcl.launch"/>
  <!-- move_base -->
  <include file="$(find turtlebot3_navigation)/launch/move_base.launch">
    <arg name="model" value="$(arg model)" />
    <arg name="move_forward_only" value="$(arg move_forward_only)"/>
  </include>
  <!-- rviz -->
  <group if="$(arg open_rviz)">
    <node pkg="rviz" type="rviz" name="rviz" required="true"
          args="-d $(find turtlebot3_navigation)/rviz/turtlebot3_navigation.rviz"/>
  </group>
</launch>
```


可以看到，除了 move_base 和 amcl 外，还启动了 map_server 节点，加载了之前创建好的地图 my_map，最后还启动了 RViz。

9.2.3 机器人自主导航

完成了导航功能包集的安装和配置，现在可以运行仿真环境和导航启动文件，开始进行第一次自动导航测试了。首先运行仿真环境。

```
$ export TURTLEBOT3_MODEL = burger
$ roslaunch turtlebot3_gazebo turtlebot3_world. launch
```

在新的终端启动导航。

```
$ export TURTLEBOT3_MODEL = burger
$ roslaunch turtlebot3_navigation turtlebot3_navigation. launch
```

启动导航文件后，RViz 打开并加载了第 8.2.3 和 8.2.4 小节已创建好的二维地图和机器人模型。此时，通过图 9-19a 仿真环境可以看到机器人实际位置在右下角，而图 9-19b RViz 中机器人的位置在地图中间，机器人的位置在地图上出现了偏移。

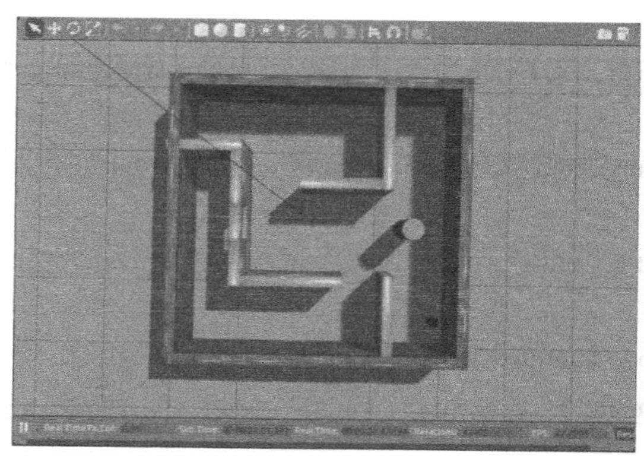

a) 仿真环境

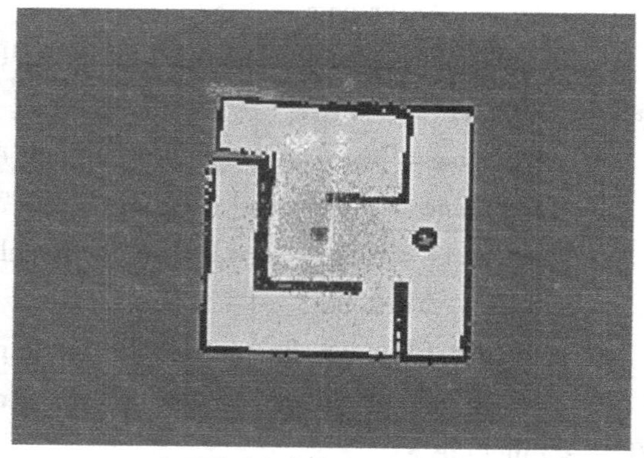

b) RViz中加载的地图和机器人

图 9-19　机器人的位置在地图中出现了偏移

此时，可以通过重定位更新机器人的位置，单击 RViz 工具栏的 2D Pose Estimate 按钮，在机器人所处地图上的实际位置按住鼠标左键，此时会出现一个绿色的箭头，移动鼠标可以相应地移动箭头朝向，箭头的朝向代表机器人的姿态信息。设置好后松开鼠标左键，机器人的位置就可以重新定位到设置的地方，如图 9-20 所示。可以通过多次相同的设置，让机器人尽可能和环境中所处实际位置一致，如此导航效果会更好。

然后，再单击 RViz 工具栏中的 2D Nav Goal 按钮，同样，按住鼠标左键在地图上为机器人指定一个导航目标点，目标点同样包含了姿态信息。松开鼠标左键后，move_base 功能包在短时间内就规划出了一条最优路径，同时为机器人规划出了当前最优的运行速度。通过 /cmd_vel话题发送 Twist 消息，机器人接收到 Twist 速度控制指令后按照规划的路径开始朝着目标点移动，如图 9-21 所示。

如果有实体 Turtlebot3 Burger 机器人，同样可以快速完成自动导航的测试。首先，在机器人控制器端运行机器人相关驱动节点。

```
$ export TURTLEBOT3_MODEL = burger
$ roslaunch turtlebot3_bringup turtlebot3_robot. launch
```

运行成功后，会发布导航功能包运行所需要订阅的话题和信息，包括激光雷达信息、里

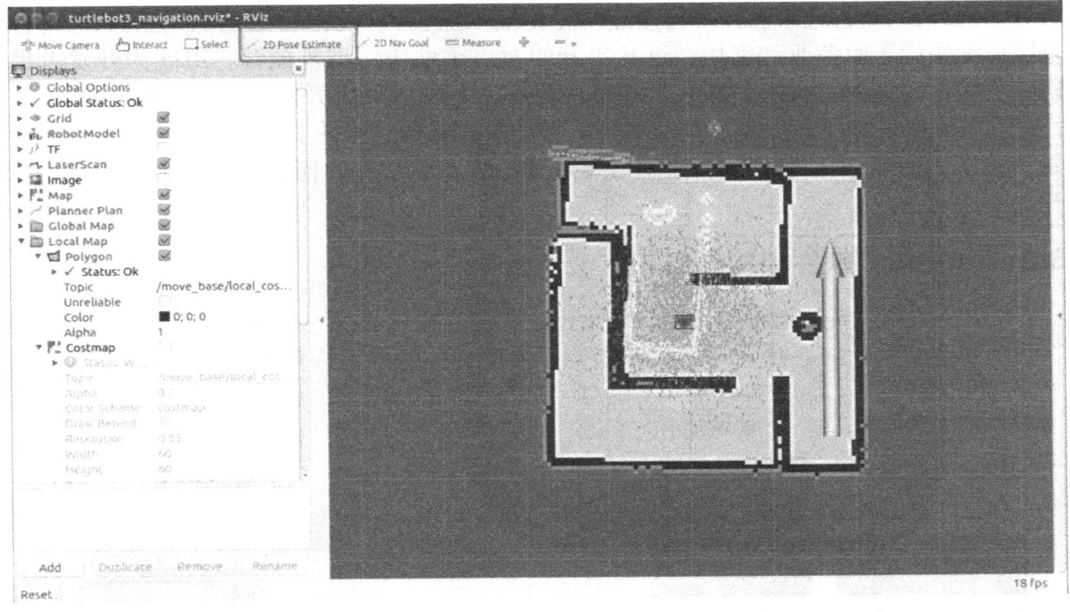

图 9-20　重定位机器人的位置

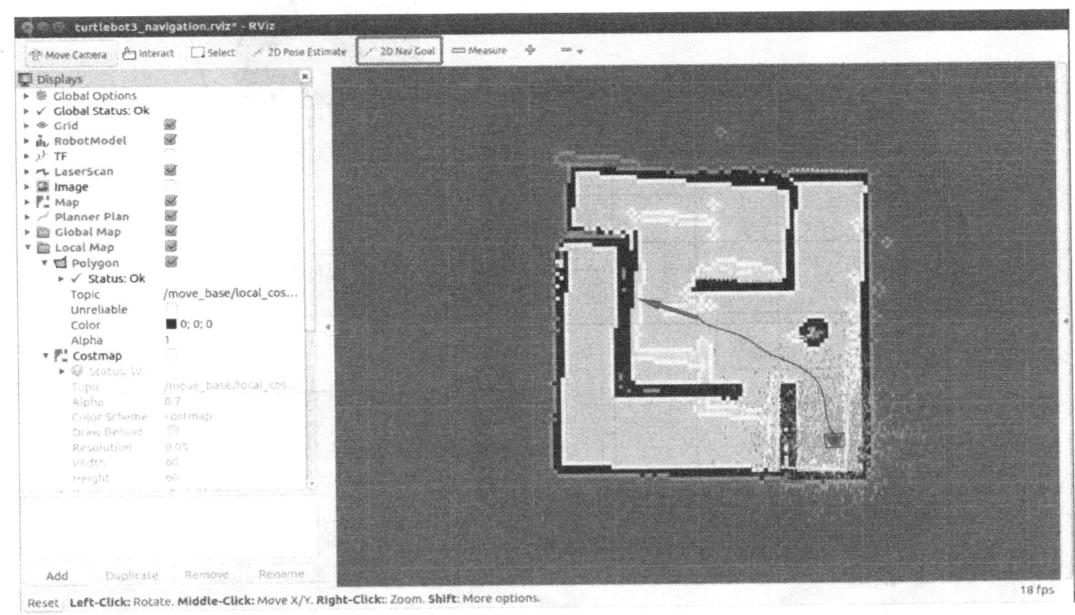

图 9-21　机器人自动导航

程计信息和 TF 坐标变换等。然后，再启动导航。

```
$ export TURTLEBOT3_MODEL = burger
$ roslaunch turtlebot3_navigation turtlebot3_navigation. launch
```

9.3　MoveIt！机械臂控制

工业机械臂的核心技术已经非常成熟，例如正逆运动学解算、运动轨迹规划、碰撞检测算法等。国外在 20 世纪末已经不再重点研究传统工业机械臂技术。由于工业机械臂潜在的安全隐患无法用于服务业和家用，近几年开始发展柔性协作型机械臂。ROS 为开发者提供了研究机械臂的强大工具——MoveIt!。MoveIt! 基于 ROS 环境开发而来，依托于 ROS 活跃的社区和强大的开发支持，是目前最先进的移动操作机器人软件工具，整合了最先进的运动规划、操作、3D 感知、运动学、控制与导航算法。本节学习如何通过 MoveIt! 进行机械臂的开发和控制。

9.3.1 MoveIt! 软件架构与安装

MoveIt! 的高级系统架构如图 9-22 所示，主要包括核心库、ROS 接口和外部依赖软件包。整个系统架构的核心是 move_group 节点，除此外还包含了许多的 ROS 插件。

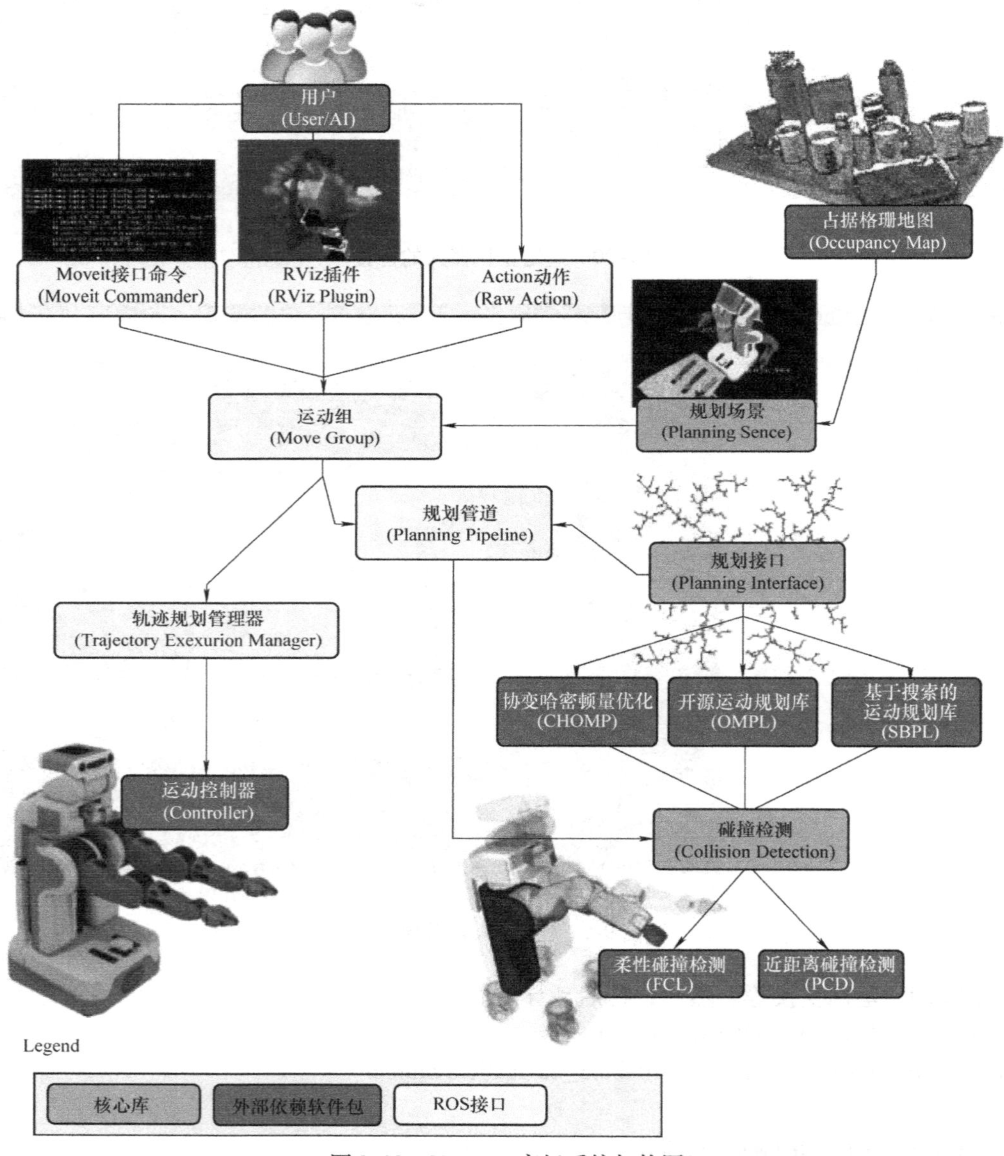

图 9-22 MoveIt! 高级系统架构图

1. 运动组节点（move_group）

运动组节点（move_group）是MoveIt！的核心节点，其本身不具备丰富的功能，但它可以将其他所有独立的功能组件集合起来，为用户提供ROS动作和服务，如图9-23所示。

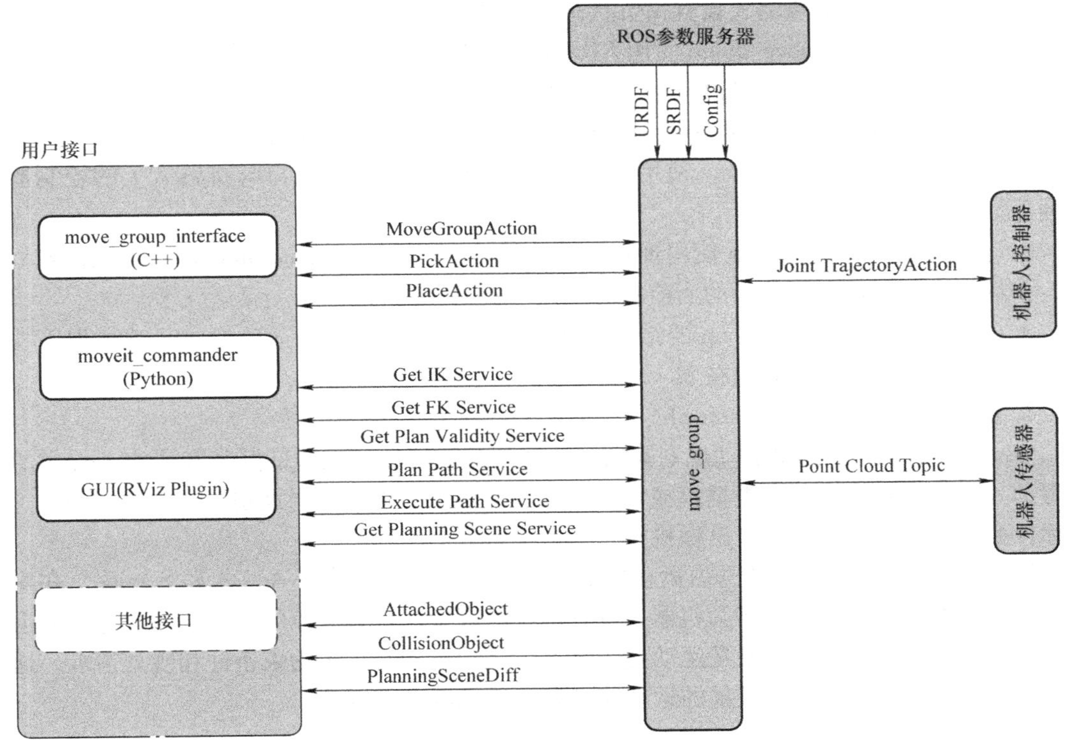

图9-23　move_group节点的作用

从图9-23中可以看出，move_group节点通过订阅话题和请求服务的方式接收机器人的传感器信息和关节状态信息，除此之外，还需要ROS参数服务器通过机器人描述文件提供的机器人运动学参数。

1）用户接口。MoveIt！提供了三个主要的用户接口可供使用：

- C++：使用move_group_interface包提供的C++接口。
- Python：使用moveit_commander包提供的Python接口。
- GUI：使用RViz运动规划插件。

2）ROS参数服务器。move_group是一个ROS节点，所以通过ROS参数服务器来获取所需要的以下三种信息：

- URDF：move_group在ROS参数服务器上查找robot_description参数以获取机器人模型的描述信息。
- SRDF：move_group在ROS参数服务器上查找robot_description_semantic参数以获取机器人模型的配置信息。配置信息可以使用MoveIt Setup Assistant（配置助手）创建。
- MoveIt Configuration：move_group在ROS参数服务器上查找机器人的配置信息，包括关节限位、运动学插件、运动规划、感知和其他信息。这些组件的配置文件由配置助手自动生成，并存储在机器人对应的MoveIt配置包的config目录中。

3）机器人通信。move_group节点通过ROS Topic和Action与机器人通信，获取机器人当前状态信息（关节的位置等），还可以从机器人传感器（Robot 3D Sensor）获取点云和其他传感器数据。

- 关节位置信息：move_group 订阅/ joint_states 话题以确定当前机器人关节状态信息。所以开发者需要自己为机器人设置关节状态发布器。
- TF 坐标变换：move_group 使用 ROS tf 库监听坐标变换，节点可以获取有关机器人位姿的全局信息。move_group 可以使用 tf 来计算出内部使用的转换。但 move_group 节点仅侦听 tf，所以开发者需要在机器人控制器上运行 robot_state_publisher 节点，发布 tf 信息。
- 控制器接口：move_group 使用 FollowJointTrajectoryAction 接口与机器人上的控制器进行通信。
- 规划场景：move_group 使用规划场景监听器（Planning Scene Monitor）来维护规划场景，该场景表示环境和机器人的当前状态。
- 可拓展功能：move_group 的结构易于扩展，拾取和放置、运动学、运动规划等功能实际上都是作为独立插件集成在 MoveIt！中。

2. 运动规划（Motion Planning）

MoveIt！中集成了大量运动规划算法，这也是此软件在机械臂的开发和研究上提供的最大帮助。运动规划算法可以根据机械臂参数和环境信息，为机械臂规划一条较优的路径达到目标位姿，这免去了开发者自己做机械臂运动学解算的麻烦。

MoveIt！的运动规划算法都由运动规划器实现，通信方式采用 Action 和 Service。在实际开发使用过程中，通常都需要为机器人设置一些约束条件，如关节的运动范围、连杆的运动方向等，然后向运动规划器发送运动规划请求，运动规划器基于约束条件和规划请求，通过运动规划算法计算得出一条较优的运动路径发送给机器人控制器。

3. 规划场景（Planning Scene）

规划场景可表示机器人所处的环境，同时还储存机器人本身的位姿等状态。规划场景主要由 move_group 中的规划场景监听器实现。规划场景监听器会监听机器人的状态信息/joint_states，还有传感器信息和外部环境信息。

4. 运动学插件（Kinematics Plugin）

MoveIt！集成了常用的正向运动学和反向运动学算法，也允许开发者使用自己的运动学算法。MoveIt！默认的反向运动学插件使用 KDL，此插件可以通过 MoveIt！配置助手进行配置。

5. 碰撞检测（Collision Checking）

在手臂的运动路径中很可能会和环境中物体发生干涉碰撞，应尽可能避免，所以碰撞检测非常有必要。MoveIt！中的碰撞检测使用 CollisionWorld 对象在规划场景内配置，MoveIt！已经设置好了，开发者不用关注碰撞检测的具体过程。MoveIt！中的碰撞检查主要使用 FCL 软件包进行。

碰撞检测非常占用系统资源，并且耗时几乎占到了运动规划总时间的 90%。当两个物体不会发生碰撞时，可以在配置助手中设置免检冲突矩阵（ACM）为 1，这样可以忽略两个物体的碰撞检测，大大提高运动规划效率。

至此，已经大致了解了 MoveIt！的功能和软件架构，接下来就将实际使用此工具进行机械臂的控制和开发，在此之前先安装 MoveIt！，命令如下：

```
$ sudo apt - get install ros - kinetic - moveit
```

9.3.2　配置机械臂与运动规划

在使用 MoveIt！进行机械臂控制和开发时，需要创建机械臂的 URDF 文件，然后利用 Setup Assistant（配置助手）进行配置，生成 MoveIt！功能包。这里用到带末端夹具的 Xarm 机械臂，完整 ROS 功能包下载地址为 https：//github. com/xArm – Developer/xarm_ros. git，机械臂 URDF 文件在 xarm_description 功能包内，将 URDF 文件保存到熟悉的路径，之后会通过路径加载到配置助手中。

启动配置助手，命令如下：

```
$ roscore
$ rosrun moveit_setup_assistant setup_assistant. launch
```

启动成功后会弹出配置界面，如图 9-24 所示。配置界面的左边有一系列的配置项，只需要加载机械臂模型后，根据配置项提示一步步完成配置即可。

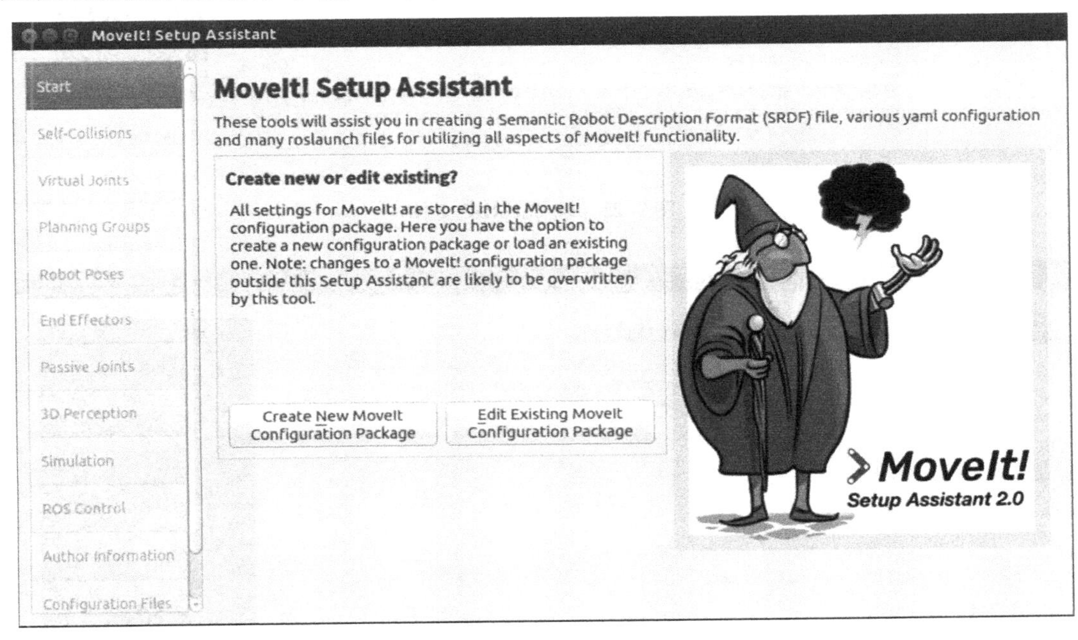

图 9-24　MoveIt Setup Assistant 初始配置界面

1. 加载机械臂 URDF 文件

初始配置界面有两个选项，分别是 Create New MoveIt Configuration Package（新建配置功能包）和 Edit Existing MoveIt Configuration Package（编辑已有的配置功能包）。选择新建选项，在弹出的文件目录中找到下载好的 Xarm URDF 文件（下载地址为 https：//github. com/xArm – Developer/xarm_ros/tree/master/xarm_description），选中并打开 xarm6_with_gripper. xacro 文件（如图 9-25 所示）。再单击配置界面右下角的 Load Files 按钮将机械臂加载到配置助手中，如图 9-26 所示。

2. 生成碰撞矩阵（Self – Collisions）

选中配置界面左侧的 Self – Collisions 选项，为机械臂配置自碰撞矩阵。通过设置自碰撞检测密度，检测机械臂中不会碰撞的部分，这样可以减少运动规划时间，提高效率。默认值为 10000 次碰撞检测，这里保持默认值。单击 Generate Collision Matrix 按钮，即可生成碰撞

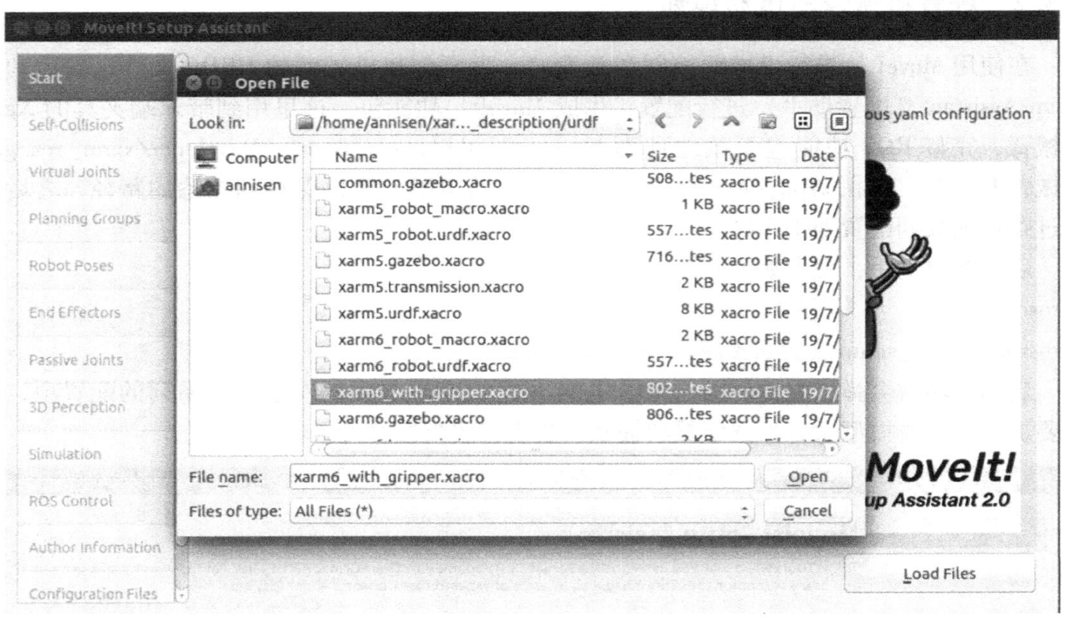

图 9-25　选择 URDF 文件

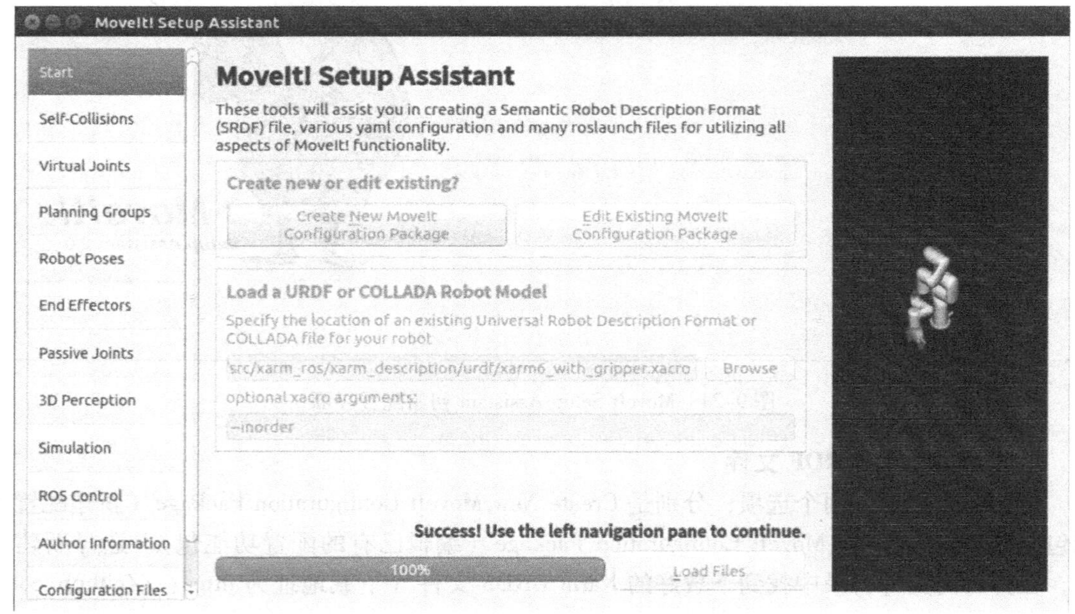

图 9-26　加载机械臂模型

矩阵，如图 9-27 所示。

3. 添加虚拟关节（Virtual Joints）

选中配置界面左侧的 Virtual Joints 选项，为机械臂添加虚拟关节。虚拟关节描述了机器人与参考坐标系之间的关系。这里只定义一个将手臂 link_base 关联到世界参考坐标系的虚拟关节，此虚拟关节表示机器人基座可以在平面中移动。

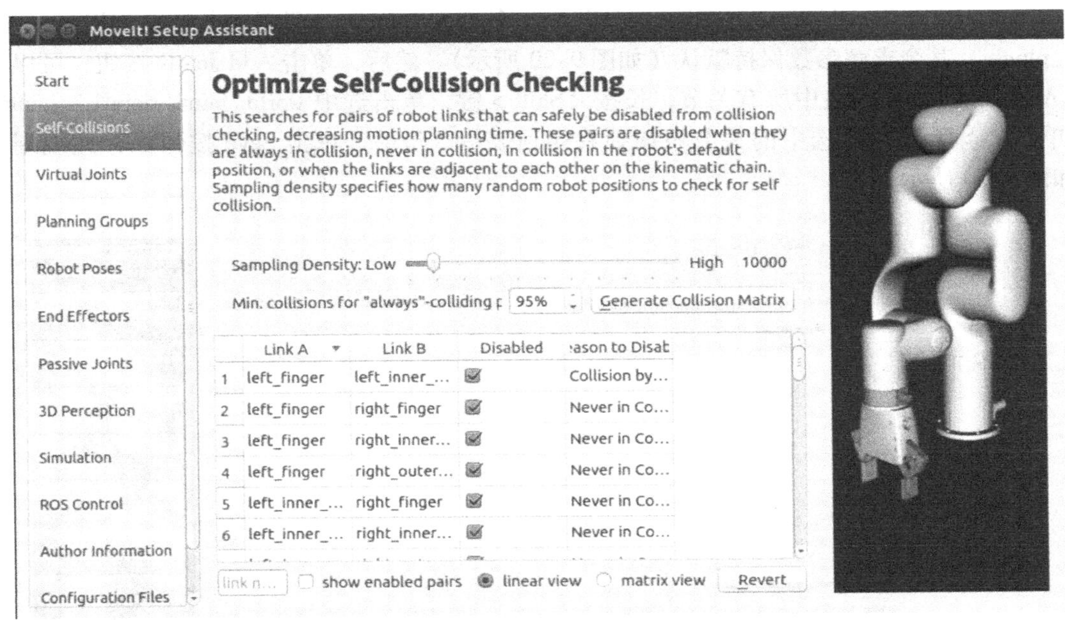

图 9-27　生成碰撞矩阵

单击右下角的 Add Virtual Joint 按钮，在新打开的界面中将关节名称设置为 virtual_joint，将子连杆设置为 world，将参考坐标系设置为 world，关节类型设置为 fixed（固定），如图 9-28所示。

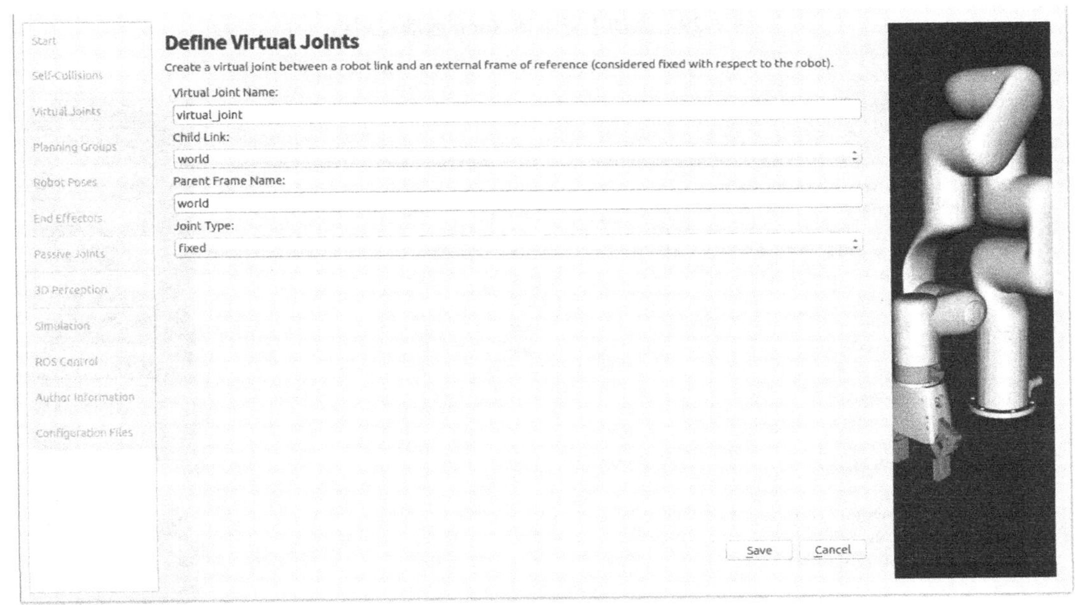

图 9-28　添加虚拟关节

4. 添加规划组（Planning Groups）

MoveIt！允许开发者将多个连杆和关节分配到一个组中，组成运动链。运动规划器可以根据规划组来完成运动规划。选择左侧的 Planning Groups 选项，为机械臂添加虚规划组。

单击右下角的 Add Group 按钮，设置规划组名称为 Xarm，运动学解析器为 kdl_kinematics_plugin，其余求解参数保持默认（如图 9-29 所示）。然后，单击 Add Joints 按钮，可以看到 Available Joints 列表中所有关节，长按 < Shift > 键，单击选中 world_joint、joint1 ~ joint6，再单击“ > ”按钮将选中的关节添加到右侧列表中。最后，单击 Save 按钮保存此规划组（如图 9-30 所示）。

图 9-29　添加手臂本体 Xarm 运动规划组

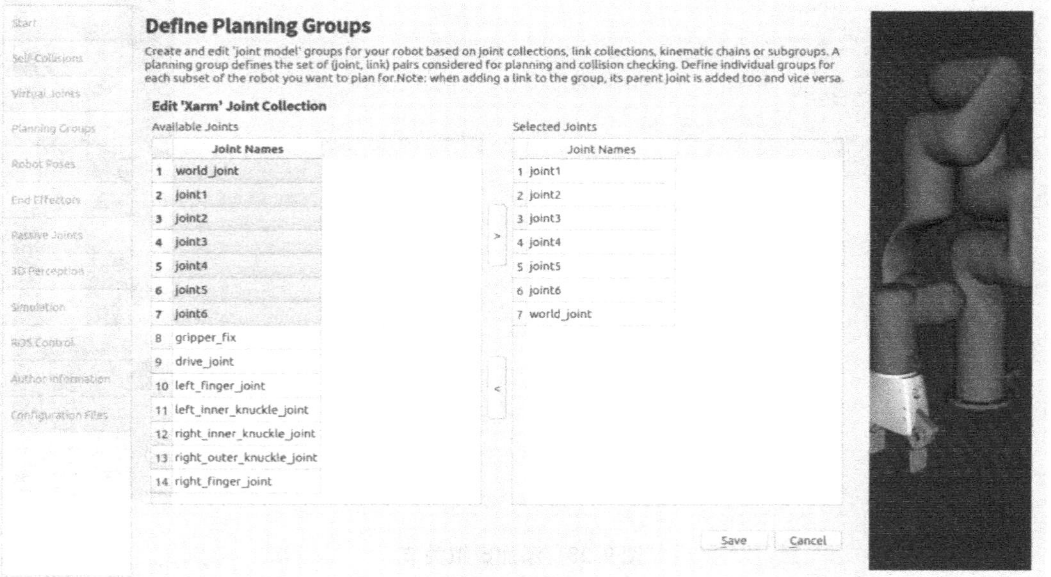

图 9-30　给运动规划组添加 Joints

然后，再为末端夹具添加一个规划组 gripper，运动学解析器和求解参数保持默认；单击

Add Links 按钮，选择与末端夹具相关的 Link；最后保存此规划组，如图 9-31 所示。

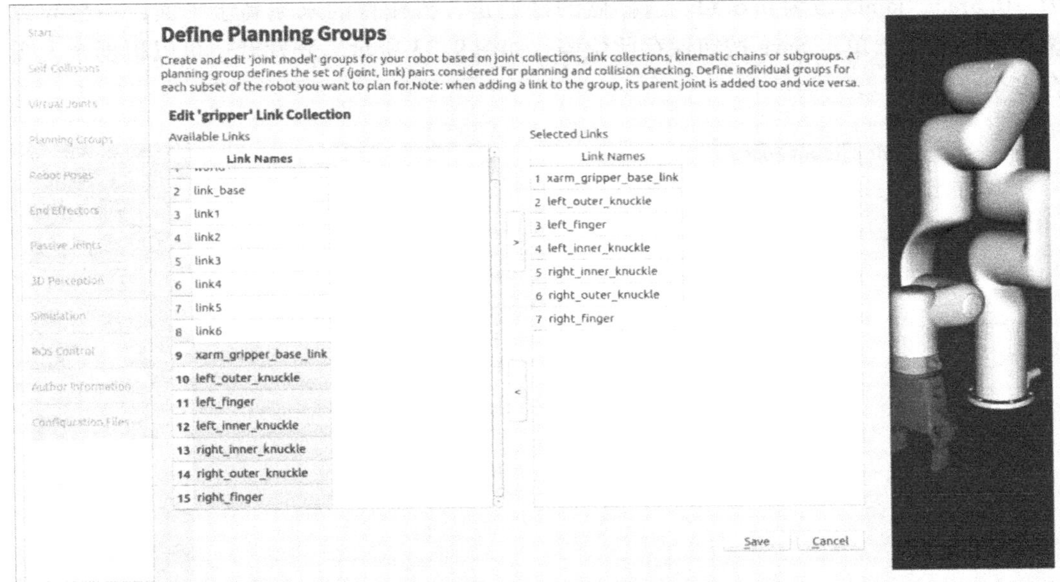

图 9-31　末端夹具 gripper 运动规划组

两个运动规划组配置完成后的内容如图 9-32 所示。

图 9-32　运动规划组添加完成后的效果

5. 设置机械臂位姿（Robot Poses）

将一些自定义的机器人位姿进行保存，并设置为 Home 初始位姿或者特定位姿，在之后的编程过程中可以通过保存的位姿名称直接调用。

选中配置界面左侧的 Robot Poses 选项，为机械臂设置位姿。

单击 Add Pose 按钮，在新打开的界面中命名位姿为 Home，将右侧区域中 joint3 的角度改为 -0.6rad、joint5 改为 0.6rad。这样做的好处是，机械臂的末端高于平面，不会导致初始位置发生碰撞。单击 Save 按钮保存此位姿，如图 9-33 所示。开发者还可以根据个人需要保存多个位姿。

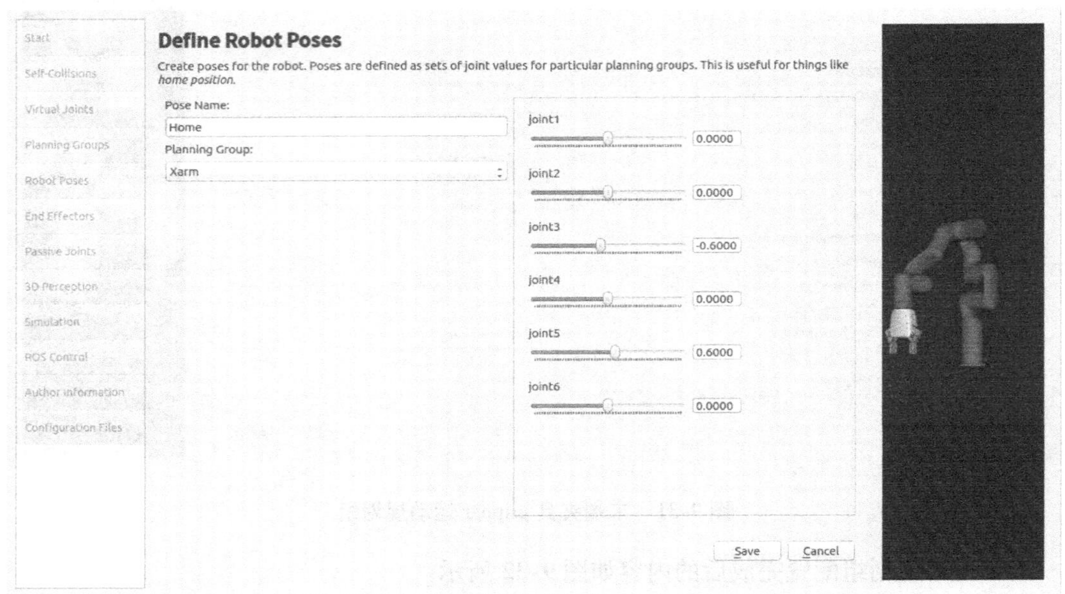

图 9-33　添加 Home 位姿

6. 配置末端夹具（End Effectors）

机械臂的主要功能是末端操作，所以机械臂基本都会安装末端夹具。常用的末端夹具有电动夹持器、气动夹持器、真空吸盘等，Xarm 配备有电动两指夹具。

选中配置界面左侧的 End Effectors 选项，为机械臂配置末端夹具。

单击 Add End Effector 按钮，在新打开的界面中将末端夹具命名为 Xarm_gripper，选择 gripper 规划组，Parent Link 选项选中 xarm_gripper_base_link，单击 Save 按钮保存，结果如图 9-34 所示。

7. 定义被动关节（Passive Joints）

被动关节是指机械臂上不能进行控制和运动规划的一些关节。如果有，可以在 Passive Joints 选项中进行声明。因为 Xarm 没有被动关节，所以此项不需要进行定义。

8. 3D 感知（3D Perception）

3D 感知选项用于设置 YAML 配置文件 sensors_3d. yaml 的参数。当机械臂末端装有三维力觉传感器或者其他 3D 感知类传感器时可以进行选择配置。Xarm 末端未安装此类传感器，所以不需要进行配置。

9. Gazebo 仿真（Simulation）

此选项可以帮助生成具备 Gazebo 属性的 URDF 文件，这样机械臂就可以在 Gazebo 中进行仿真模拟。Xarm 的 URDF 文件已经增加 Gazebo 属性，所以无须再次生成。

10. 添加手臂控制器（ROS Control）

ROS Control 是包含控制器接口、控制管理器、传输和硬件接口的软件包，是真实机器

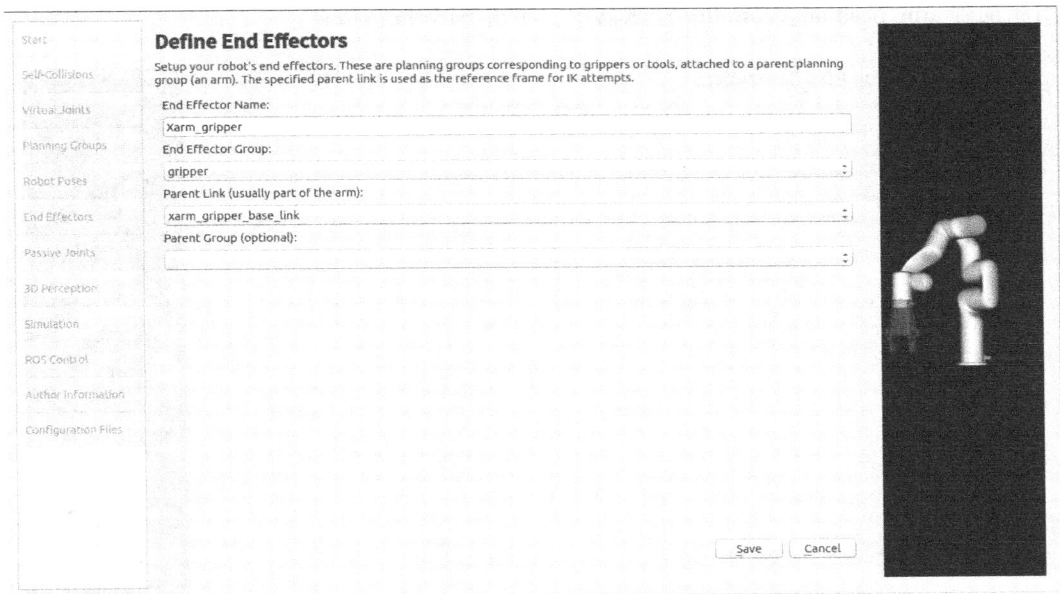

图 9-34　配置末端夹具

人和虚拟机器人与上层应用功能包的控制中间件。ROS Control 选项可自动生成模拟控制器以控制机器人的关节。

单击 Add Controller 按钮，在新打开的界面中将 Controller Name 命名为 arm_position_controller，选择控制器类型为 position_controllers/JointPositionController（如图 9-35 所示），然后选择需控制的关节或运动规划组。

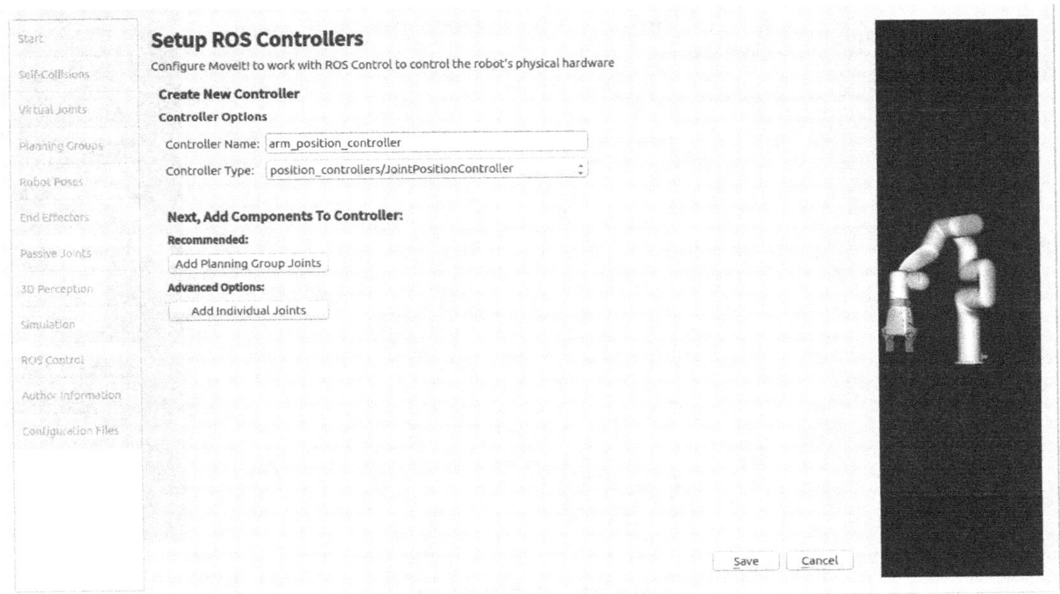

图 9-35　添加手臂控制器

单击 Add Planning Group Joints 按钮，选择 Xarm 运动规划组，如图 9-36 所示，将此规

划组添加到 arm_position_controller 控制器中，单击 Save 按钮保存。

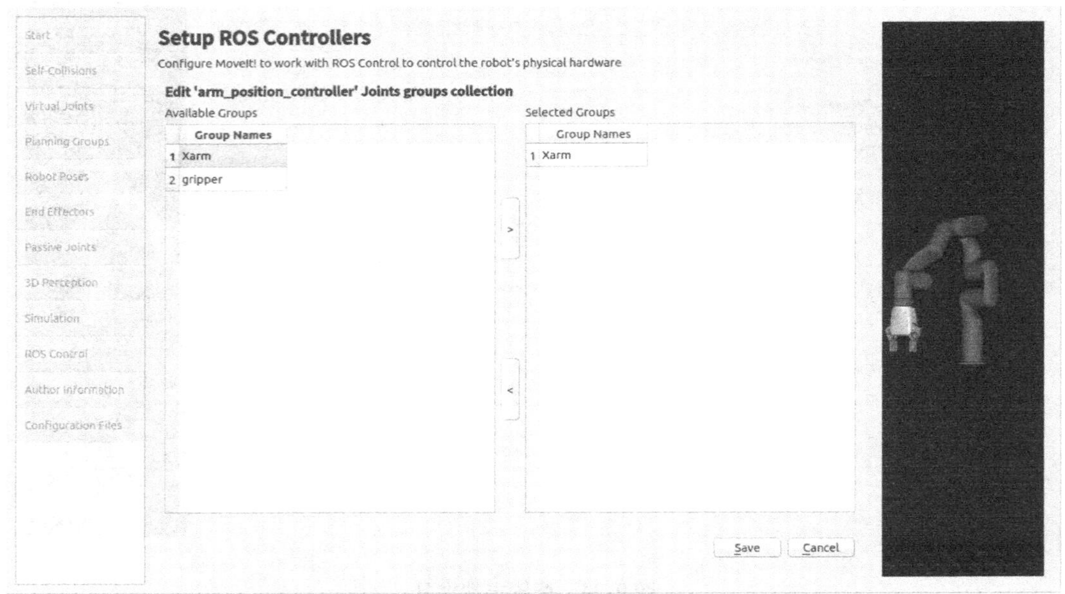

图 9-36　选择 Xarm 规划组到控制器

11. 设置作者信息（Author Information）

最终生成的 MoveIt！软件包中 package. xml 文件包含作者信息，可以通过 Author Information 选项填写相关信息，如图 9-37 所示。

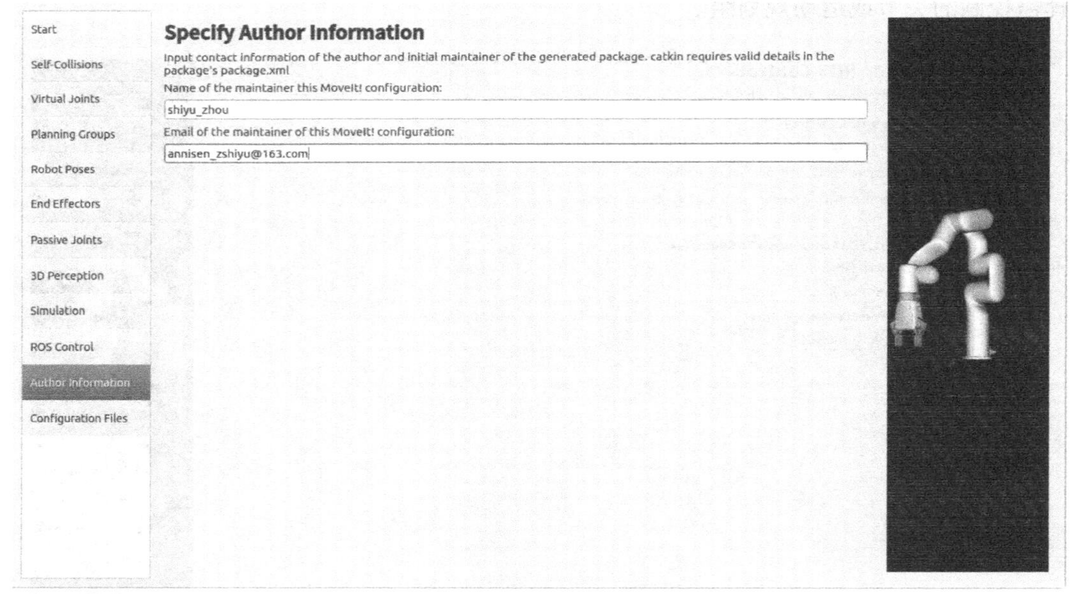

图 9-37　设置作者信息

12. 生成配置文件（Configuration Files）

完成以上所有步骤后，就可以生成一个包含所有配置信息的 ROS 功能包。选中配置界面左侧的 Configuration Files 选项，在新打开的界面中单击 Browse 按钮选择一个路径用于存储生成的功能包，在路径后加上功能包的名称，这里命名为 Xarm_moveit_config。单击 Generate Package 按钮，开始生成功能包，如图 9-38 所示。

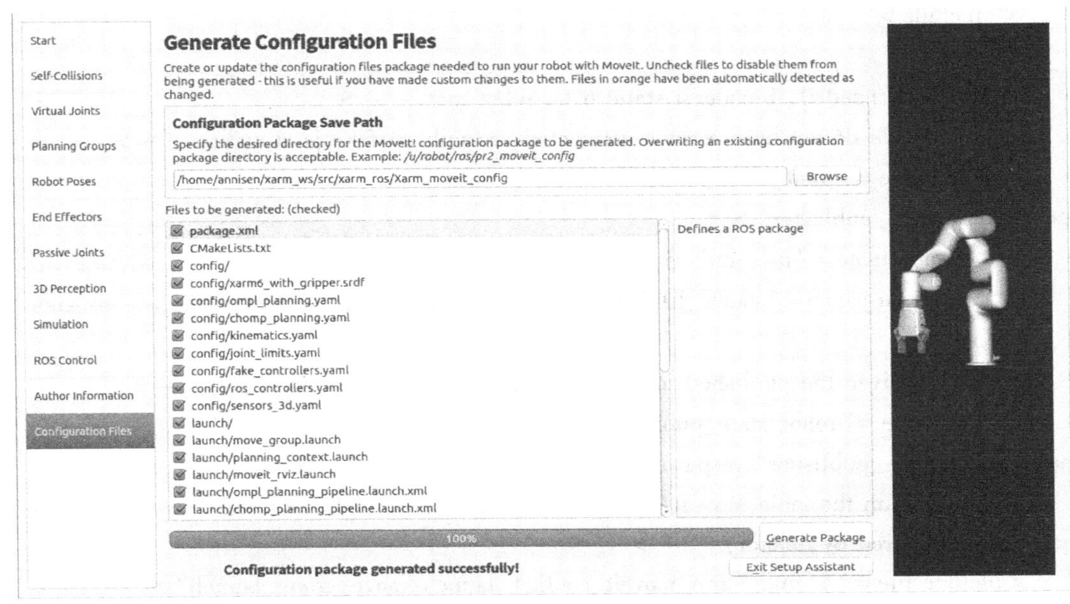

图 9-38 成功生成机械臂 MoveIt！功能包

至此，完成了所有配置，单击 Exit Setup Assistant 按钮退出。

13. 使用 MoveIt！功能包进行运动规划

在存储路径中已经可以看到生成的 Xarm_moveit_config 功能包，使用之前还需要先编译工作空间，并给文件添加执行权限，打开一个新的终端：


```
$ cd xarm_ws
$ catkin_make
$ rospack profile
$ sudo chmod -R 777 ./src/xarm_ros/Xarm_moveit_config/
```

现在可以通过生成的功能包中的 demo.launch 测试文件进行测试，文件在功能包的 Launch 文件夹内，具体代码如下：

```
<launch>
  <!-- By default, we do not start a database (it can be large) -->
  <arg name="db" default="false" />
  <!-- Allow user to specify database location -->
  <arg name="db_path" default="$(find Xarm_moveit_config)/default_warehouse_mongo_db" />

  <!-- By default, we are not in debug mode -->
  <arg name="debug" default="false" />
  <arg name="use_gui" default="false" />
```

```
<!-- Load the URDF, SRDF and other .yaml configuration files on the param server -->
<include file="$(find Xarm_moveit_config)/launch/planning_context.launch">
  <arg name="load_robot_description" value="true"/>
</include>

<!-- If needed, broadcast static tf for robot root -->
<!-- We do not have a robot connected, so publish fake joint states -->
<node name="joint_state_publisher" pkg="joint_state_publisher" type="joint_state_publisher">
  <param name="use_gui" value="$(arg use_gui)"/>
  <rosparam param="source_list">[move_group/fake_controller_joint_states]</rosparam>
</node>
<!-- Given the published joint states, publish tf for the robot links -->
<node name="robot_state_publisher" pkg="robot_state_publisher" type="robot_state_publisher" respawn="true" output="screen" />
<!-- Run the main MoveIt! executable without trajectory execution (we do not have controllers configured by default) -->
<include file="$(find Xarm_moveit_config)/launch/move_group.launch">
  <arg name="allow_trajectory_execution" value="true"/>
  <arg name="fake_execution" value="true"/>
  <arg name="info" value="true"/>
  <arg name="debug" value="$(arg debug)"/>
</include>
<!-- Run Rviz and load the default config to see the state of the move_group node -->
<include file="$(find Xarm_moveit_config)/launch/moveit_rviz.launch">
  <arg name="config" value="true"/>
  <arg name="debug" value="$(arg debug)"/>
</include>
<!-- If database loading was enabled, start mongodb as well -->
<include file="$(find Xarm_moveit_config)/launch/default_warehouse_db.launch" if="$(arg db)">
  <arg name="moveit_warehouse_database_path" value="$(arg db_path)"/>
</include>
</launch>
```

此 Launch 文件主要实现了三个内容：

1）运行 planning_context. launch 文件，即加载机械臂的模型文件，配置关节限制参数和运动学求解器参数。

2）运行 move_group. launch 文件，即启动并配置 move_group 核心节点，完成运动规划和执行规划轨迹等任务。

3）运行 moveit_rviz. launch 文件，即启动 RViz 工具和 MoveIt！插件。

在新的终端通过如下命令运行 demo. launch 文件：

$ roslaunch Xarm_moveit_config demo. launch

启动成功后，可以看到 RViz 打开，并在右侧显示 Xarm，如图 9-39 所示。此时，RViz 已经加入 MoveIt！插件，通过此插件就可以控制机械手臂完成运动规划、碰撞检测等一系列操作。

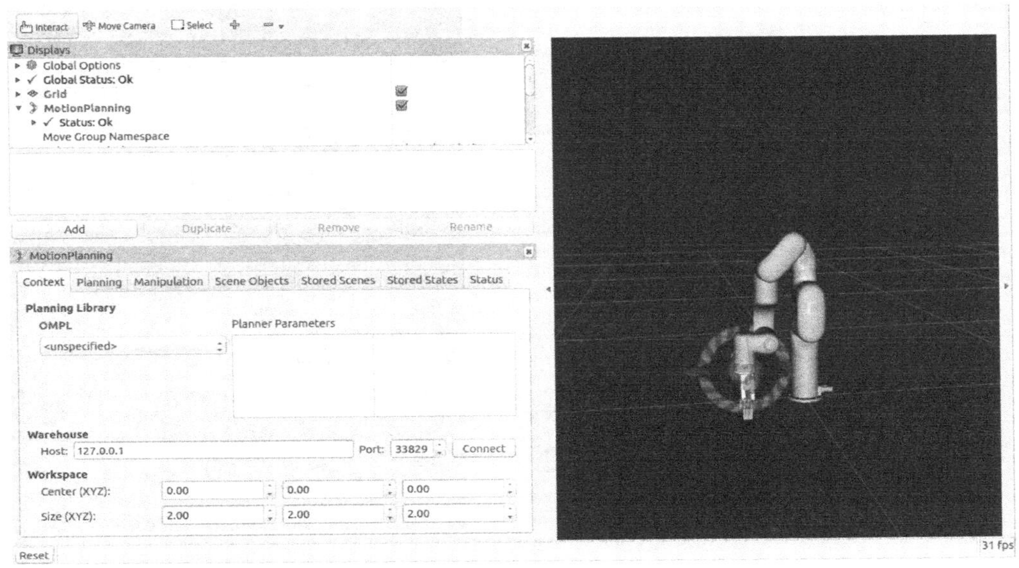

图 9-39 demo. launch 启动界面

在运动规划库（Planning Library）中选择一个运动学求解算法，在菜单栏选择 Planning 命令，拖动右侧机械臂末端至任一目标位置（不超过手臂关节运动范围），单击 Plan 按钮就可以看到，手臂从当前位置运动到目标位置，完成了运动轨迹规划，如图 9-40 所示。如果连接了真实 Xarm 手臂，可以单击 Execute（执行）按钮，手臂也可以慢慢运动到目标位置。

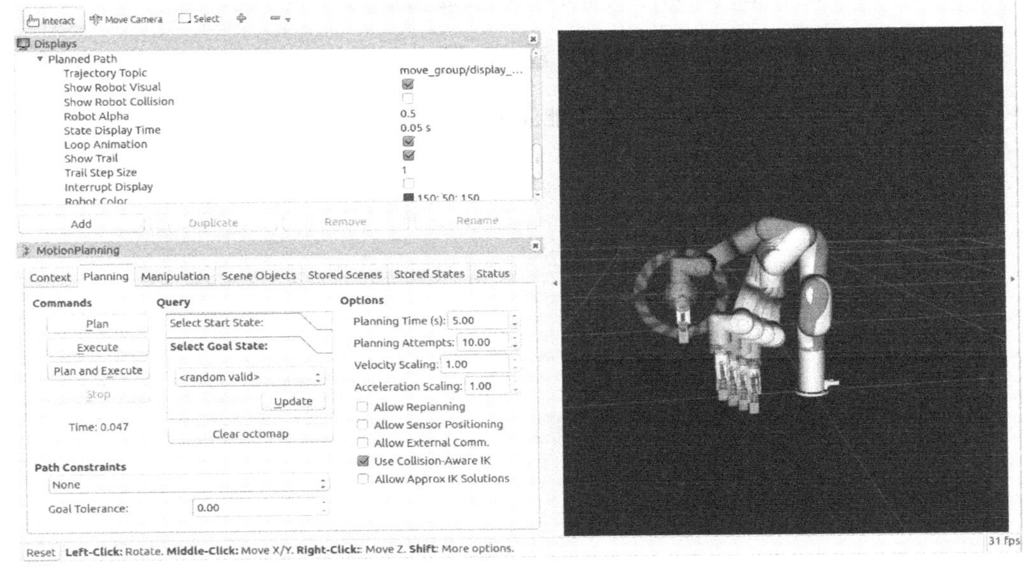

图 9-40 运动规划过程

除此之外，还可以通过随机生成一个目标位置进行运动规划。在当前 Planning 选项卡的 Select Goal State 下拉列表框中选择 < random valid > 选项，单击下方的 Update 按钮后随机生成了一个目标位置。同样，单击 Plan 按钮就可以完成当前位置到目标位置的运动规划，如图 9-41 所示。

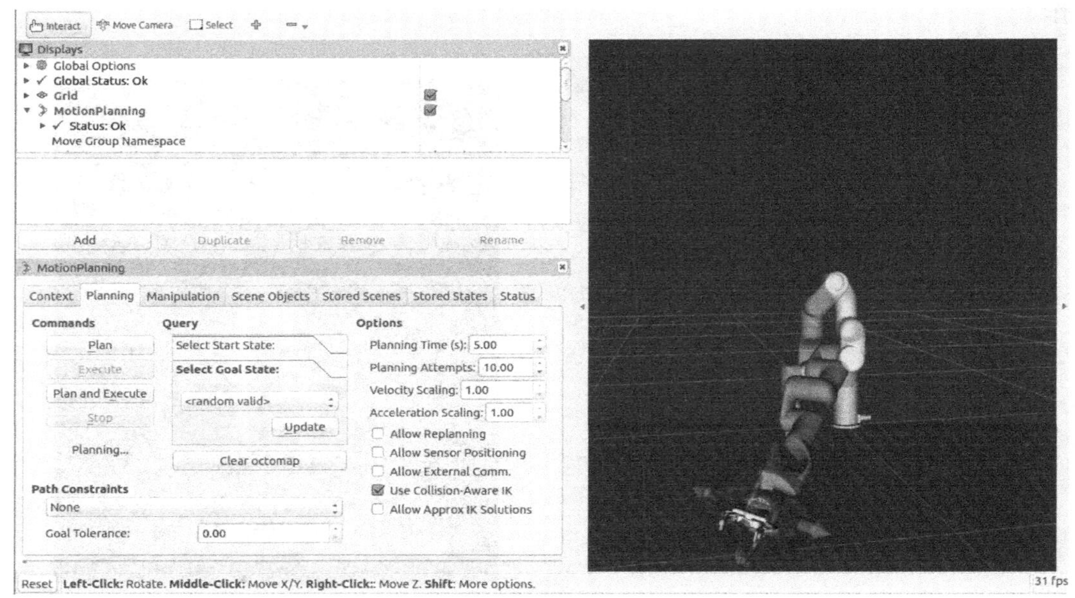

图 9-41　随机目标位置运动规划

本 章 小 结

本章介绍了移动机器人的 SLAM 和自动导航技术，以及在 ROS 环境中如何使用 gmapping 功能包和 navigation 功能包集进行技术实现，通过具体应用实例讲解了如何配置机械臂的 MoveIt！功能包，进行正向运动学解算和运动轨迹规划。

本 章 习 题

9-1　SLAM 是什么？ROS 中常用的 SLAM 功能包有什么？

9-2　简述自动导航功能包核心节点。

9-3　简述 MoveIt！软件的特点。

第10章 ROS实验

10.1 基础实验

通过前面各章节的学习，读者对 ROS 的架构与体系、工作空间和功能包的创建与编译等已经有了一定的了解。本节结合两只小海龟的编队运动实验对消息、服务和调试的使用进行进一步的讲述，提高读者对消息、服务和调试作用与用法的掌握。

10.1.1 系统安装与环境配置

1. 实验目的及任务

1） 了解 Ubuntu 系统的安装方法。

2） 掌握 ROS 系统的安装方法。

2. 实验仪器设备及软件

仪器设备：PC 上位机。

软件：无。

3. 实验原理及方法

系统安装其实就是将一个软件安装在计算机的磁盘上。由于 ROS 系统主要运行在 Linux 系统下，本实验主要完成两大步骤的工作：一个就是操作系统的安装，可分为双系统安装和虚拟机安装两种模式；另一个就是操作系统中的应用软件 ROS 的安装。

4. 实现过程

（1） 安装文件准备及下载

1） 安装版本的选择。本实验选择 2016 年发布的稳定版 ROS Kinetic Kame 以及与之适应的 Ubuntu 16.04 作为安装版本来搭建 ROS 的开发环境。

2） 安装前的准备。由于 ROS 系统安装是通过 Ubuntu 系统来完成。因此，安装之前需提前在 Ubuntu 官网或相关镜像网站下载 Ubuntu 16.04，如图 10-1 所示。由于 Ubuntu 16.04 安装文件较大（约 2GB），建议开始实验之前提前下载好。

（2） Ubuntu 安装与配置　安装之前，需确认 Ubuntu 系统的安装方式。如果计算机已经安装 Windows 系统，则可采用双系统安装或者虚拟机安装两种方式。虚拟机安装方式的好处是能够在 Windows 系统上随时启动和关闭 Ubuntu 系统，方便快捷。但虚拟机运行会占用很大一部分系统资源，使得 ROS 系统运行的稳定性和流畅度有所下降。因此，对于初学者来说，可以采用虚拟机安装方式；对于有一定 Linux 系统安装及使用经验的，建议安装双系

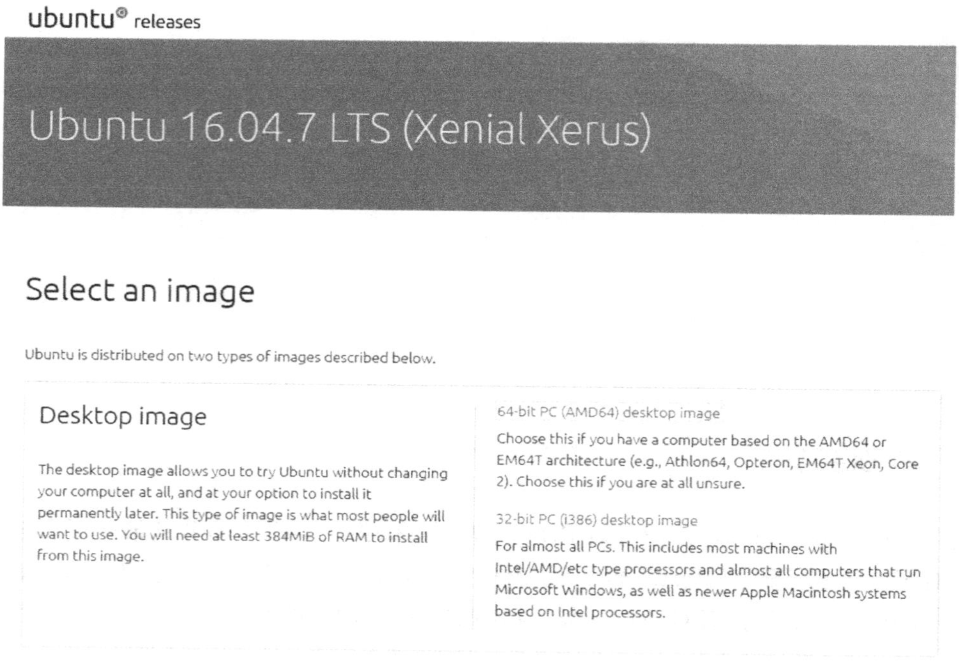

ubuntu® releases

Ubuntu 16.04.7 LTS (Xenial Xerus)

Select an image

Ubuntu is distributed on two types of images described below.

Desktop image

The desktop image allows you to try Ubuntu without changing your computer at all, and at your option to install it permanently later. This type of image is what most people will want to use. You will need at least 384MiB of RAM to install from this image.

64-bit PC (AMD64) desktop image

Choose this if you have a computer based on the AMD64 or EM64T architecture (e.g., Athlon64, Opteron, EM64T Xeon, Core 2). Choose this if you are at all unsure.

32-bit PC (i386) desktop image

For almost all PCs. This includes most machines with Intel/AMD/etc type processors and almost all computers that run Microsoft Windows, as well as newer Apple Macintosh systems based on Intel processors.

图 10-1　Ubuntu 下载界面

统，使得 Windows 和 Ubuntu 系统各自独立运行，从而发挥各自的作用。

1）双系统安装方式。

① 制作启动 U 盘。使用 UltraISO 工具，将下载好的 Ubuntu 16.04 安装包制作成启动 U 盘（U 盘最好是 USB 3.0 接口，容量在 16GB 以上），如图 10-2 所示。

② 为 Ubuntu 分配硬盘空间。在 Windows 系统中，使用其计算机管理功能中的存储/磁盘管理，通过删除卷和删除分区操作腾出一块未分配的磁盘空间作为安装区，如图 10-3 所示。安装区大小依磁盘总的空间以及用户需要而定，建议为 Ubuntu 及 ROS 系统留出 100GB 空间。

③ 设置开机 U 盘启动。进入计算机 BIOS 设置界面（不同计算机进入 BIOS 的按键不同，开机时会有相关提示），选择 Boot 设置，再选择 USB 作为启动项即可。

④ 正式安装。U 盘启动后，根据提示并做出相关设置，逐步完成 Ubuntu 系统的安装。在用户名创建完成后，安装程序会安装一些必要的系统软件，最终重启之后即可完成全部 Ubuntu 系统的安装。

2）虚拟机安装方式。

① 下载并安装虚拟机软件。虚拟机软件有很多，本实验建议采用 VMware Workstation，可于网上下载并安装到计算机中。图 10-4 所示为 VMware Workstation 的运行界面。

② 新建虚拟机。在 VMware 中新建一个虚拟机，即为 Ubuntu 系统的安装建立一个模拟的环境。可使用新建虚拟机向导，并根据相关提示来完成此项工作。建议设置虚拟机硬盘大小在 20GB 以上，内存在 2GB 以上。

③ 启动虚拟机，完成系统安装。在 VMware 中启动虚拟机，根据提示完成 Ubuntu 系统的安装，安装过程与双系统安装相同。安装完成后，在 VMware 中运行 Ubuntu 系统的效果图 10-5 所示。

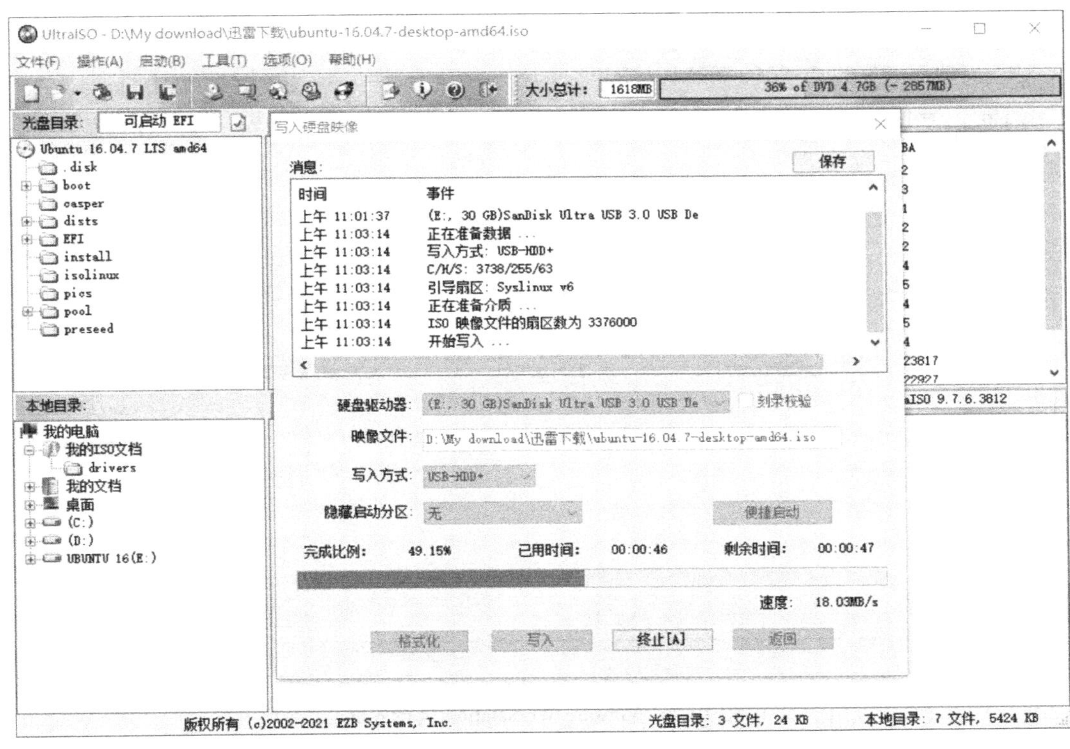

图 10-2　使用 UltraISO 制作启动 U 盘界面

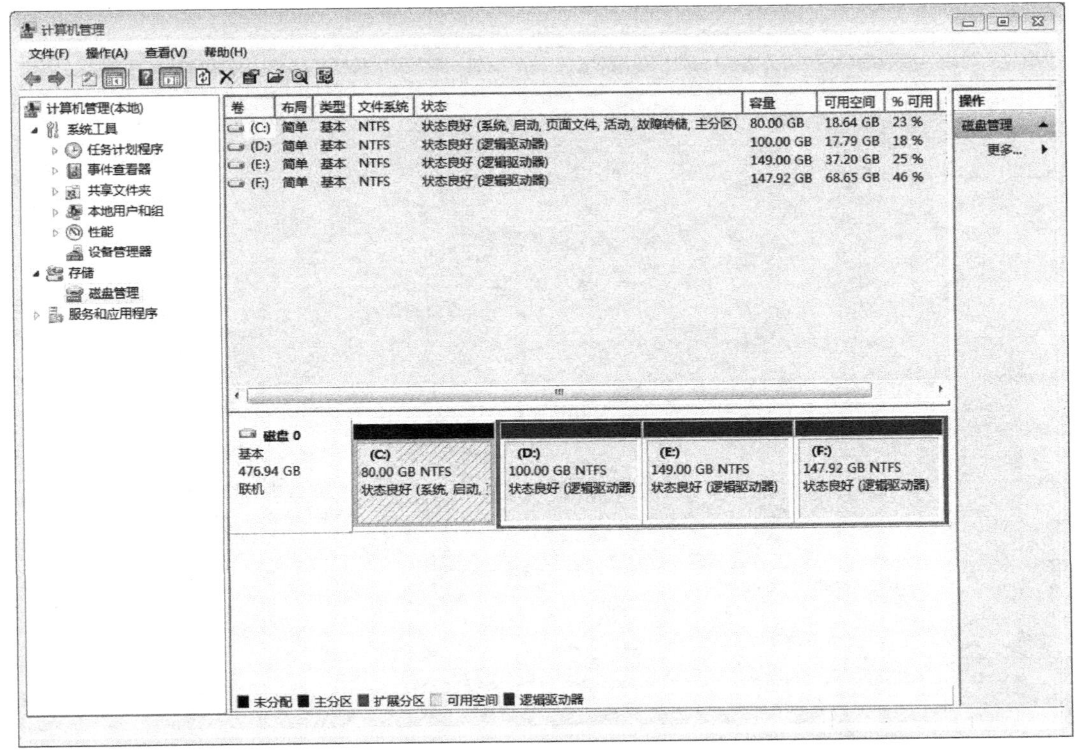

图 10-3　分配磁盘空间

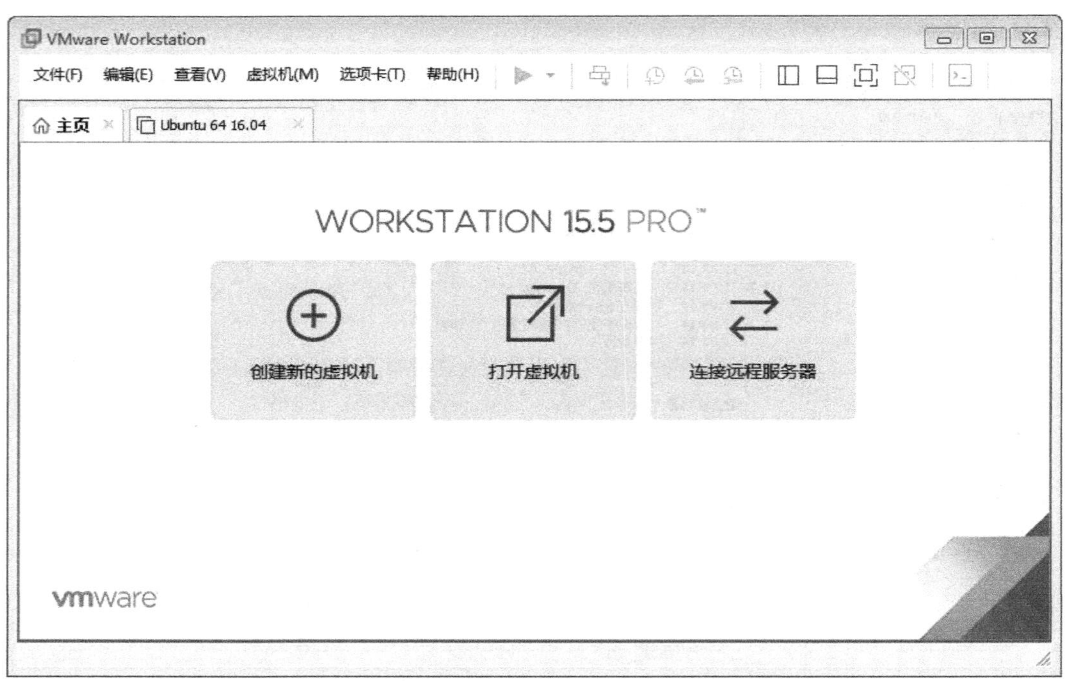

图 10-4 VMware Workstation 运行界面

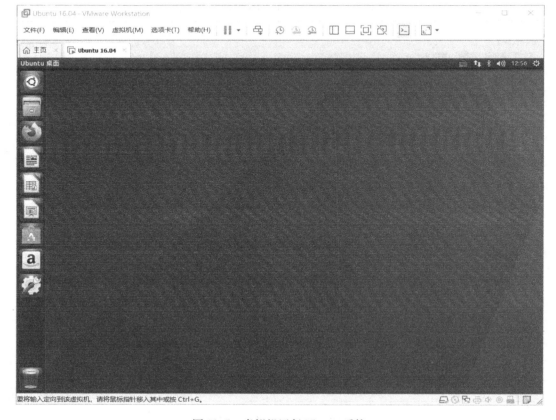

图 10-5 虚拟机运行 Ubuntu 系统

3）Ubuntu 系统优化。

由于 Ubuntu 系统的官方源服务器在欧洲，国内访问很慢。而 Ubuntu 系统在使用过程中会经常更新相关应用软件，因此有必要将软件源更换为国内的源。国内源也很多，可在 Ubuntu 系统的“软件和更新”中进行设置，如图 10-6 所示。

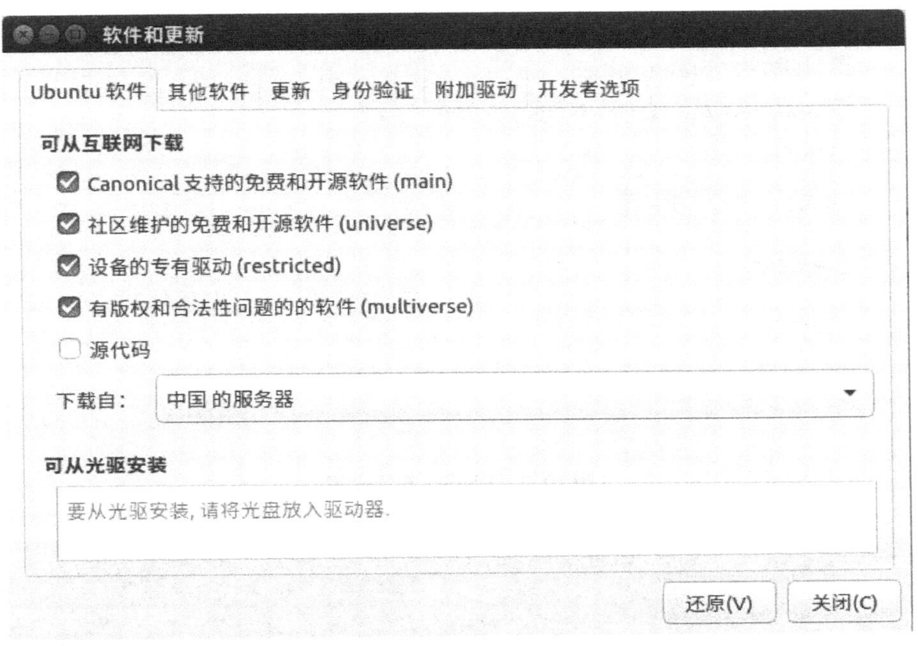

图 10-6　设置 Ubuntu 系统最佳的更新源

（3）ROS 的安装与配置

1）配置 Ubuntu 系统软件源。打开 Ubuntu 系统的软件中心，并在菜单栏中选择“软件与更新”命令，在弹出的对话框中选中“Canonical 支持的免费和开源软件（main）”“社区维护的免费和开源软件（universe）”“设备的专有驱动（restricted）”和“有版权和合法性问题的软件（multiverse）”等复选框，如图 10-7 所示。

2）添加 ROS 软件源。在 Ubuntu 终端中输入如下命令，即可添加 ROS 官方（packages. ros. org）的软件源。

```
$ sudo sh -c 'echo "deb http://packages. ros. org/ros/ubuntu $(lsb_release -sc) main" >
/etc/apt/sources. list. d/ros-latest. list'
```

3）添加密钥。输入如下命令，添加从 ROS 软件源下载功能包的密钥，结果如图 10-8 所示。

```
$ sudo apt-key adv --keyserver 'hkp://keyserver. ubuntu. com:80' --recv-key
C1CF6E31E6BADE8868B172B4F42ED6FBAB17C654
```

4）安装 ROS。安装之前，输入如下命令，以确保能够从源中获取最新的软件包。

```
$ sudo apt-get update
```

本次实验安装桌面完整版，可输入如下命令，完成 ROS 安装，结果如图 10-9 所示。

```
$ sudo apt-get install ros-kinetic-desktop-full
```

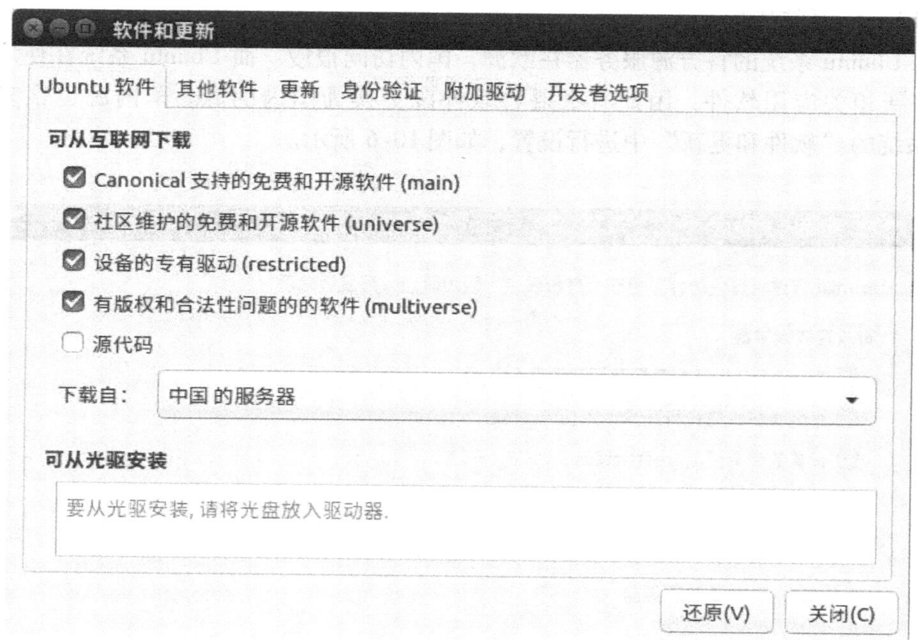

图 10-7　Ubuntu 系统设置

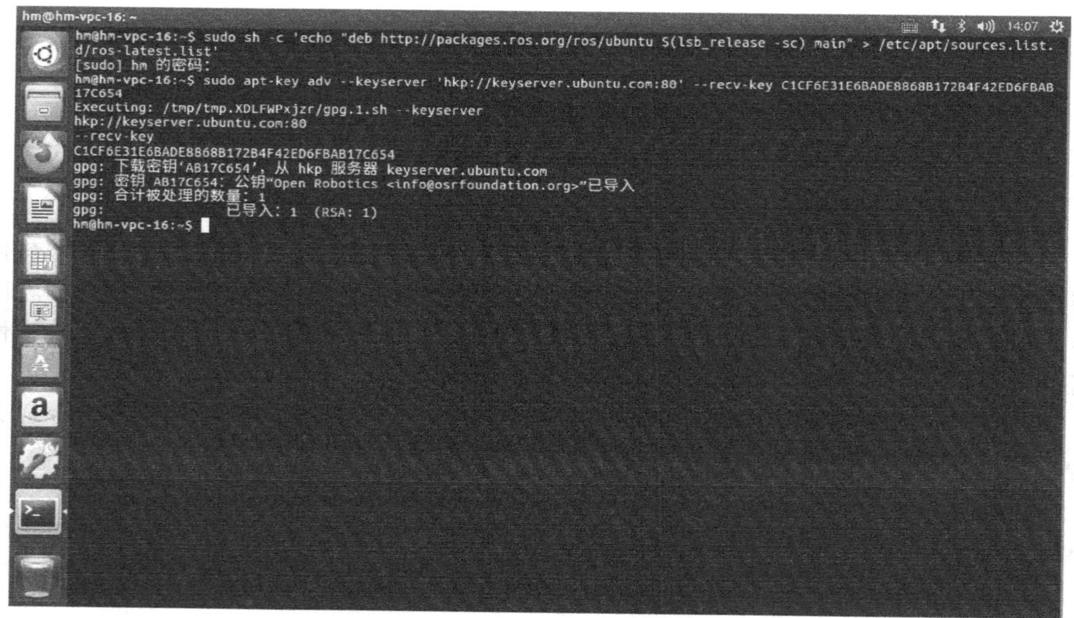

图 10-8　密钥导入成功

5）初始化 rosdep。

安装完成后使用如下命令初始化 rosdep。初始化完成之后 ROS 系统就已经成功安装到计算机中，并且可以开始后续的开发工作了，结果如图 10-10 所示。

```
$ sudo rosdep init
$ rosdep update
```

图 10-9 ROS 安装完成

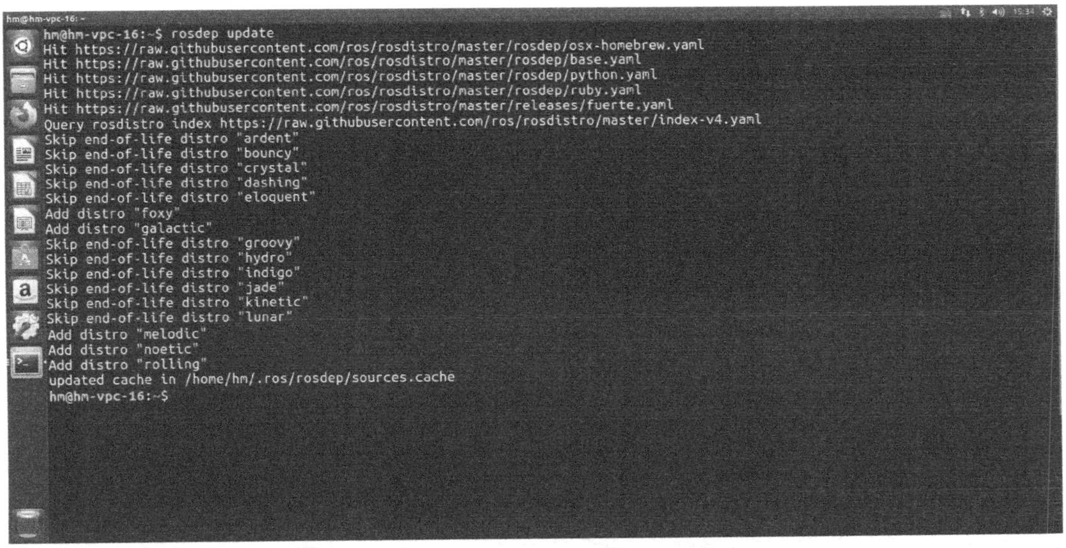

图 10-10 rosdep 初始化完成

6）环境变量设置。输入如下命令执行 ROS 提供的脚本 setup. bash，来对环境变量进行简单的设置。

```
$ echo "source /opt/ros/melodic/setup.bash" >> ~/.bashrc
$ source ~/.bashrc
```

环境变量设置成功后，可输入ros，然后按<Tab>键，即可查看 ROS 的相关命令，否则看不见这些命令，结果如图 10-11 所示。

7）安装相关依赖包。为便于后续开发，需要安装各种工具和其他构建 ROS 包的依赖项，如 rosinstall 工具等，可通过如下命令进行安装。

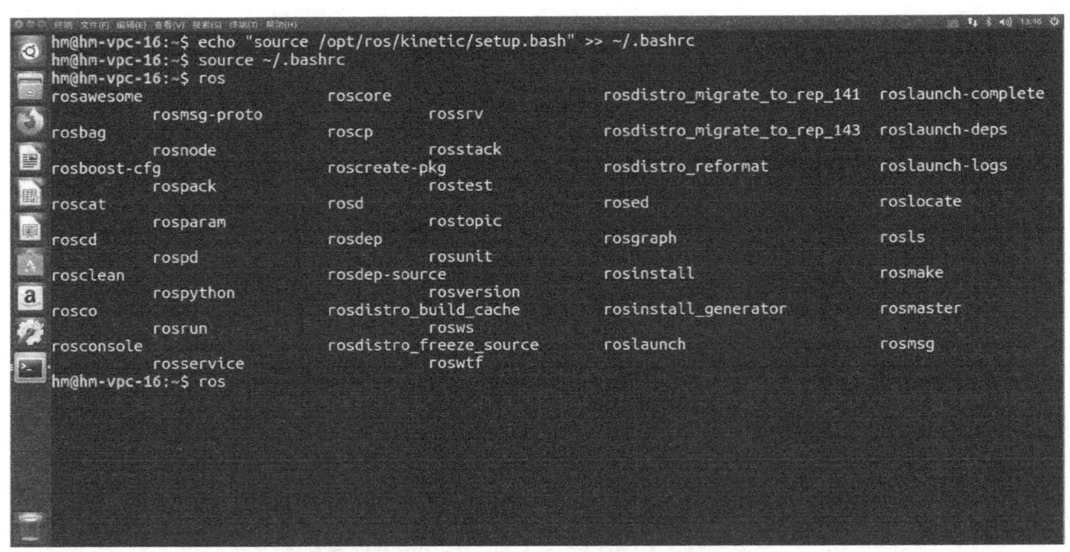

图 10-11　ROS 命令

$ sudo apt -get install python -rosinstall python -rosinstall -generator python -wstool build -essential

（4）ROS 测试

1）启动 ROS Master。为了验证 ROS 是否可以正常使用，可以通过输入 roscore 命令来运行 ROS Master。如图 10-12 所示，则表明 ROS 已经成功安装了。

$ roscore

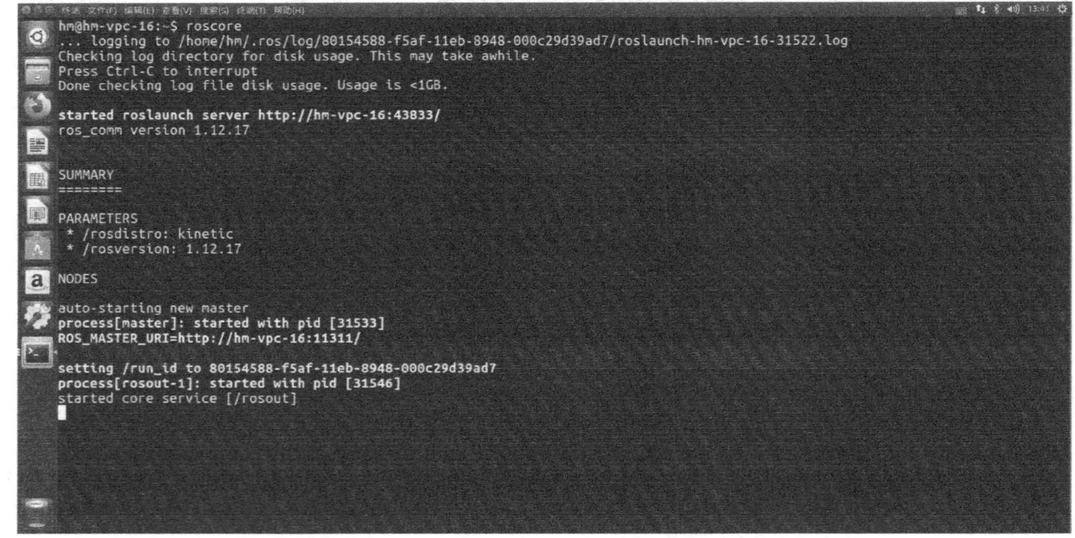

图 10-12　roscore 命令启动成功后的运行界面

2）启动小海龟仿真器。通过运行 ROS 的小海龟例程，也可以验证 ROS 是否安装成功。在小海龟例程中，可以通过键盘来控制一只小海龟在界面中移动，该功能是由 turtlesim 功能包提供的。turtlesim 功能包提供了一个可视化的小海龟仿真器，可以实现很多 ROS 基础功能的测试。在启动 ROS Master 之后，打开一个新终端，使用 rosrun 命令启动 turtlesim 仿真器节点。命令运行后，就会启动一个如图 10-13 所示的仿真器界面。

$ rosrun turtlesim turtlesim_node

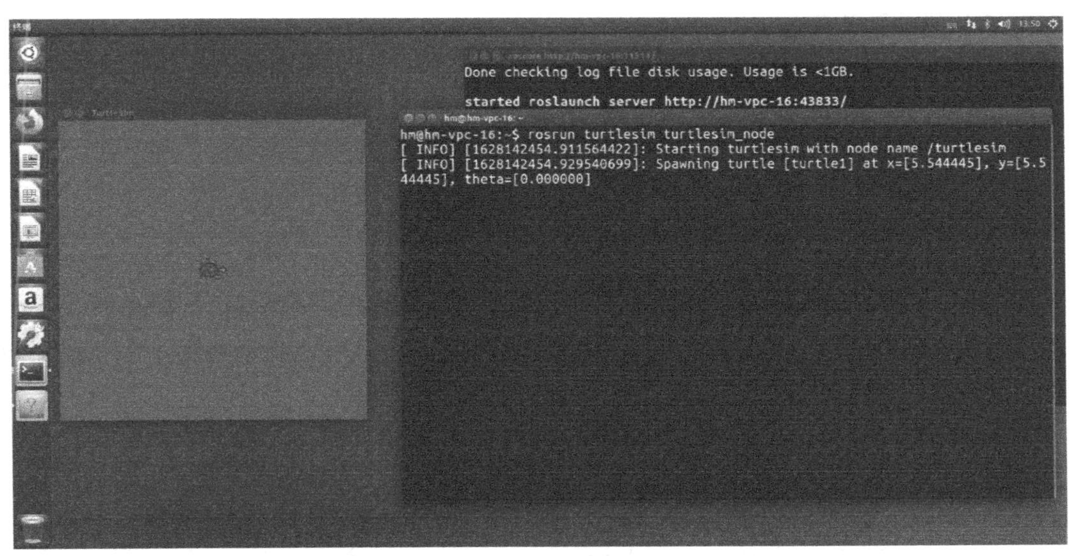

图 10-13 roscore 命令启动成功后的运行界面

3）启动小海龟控制节点。当仿真界面启动之后，要让小海龟动起来，则需要再打开一个新终端，然后输入如下命令来运行键盘控制节点。运行成功后，终端会出现一些键盘控制的相关说明，此时就可以使用键盘上的方向键来控制小海龟的移动了，如图 10-14 所示。

$ rosrun turtlesim turtle_teleop_key

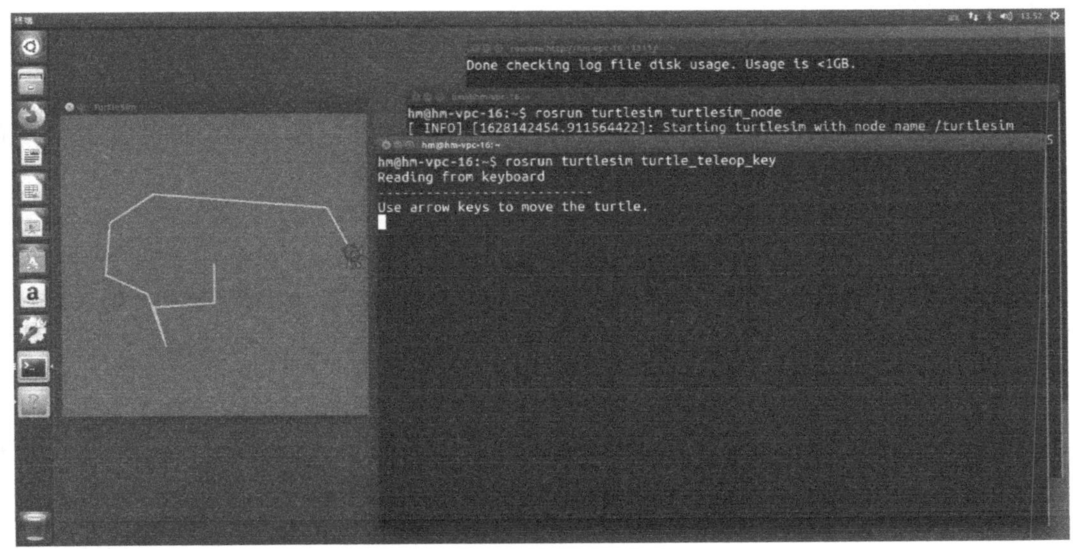

图 10-14 小海龟在仿真器上的运行界面

5. 讨论与拓展

1）讨论：安装过程中可能会遇到哪些问题？

2）拓展：根据本实验步骤，尝试安装 Ubuntu18.04 和 ROS Melodic。

10.1.2 两只小海龟的编队运动

1. 实验目的及任务

1）掌握 ROS topic（话题）通信方法和 rostopic 相关指令的使用方法。

2）掌握 ROS 编程的基本方法。

2. 实验仪器设备及软件

仪器设备：装有 Ubuntu16.04 和 ROS Kinetic 的 PC 上位机一台。

软件：Ubuntu16.04、ROS Kinetic。

3. 实验原理及方法

本小节实验学习如何通过调用服务生成两只小海龟，通过标准消息类型向两只小海龟发送速度参数实现编队运动，通过自定义消息类型实时显示小海龟的运动速度，采用 gdb 调试节点。具体原理如图 10-15 所示。

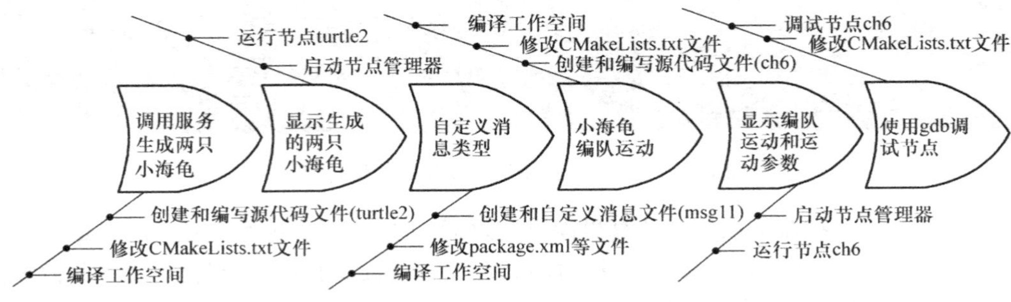

图 10-15 两只小海龟编队运动的实验原理

4. 实现过程

（1）调用服务生成两只小海龟

创建文件→调用服务→生成节点

1）创建源代码文件。在终端输入如下命令，在已有工作空间 cv_ws/src 下创建功能包 ch10_tutorials1，并将 std_msgs 和 roscpp 作为该功能包的依赖项。

```
$ cd ~/cv_ws/src
$ catkin_create_pkg ch10_tutorials1 std_msgs roscpp
```

在终端输入如下命令，切换目录到功能包 ch10_tutorial1 的 src 文件夹下，创建并打开 turtle2.cpp 文件。

```
$ cd ~/cv_ws/src/ch10_tutorials1/src
$ gedit turtle2.cpp
```

2）编写一段程序调用服务生成两只小海龟。在 turtle2.cpp 文件中编写代码，调用服务在指定位置（x，y，theta）生成两只小海龟。代码如下：

```
#include <ros/ros.h>                                   //包含头文件
#include <turtlesim/Spawn.h>
#include <turtlesim/Kill.h>
#include <string>
using namespace std;                                   //使用命名空间
int main(int argc,char * * argv)                       //主程序入口
```

```
{
string names[] = {"turtle1_0","turtle2_0"};                    //定义小海龟的名称
ros::init(argc, argv, "turtle2");                               //初始化节点
ros::NodeHandle n;                                              //初始化节点句柄
ros::service::waitForService("spawn");                  //等待调用服务生成两只小海龟
ros::ServiceClient client_kill = n.serviceClient<turtlesim::Kill>("kill");
turtlesim::Kill kill_name;
kill_name.request.name = "turtle1";
client_kill.call(kill_name);
ros::ServiceClient client = n.serviceClient<turtlesim::Spawn>("spawn");
                                                                //定义小海龟类型
turtlesim::Spawn turtle;
for(int i = 0; i < 2;i++)                                       //设置两只小海龟的位置
{
 turtle.request.name = "x" +names[i];
 turtle.request.x = i+5;
 turtle.request.y = 5;
 turtle.request.theta = 1.57;
 client.call(turtle);                       //发送服务请求，以调用服务生成小海龟 turtle
}
}
```

3）修改 CMakeLists.txt 文件并编译工作空间生成节点。

打开功能包 ch10_tutorial1 下的 CMakeLists.txt 文件并添加如下语句：

```
add_executable(turtle2 src/turtle2.cpp)
target_link_libraries(turtle2 ${catkin_LIBRARIES})
```

在终端输入如下命令来编译工作空间。

```
$ cd ~/cv_ws
$ catkin_make
```


（2）显示两个小海龟节点

1）打开一个新的终端，在终端输入如下命令来启动节点管理器。

```
$ roscore
```

2）在终端输入如下命令配置环境并运行节点 turtle2，如图 10-16 所示。

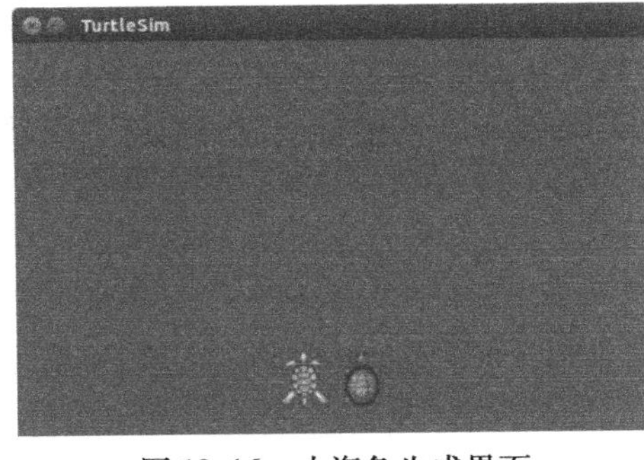

图 10-16　小海龟生成界面

```
$ source devel/setup.bash
$ rosrun turtlesim turtlesim_node
$ rosrun ch10_tutorials1 turtle2
```

（3）定义消息类型

创建消息文件→修改 package. xml 等文件→生成消息类型

1）创建消息文件并写入自定义的消息类型。

在终端输入如下命令在功能包 ch10_tutorials1 下新建消息文件夹 msg，在 msg 下新建消息文件 msg10. msg。

```
$ cd ~/cv_ ws/src/ch10_ tutorials1
$ mkdir msg
$ cd msg
$ gedit msg10.msg
```

打开 msg10. msg 文件并写入自定义的消息类型（本实验自定义的消息类型包含 4 个 float64 变量），即写入：

```
float64 linear_velocity1
float64 angular_velocity1
float64 linear_velocity2
float64 angular_velocity2
```

2）修改 package. xml 等文件。

打开功能包 ch10_tutorials1 下的 package. xml 文件，并添加以下语句：

```
<build_depend>message_generation</build_depend>
<build_export_depend>message_generation</build_export_depend>
<exec_depend>message_runtime</exec_depend>
```

打开功能包 ch10_tutorials1 下的 CMakeLists. txt 文件并进行修改。

在 find_package 中添加语句 “message_generation”，如下所示：

```
find_package (catkin REQUIRED COMPONENTS
  roscpp
  std_msgs
  message_generation)
```

在 add_message_files 中添加刚创建的消息文件名字 msg10. msg，如下所示：

```
add_message_files (
  FILES
  msg10.msg)
```

取消 generate_message 语句的注释，使得自定义的消息可以顺利生成，如下所示：

```
generate_messages (
DEPENDENCIES
std_msgs)
```

在 catkin_package 中添加语句 “message_runtime”，如下所示：

```
catkin_package (
  CATKIN_DEPENDS
```

```
message_runtime
roscpp
std_msgs)
```

3）编译工作空间，生成消息文件。

在终端重新编译工作空间。

```
$ cd ~/cv_ws
$ catkin_make
```

执行完以上步骤，即可产生自定义的消息类型 ch10_tutorials1::msg10 和对应的头文件 msg10.h。

（4）小海龟编队运动

创建文件→修改 CMakeLists.txt 文件→编译空间

1）创建和编写源代码文件。

在 ch10_tutorials1/src 文件夹下创建源代码文件 ch6.cpp，通过标准消息类型 geometry_msgs::Twist 向两只小海龟发送运动参数，实现圆形运动轨迹的编队控制，调用自定义消息类型 ch10_tutorials1::msg10 实时输出小海龟的运动参数到终端。ch6.cpp 中的代码如下：

```
#include <ros/ros.h>                                   //包含头文件
#include "geometry_msgs/Twist.h"
#include "ch10_tutorials1/msg10.h"
#include <iostream>
using namespace ros;                                   //使用命名空间
int main(int argc, char * * argv)                      //主程序入口
{
 init(argc, argv, "ch6");                              //初始化节点
 NodeHandle it1;                                       //初始化节点句柄
 NodeHandle it2;
 NodeHandle n;                                         //广播主题消息
 Publisher pub1 = it1.advertise<geometry_msgs::Twist>("/xturtle1_0/cmd_vel",100);
 Publisher pub2 = it2.advertise<geometry_msgs::Twist>("/xturtle2_0/cmd_vel",100);
 Publisher pub = n.advertise<ch10_tutorials1::msg10>("message", 1000);
 Rate rate(1);
 while (ok())              //赋值并发布 geometry_msgs::Twist 类型的运动参数 msg1_0
 {
 geometry_msgs::Twist msg1_0;
 msg1_0.linear.x = 0.5;
 msg1_0.angular.z = 1.0;
 pub1.publish(msg1_0);     //赋值并发布 geometry_msgs::Twist 类型的运动参数 msg2_0
 geometry_msgs::Twist msg2_0;
 msg2_0.linear.x = 2;
 msg2_0.angular.z = 1;
 pub2.publish(msg2_0);
              //将运动参数 msg1_0 和 msg2_0 赋值给自定义类型 ch10_tutorials1::msg10
```

```
ch10_tutorials1::msg10 msg;
msg.linear_velocity1 = msg1_0.linear.x;
msg.angular_velocity1 = msg1_0.angular.z;
 msg.linear_velocity2 = msg2_0.linear.x;
 msg.angular_velocity2 = msg2_0.angular.z;
 pub.publish(msg);                                  //将运动参数输出到终端
ROS_INFO("turtle1:[%f][%f]", msg.linear_velocity1,msg.angular_velocity1);
ROS_INFO("turtle2:[%f][%f]", msg.linear_velocity2,msg.angular_velocity2);
rate.sleep();
}
return 0;
}
```

2）修改 CMakeLists.txt 文件。

打开功能包 ch10_tutorials1 下的 CMakeLists.txt 文件，并添加如下语句：

```
add_executable(ch6 src/ch6.cpp)
target_link_libraries(ch6 ${catkin_LIBRARIES})
add_dependencies(ch6 ch10_tutorials1_generate_message_cpp)
```

3）编译工作空间。

在终端输入如下命令编译工作空间：

```
$ cd ~/cv_ws
$ catkin_make
```

（5）显示编队运动和运动参数

启动节点管理器→运行节点

1）启动节点管理器。

在终端输入如下命令：


```
$ roscore
```

2）节点运动。

启动 turtlesim_node 与 turtle2 节点后，在终端输入如下命令配置环境并运行节点 ch6。若运行成功，则界面如图 10-17 和图 10-18 所示。

```
$ source devel/setup.bash
$ rosrun ch10_tutorials1 ch6
```

```
micang@micang-X3: ~/cv_ws
micang@micang-X3:~/cv_ws$ rosrun ch11_tutorials1 ch6
[ INFO] [1591879699.743800991]: turtle1: [0.500000] [1.000000]
[ INFO] [1591879699.743848566]: turtle2: [2.000000] [1.000000]
[ INFO] [1591879700.744004161]: turtle1: [0.500000] [1.000000]
[ INFO] [1591879700.744078906]: turtle2: [2.000000] [1.000000]
[ INFO] [1591879701.743995706]: turtle1: [0.500000] [1.000000]
[ INFO] [1591879701.744078834]: turtle2: [2.000000] [1.000000]
[ INFO] [1591879702.744035741]: turtle1: [0.500000] [1.000000]
[ INFO] [1591879702.744123038]: turtle2: [2.000000] [1.000000]
[ INFO] [1591879703.743970802]: turtle1: [0.500000] [1.000000]
[ INFO] [1591879703.744054621]: turtle2: [2.000000] [1.000000]
[ INFO] [1591879704.744047796]: turtle1: [0.500000] [1.000000]
[ INFO] [1591879704.744142232]: turtle2: [2.000000] [1.000000]
```

图 10-17　两只小海龟的运动参数实时显参数

图 10-18　小海龟编队运动轨迹

（6）使用 gdb 调试节点　在此，通过 gdb 工具对节点 ch6 进行调试，主要实现断点设置、程序继续运行和变量查看。

1）修改 CMakeLists. txt 文件。

打开功能包 ch10_tutorials1 下的 CMakeLists. txt 文件，并添加如下语句：

```
set（CMAKE_CXX_FLAGS  "${CMAKE_CXX_FLAGS}  -g "）
set（CMAKE_VERBOSE_MAKEFILE ON）
```

2）调试节点。

在终端输入如下命令切换目录到 devel/lib/ch10_tutorials1。

```
$ cd cv_ws/devel/lib/ch10_tutorials1
```

在终端输入如下命令进入节点 ch6 的 gdb 调试状态，如图 10-19 所示。

```
$ gdb ./ch6
```

```
micang@micang-X3: ~/cv_ws/devel/lib/ch11_tutorials1
micang@micang-X3:~/cv_ws/devel/lib/ch11_tutorials1$ gdb ./ch6
GNU gdb (Ubuntu 7.11.1-0ubuntu1~16.5) 7.11.1
Copyright (C) 2016 Free Software Foundation, Inc.
License GPLv3+: GNU GPL version 3 or later <http://gnu.org/licenses/gpl.html>
This is free software: you are free to change and redistribute it.
There is NO WARRANTY, to the extent permitted by law.  Type "show copying"
and "show warranty" for details.
This GDB was configured as "x86_64-linux-gnu".
Type "show configuration" for configuration details.
For bug reporting instructions, please see:
<http://www.gnu.org/software/gdb/bugs/>.
Find the GDB manual and other documentation resources online at:
<http://www.gnu.org/software/gdb/documentation/>.
For help, type "help".
Type "apropos word" to search for commands related to "word"...
Reading symbols from ./ch6...done.
(gdb)
```

图 10-19　gdb 调试状态

在终端输入如下命令，将断点设置在 ch6. cpp 的第 27 行。

```
$ break 27
```

在终端输入如下命令，则程序在运行到 27 行会暂停，如图 10-20 所示。

```
$ run
```

在终端输入如下指令，程序继续运行。

```
$ continue
```

若需要查看 ch6. cpp 中变量 msg1_0. linear. x 的值，则在终端输入如下命令，查询结果如图 10-21 所示。

```
$ display msg1_0. linear. x
```

```
micang@micang-X3: ~/cv_ws/devel/lib/ch11_tutorials1
(gdb) break 27
Breakpoint 1 at 0x40b3c8: file /home/micang/cv_ws/src/ch11_tutorials1/src/ch6.cp
p, line 27.
(gdb) run
Starting program: /home/micang/cv_ws/devel/lib/ch11_tutorials1/ch6
[Thread debugging using libthread_db enabled]
Using host libthread_db library "/lib/x86_64-linux-gnu/libthread_db.so.1".
[New Thread 0x7ffff1a68700 (LWP 31065)]
[New Thread 0x7ffff1267700 (LWP 31066)]
[New Thread 0x7ffff0a66700 (LWP 31067)]
[New Thread 0x7fffebfff700 (LWP 31072)]

Thread 1 "ch6" hit Breakpoint 1, main (argc=1, argv=0x7fffffffda48)
    at /home/micang/cv_ws/src/ch11_tutorials1/src/ch6.cpp:29
29        geometry_msgs::Twist msg2_0;
(gdb) 
```

图 10-20　暂停到断点位置

```
(gdb) display msg1_0.linear.x
1: msg1_0.linear.x = 0.5
(gdb) 
```

图 10-21　输出查询参数值

至此，实现了通过调用服务生成两只小海龟，通过标准消息类型和自定义消息类型控制小乌龟编队运动与运动参数的实时显示，并通过 gdb 工具对节点 ch6 进行了调试。

5. 讨论与拓展

1）讨论：节点的工作方式有哪些？

2）拓展：编写程序，实现小海龟的跟随运动。

10.1.3　使用 RGB – D 传感器实现环境边缘信息和三维模型的提取与显示

1. 实验目的及任务

a）掌握 ROS 中视觉传感器的使用。

b）掌握 ROS 中环境彩色图像和深度信息的获取与处理。

c）熟悉 ROS 图像和 OpenCV 图像的转换功能包 cv_ bridge。

2. 实验仪器设备及软件

仪器设备：装有 Ubuntu16.04 和 ROS Kinetic 的 PC 上位机一台。

软件：Ubuntu16.04、ROS Kinetic。

3. 实验原理及方法

本小节实验学习如何使用 RGB – D 传感器获取环境信息，并对环境彩色图像和深度信息进行处理，以实现环境边缘信息和三维模型的提取与显示。边缘提取目前的主流算法有 Canny、sobel 和 laplacian，可以通过调用 ROS 自带的 OpenCV 中相应的函数来实现。三维模型的降采样通过调用 ROS 自带的 PCL 中相应函数实现。具体实验原理如图 10-22 所示。

4. 实现过程

本实验使用 Kinect v1 传感器进行，默认读者已按照 6.1.2 节所述完成了 Kinect v1 的驱动安装和测试。

（1）访问环境的彩色图像并提取边缘信息

创建文件→修改 CMakeLists.txt 文件→生成节点

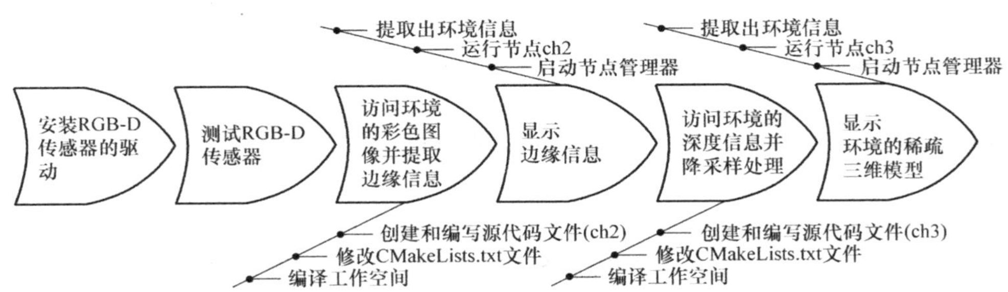

图 10-22　使用 RGB－D 传感器实现环境边缘信息和三维模型提取与显示的实验原理

1）创建和编写源代码文件。

在终端输入如下指令，在现有工作空间 cv_ws 下创建功能包 ch10_tutorials2，并添加功能包的依赖项。

```
$ cd ~/cv_ws/src
$ catkin_create_pkg ch10_tutorials2 cv_bridge roscpp rospy image_transport sensor_msgs std_msgs pcl_conversions pcl_msgs pcl_ros
```

在终端输入如下指令，切换到功能包 ch10_tutorials2/src 下，创建并打开源代码文件 ch2. cpp。

```
$ cd ch10_tutorials2/src
$ gedit ch2. cpp
```

编写代码实现按 <Space> 键（空格键）保存期望被处理的彩色图像、通过 OpenCV 中的 Canny 算法对保存的彩色图像进行边缘提取、实时调整阈值拖动栏来改变边缘检测的精细化程度。ch2. cpp 中的代码如下：

```
#include <ros/ros.h>                                   //包含头文件
#include <image_transport/image_transport.h>
#include <opencv2/highgui/highgui.hpp>
#include <opencv2/core/core.hpp>
#include <opencv/cv.hpp>
#include <cv_bridge/cv_bridge.h>
#include <fstream>
#include <sstream>
using std::cout;                                       //使用命名空间
using std::endl;
using std::stringstream;
using std::string;
using namespace cv;
using namespace std;
unsigned int fileNum = 1;                              //初始化变量和函数定义
bool saveImage(false);
void trackBar(int, void *);
int s1 =0,s2 =0;
```

```
Mat src, dst;
void imageCallback( const sensor_msgs::ImageConstPtr& msg)                    //回调函数
{
imshow("Show RgbImage", cv_bridge::toCvShare(msg,"rgb8") - > image);
char key;
key = cvWaitKey(33);
if(key = =32)          //空格的 ASCII 编码为 32，每按下一次空格键保存一张图片
saveImage = true;
if(saveImage)
{
stringstream stream;
stream < < "/home/images/" < < fileNum < < ".jpg";          //图片保存的路径和名称
string filename = stream.str();
cv::imwrite(filename,cv_bridge::toCvShare(msg) - > image);                //保存图片
cout < < filename < < " had Saved." < < endl;
const string imgpath = filename;
src = imread( imgpath ,CV_LOAD_IMAGE_COLOR );                            //加载图片

cvNamedWindow("Show RgbImage", CV_WINDOW_AUTOSIZE);
imshow("Show RgbImage", src);                                        //显示原始图片
dst = src.clone();
cvNamedWindow("output", CV_WINDOW_AUTOSIZE);
createTrackbar("canny1", "output", &s1, 255, trackBar);//创建阈值拖动栏 canny1,并
//调用 TrackBar 函数实现 Canny 边缘提取
createTrackbar("canny2", "output", &s2, 255, trackBar);//创建阈值拖动栏 canny2,并
//调用 TrackBar 函数实现 Canny 边缘提取
fileNum + +;
saveImage = false;
}
}
void trackBar(int, void * )
{
Canny(src,dst,s1,s2,3);                                      //Canny 算法的边缘提取
imshow("output", dst);                                             //显示边缘提取结果
ros::spin();
}
int main(int argc,char * * argv)                                            //主程序入口
{
ros::init(argc, argv, "image_reciver");                                     //初始化节点
```

```
ros::NodeHandle nh1;                                   //初始化节点句柄
image_transport::ImageTransport n1(nh1); //订阅 Kinect v1 主题中的彩色图像 image_color
image_transport::Subscriber sub1 = n1.subscribe("/camera/rgb/image_color",1,imageCallback);
ros::spin();
}
```

2）修改 CMakeLists. txt 文件。

打开功能包 ch10_tutorials2 下的 CMakeLists. txt 文件，添加如下代码：

```
add_executable(ch2 src/ch2.cpp)
target_link_libraries(ch2 ${catkin_LIBRARIES} ${OpenCV_LIBRARIES})
```

3）编译工作空间生成节点文件。

在终端输入如下命令编译工作空间。

```
$ cd ~/cv_ws
$ catkin_make
```

(2) 显示边缘信息

启动节点管理器→运行节点→提取出环境信息

1) 启动节点管理器。

在终端输入如下命令启动节点管理器。

```
$ roscore
```

2）运行节点。

在终端输入如下命令配置环境变量并运行节点 ch2。

```
$ source devel/setup.bash
$ rosrun ch10_tutorials2 ch2
```

3）提取出环境信息。

RGB 原图和提取出的环境边缘信息如图 10-23 和图 10-24 所示。

图 10-23　彩色原图

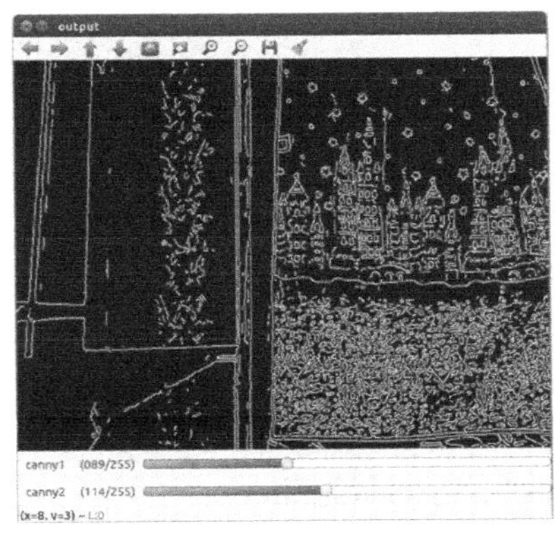

图 10-24　边缘提取结果

(3) 访问环境的深度信息并降采样处理

创建文件→修改 CMakeLists. txt 文件→生成节点

首先，创建源代码文件；然后，通过一段程序对来自 Kinect v1 的深度信息进行降采样（降采样的参数设置为 setLeafSize （0. 03f，0. 03f，0. 03f））；最后，修改 CMakeLists. txt 文件并编译工作空间生成节点。

1）创建和编写源代码文件。

在 ch10_tutorials2/src 文件夹下新建一个源代码文件 ch3. cpp，编写以下代码：

```
#include <ros/ros.h>                                                   //包含头文件
#include <sensor_msgs/PointCloud2.h>
#include <pcl_conversions/pcl_conversions.h>
#include <pcl/point_cloud.h>
#include <pcl/point_types.h>
#include <pcl/filters/voxel_grid.h>
void cloud_filter (const sensor_msgs::PointCloud2ConstPtr& cloud_msg)  //回调函数
{
 pcl::PCLPointCloud2 * cloud = new pcl::PCLPointCloud2;               //声明点云类型
 pcl::PCLPointCloud2ConstPtr cloudPtr(cloud);
 pcl::PCLPointCloud2 cloud_filtered;

 pcl_conversions::toPCL(*cloud_msg, *cloud);  //ROS 类型的源点云转换为 PCL 类型

 pcl::VoxelGrid<pcl::PCLPointCloud2> sor;                             //点云的降采样处理
 sor.setInputCloud (cloudPtr);
 sor.setLeafSize (0.03f,0.03f,0.03f);
 sor.filter (cloud_filtered);

 sensor_msgs::PointCloud2 output;
 pcl_conversions::moveFromPCL(cloud_filtered, output);  //点云类型转换为 ROS 类型
 pub.publish (output);                                                //发布降采样后的点云
}
int main (int argc, char ** argv)                                      //主程序入口
{
 ros::init (argc, argv, "ch3");                                       //初始化节点
 ros::NodeHandle nh;                                                  //初始化节点句柄
 ros::Publisher pub;
 ros::Subscriber sub = nh.subscribe<sensor_msgs::PointCloud2>("/camera/depth_regis-
tered/
 points", 1, cloud_filter);                                           //订阅主题上的深度信息
 pub = nh.advertise<sensor_msgs::PointCloud2> ("output", );
 ros::spin ();
}
```

2）修改 CMakeLists. txt 文件。

打开功能包 ch10_tutorials2 下的 CMakeLists. txt 文件，添加如下语句：

```
add_executable(ch3 src/ch3. cpp)
target_link_libraries(ch3 ${catkin_LIBRARIES} ${PCL_LIBRARIES})
```

3）编译工作空间。

在终端输入如下命令来编译工作空间。

```
$ cd ~/cv_ws
$ catkin_make
```

（4）显示环境的稀疏三维模型

启动节点管理器→运行节点→提取出环境信息

1）启动节管理器。

在终端输入如下命令启动节点管理器。

```
$ roscore
```

2）运行节点。

在终端输入如下命令启动 Kinect v1。

```
$ roslaunch freenect_launch freenect - registered - xyzrgb. launch
$ source devel/setup. bash
```

重新打开一个终端，运行 ch3 节点。

```
$ rosrun ch10_tutorials2 ch3
```

在终端输入如下命令运行可视化工具 RViz。

```
$ rosrun rviz rviz
```

显示点云模型：在 Add 中添加相机进 RViz（如图 10-25 所示）→添加 output 点云 PointCloud2（如图 10-26 所示）→将 RViz 界面中 GlobalOptions 下的 Fixed Frame 选择为 camera_depth_optical_frame，可以看到降采样后的三维环境模型如图 10-27 所示。

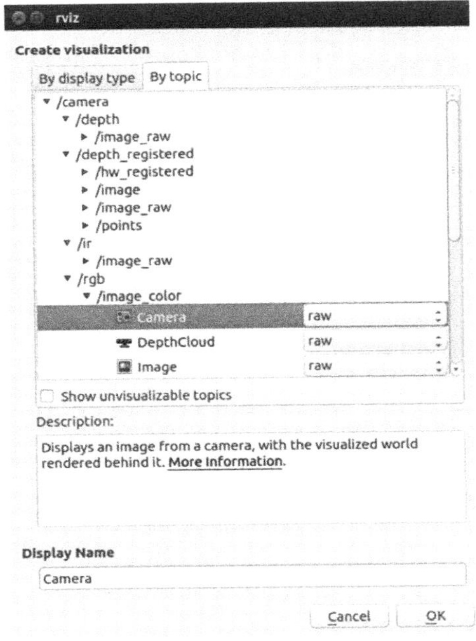

图 10-25　添加相机

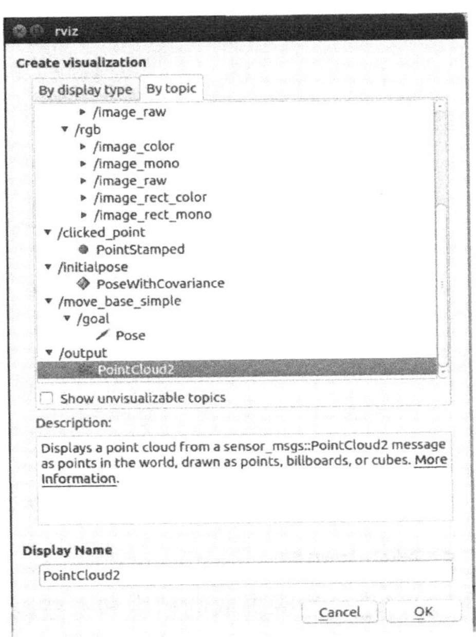

图 10-26　添加 PointCloud2

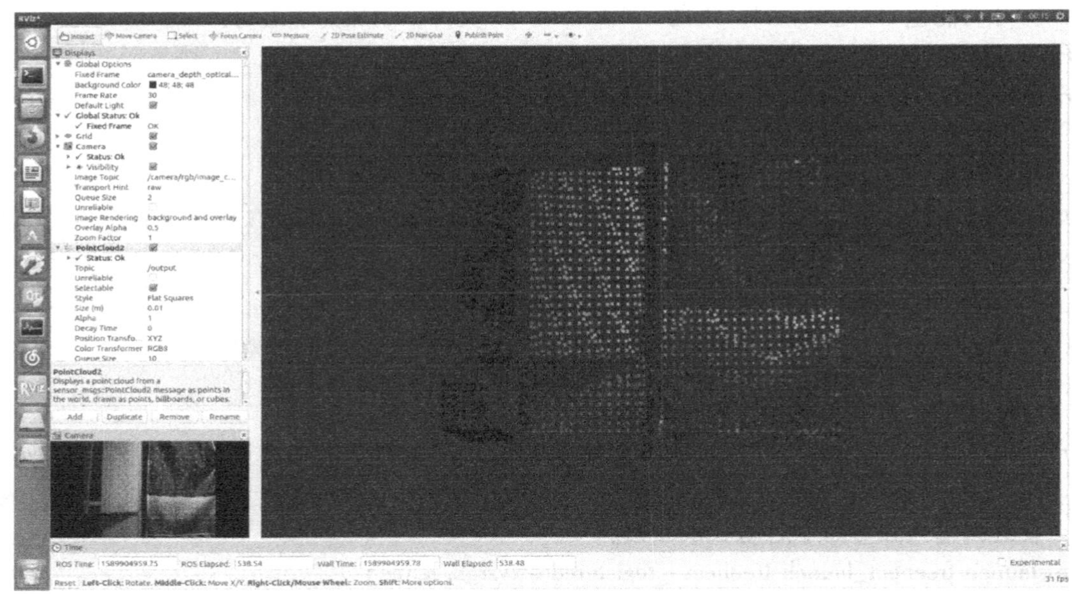

图 10-27　RViz 显示降采样后三维环境模型

查看降采样前的三维点云模型：在 Add 中添加 points 点云 PointCloud2，如图 10-28 所示。RViz 显示的降采样前三维环境模型如图 10-29 所示。

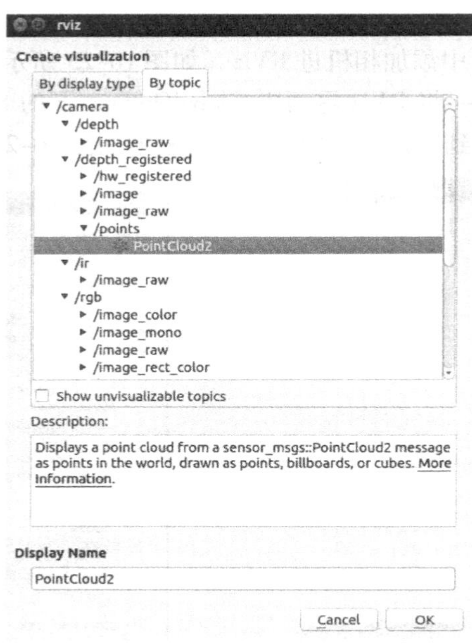

图 10-28　添加 PointCloud2

5. 讨论与拓展

1）讨论：边缘提取的精度和哪些因素有关？

2）拓展：编写程序，采用 sobel 和 laplacian 算法实现边缘提取。

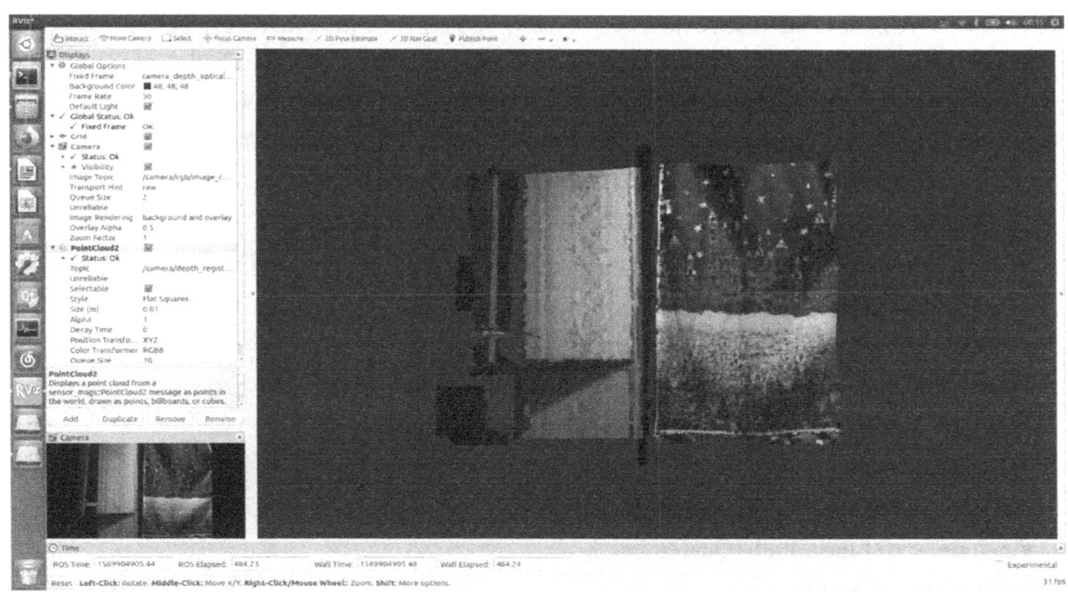

图 10-29　RViz 显示降采样前三维环境模型

10.1.4　使用 IMU 传感器实现小海龟运动监视

1. 实验目的及任务

1）掌握 ROS 中 IMU 传感器的使用。

2）掌握 ROS 中使用传感器信息来控制机器人运动的方法。

2. 实验仪器设备及软件

仪器设备：装有 Ubuntu16.04 和 ROS Kinetic 的 PC 上位机一台。

软件：Ubuntu16.04、ROS Kinetic。

3. 实验原理及方法

本小节实验学习如何获取 IMU 传感器数据，并将 IMU 的四元数据转换为滚动、俯仰和偏航角，且以滚动和俯仰作为小海龟运动控制的线速度和角速度值，实现利用 IMU 传感器数据监视小海龟的运动，实时查看小海龟的运动情况。具体实验原理如图 10-30 所示。

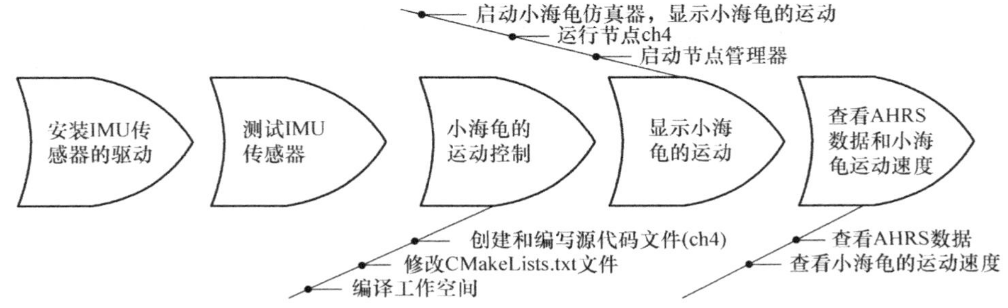

图 10-30　使用 IMU 传感器实现小海龟运动监视的实验原理

4. 实现过程

本实验使用 XSENS 公司的 MTi-1 IMU 传感器进行，默认读者已按照第 6.3.2 小节所述完成了该 IMU 传感器的驱动安装和测试。下面对实现过程与相关结果进行说明。

（1）小海龟的运动控制　首先，通过一段程序生成节点；然后，订阅主题/imu/data 上的消息，并通过函数 tf::Matrix3x3（conv）.getRPY（roll，pitch，yaw）获得滚动、俯仰和偏航角；最后，将滚动和俯仰赋值给线速度和角速度，实现对小海龟的运动控制。

创建文件→修改 CMakeLists.txt 文件→生成节点

1）创建和编写源代码文件。

在 ch10_tutorials3/src 文件夹下创建一个源代码文件 ch4.cpp，用来实现 IMU 数据的获取、处理和发布。编写如下代码：

```
#include <ros/ros.h>                                   //包含头文件
#include <sensor_msgs/Imu.h>
#include <geometry_msgs/Twist.h>
#include <iostream>
#include <tf/LinearMath/Matrix3x3.h>
#include <tf/LinearMath/Quaternion.h>
using namespace std;                                   //使用命名空间
class Imu_1                                            //定义 Imu_Control 类
{
public:
Imu_1();
private:
void CallBack(const sensor_msgs::Imu::ConstPtr& imu0);
ros::NodeHandle n;
ros::Publisher pub;
ros::Subscriber sub;
};
Imu_1::Imu_1()
{
pub = n.advertise<geometry_msgs::Twist>("turtle1/cmd_vel",1);
                                                       //广播转换后的 IMU 数据
sub = n.subscribe<sensor_msgs::Imu>("imu/data",10,&Imu_1::CallBack,this);
                                                       //订阅主题上的 IMU 数据
}
void Imu_1::CallBack(const sensor_msgs::Imu::ConstPtr& imu0)    //IMU 数据转换
{
geometry_msgs::Twist vel;
tf::Quaternion conv(imu0->orientation.x,imu0->orientation.y,imu0->orientation.z,
imu0->
orientation.w);
double roll,pitch,yaw;
tf::Matrix3x3(conv).getRPY(roll,pitch,yaw);
```

```
vel.angular.z = roll;
vel.linear.x = pitch;
pub.publish(vel);                              //发布转换后的 IMU 数据
}
int main(int argc, char * * argv)              //主程序入口
{
ros::init(argc, argv, "ch4");                  //初始化节点
Imu_1 imu_1;
ros::spin();
}
```

2）修改 CMakeLists.txt 文件。

打开功能包 ch10_tutorials3 下的 CMakeLists.txt 文件，添加如下语句：

```
add_executable(ch4 src/ch4.cpp)
target_link_libraries(ch4 ${catkin_LIBRARIES})
```

3）编译工作空间。

在终端输入如下命令来编译工作空间。

```
$ cd ~/cv_ws
$ catkin_make
```

（2）显示小海龟的运动

启动节点管理器→运行节点→控制小海龟仿真器

1）启动节点管理器。

在终端输入如下命令启动节点管理器。

```
$ roscore
```

2）运行节点。

在终端输入如下命令运行节点 ch4。

```
$ source devel/setup.bash
$ rosrun ch10_tutorials3 ch4
```

3）控制小海龟仿真器，实现小海龟的运动。

在终端输入如下命令启动小海龟仿真器，实现小海龟的运动控制，如图 10-31 所示。

```
$ rosrun turtlesim turtlesim_node
```

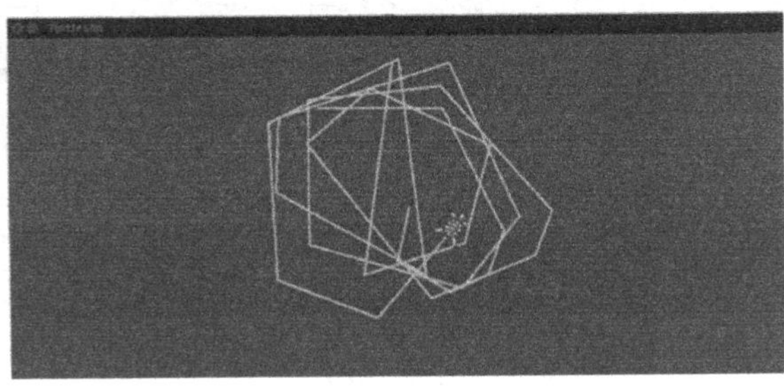

图 10-31　小海龟运动界面

（3）查看 IMU 传感器数据和小海龟的运动速度

1）查看 IMU 传感器数据。

在终端输入如下命令查看 IMU 传感器数据，如图 10-32 所示。

```
$ rostopic echo /imu/data
```

```
zn@zn-Inspiron-3576: ~
header:
  seq: 4482
  stamp:
    secs: 1588176697
    nsecs: 824513676
  frame_id: base_link
orientation:
  x: 0.000778742758548
  y: 0.00386818832716
  z: 0.147704761116
  w: 0.000604802008
orientation_covariance: [0.0, 0.0, 0.0, 0.0, 0.0, 0.0, 0.0, 0.0, 0.0]
angular_velocity:
  x: 0.0
  y: 0.0
  z: 0.0
angular_velocity_covariance: [0.0, 0.0, 0.0, 0.0, 0.0, 0.0, 0.0, 0.0, 0.0]
linear_acceleration:
  x: 0.0
  y: 0.0
  z: 0.0
linear_acceleration_covariance: [0.0, 0.0, 0.0, 0.0, 0.0, 0.0, 0.0, 0.0, 0.0]
---
```

图 10-32　IMU 传感器数据

2）查看小海龟的运动速度。

在终端输入如下命令查看小海龟的线速度和角速度变化，如图 10-33 所示。

```
$ rostopic echo /turtle1/cmd_vel
```

```
micang@micang-X3: ~
angular:
  x: 0.0
  y: 0.0
  z: 0.0
---
linear:
  x: 2.0
  y: 0.0
  z: 0.0
angular:
  x: 0.0
  y: 0.0
  z: 0.0
---
linear:
  x: 2.0
  y: 0.0
  z: 0.0
angular:
  x: 0.0
  y: 0.0
  z: 0.0
---
```

图 10-33　小海龟的运动速度

5. 讨论与拓展

1）讨论：如果将/imu/data 上的消息转化为线速度和角速度？

2）拓展：编写程序，使用 IMU 实现对两只小海龟的运动监视。

10.2 进阶实验

本节针对第 9 章讲述的理论知识，结合具体的实验设备，开展机器人移动、SLAM 与自主导航、机械臂控制等 ROS 综合实验，使读者掌握 ROS 的进阶功能。

10.2.1 底盘移动控制

1. 实验目的及任务

1）掌握用命令实时发布 Twist 消息，控制移动平台的移动。

2）使用键盘控制节点（teleop_twist_keyboard. py），控制移动平台的运动。

3）编写节点，控制移动平台完成任一规律轨迹的运动，如走“8”字。

2. 实验仪器设备及软件

仪器设备：移动平台一台；装有 Ubuntu16. 04 和 ROS Kinetic 的上位机一台。

软件：Ubuntu16. 04 和 ROS Kinetic。

3. 实验原理及方法

实验中要完成移动底盘基于 ROS 系统的控制。对移动底盘的要求：①底层运动算法、驱动已经集成好；②驱动系统对外留有软/硬件通信口，可通过通信协议下发命令来实现对底盘运动的控制。

符合以上基础条件的可以开始实验了。具体实验流程如下：

（1）搭建底盘控制系统　控制系统硬件可选择树莓派、NVIDIA Jetson Nano、工控机等。选定后，按图 10-34 所示的流程在硬件上搭建底盘的控制系统。

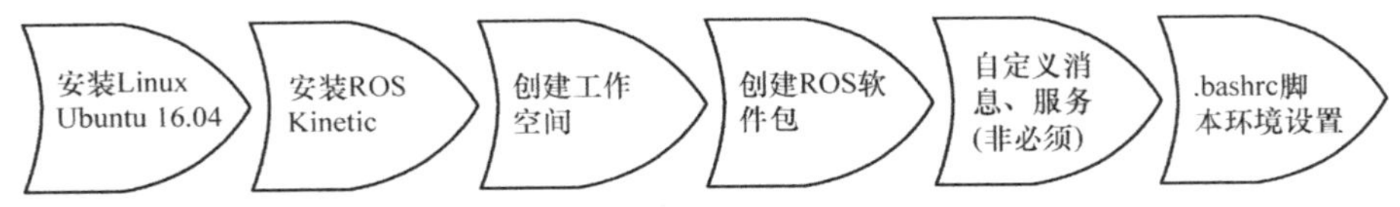

图 10-34　搭建底盘控制系统的流程

（2）开发节点主程序　在控制系统搭建好后，就可以进行 ROS 节点的开发编程。ROS 中最常用到的语言是 C + + 和 Python。进行编程开发的时候，需要遵循 ROS 的编程规范和通信方法。

在本实验中，要完成移动底盘基于 ROS 的运动控制，至少需要两个节点：一个底盘的驱动节点，一个底盘运动控制的控制节点。驱动节点用于接收控制节点的控制命令，将控制命令转换为特定格式再传递给驱动器，驱动器将控制命令转换为电信号驱动底盘运动。控制节点用于发布控制命令给驱动节点。所有命令消息的传递都是基于 ROS 话题的方式完成。ROS 节点开发流程图如图 10-35 所示（以 Python 为例）。

4. 实现过程

（1）选择地盘　本实验中选择 N1 移动平台作为实验器材。

1）硬件。

底层驱动：采用 STM32 集成电动机驱动板。

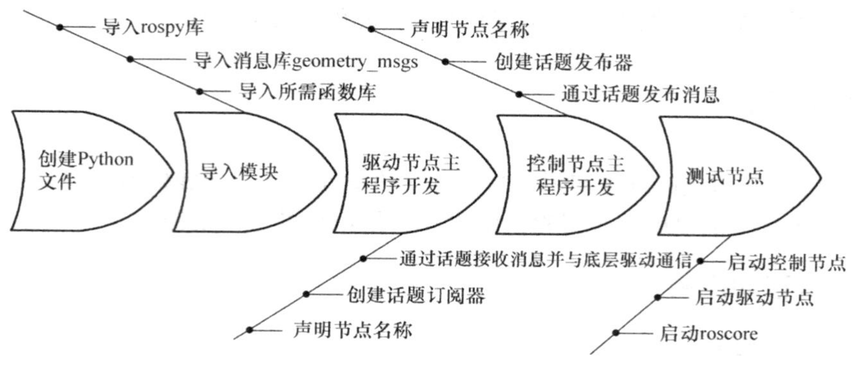

图 10-35　ROS 节点的开发流程

控制器：采用 I5 工控机作为控制系统的硬件（装有 Ubuntu16. 04 系统和 ROS Kinetic 系统）。

底层驱动与控制器的通信方式：串口。

外部扩展接口：USB 接口，用于扩展激光雷达和视觉传感器等。

传感器：激光雷达、深度视觉、转速传感器（霍尔传感器）。

2）软件。

移动底盘的控制器上运行 Ubuntu16. 04（用户名为 eaibot，密码为 eaibot，固定 IP 为 192. 168. 31. 200）和 ROS Kinetic，所有软件包都放在一个名为 dashgo_ws 的工作空间进行管理。所有软件包如图 10-36 所示，其功能见表 10-1。

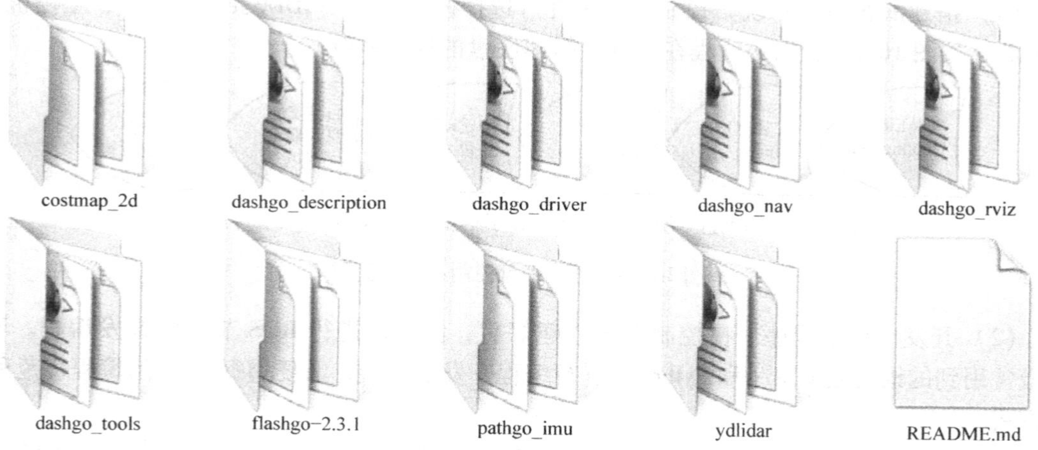

图 10-36　dashgo_ws 工作空间中的软件包

表 10-1　dashgo_ ws 工作空间中的软件包功能说明

软件包	功能描述
costmap_2d	实现收集传感器信息用于建立和更新二维或三维地图。常用于自动导航中
dashgo_description	管理机器人描述文件 URDF
dashgo_driver	管理机器人底层驱动、深度视觉和激光雷达驱动文件和底层参数配置文件。其中 driver_imu. launch 为移动平台的驱动 . launch 文件
dashgo_nav	管理 SLAM 和自动导航相关的启动文件和参数文件，储存管理构建好的地图 map 文件

（续）

软件包	功能描述
dashgo_rviz	管理 RViz 配置文件和启动文件
dashgo_tools	管理机器人运动测试和运动控制节点。其中 teleop_twist_keyboard. py 为键盘控制节点
flashgo - 2. 3. 1	管理选装激光雷达的驱动和测试文件，在此标准 N1 设备中未实际使用
pathgo_imu	管理选装激光雷达的驱动和测试文件，在此标准 N1 设备中未实际使用
ydlidar_v1. 3. 1	管理选装激光雷达的驱动和测试文件，在此标准 N1 设备中未实际使用

本实验中主要用到 dashgo_driver 包中的驱动 . launch 文件 driver_imu. launch 和 dashgo_tools 包中的 teleop_twist_keyboard. py 控制节点。最后，需要自己创建节点，实现 N1 在地上跑一个“8”字形。

（2）上位机系统和内部软件环境配置　上位机系统与实验所用的移动平台 N1 控制器一样运行 Ubuntu 16. 04 和 ROS Kinetic，并且创建的 ROS 工作空间内包含与移动平台相同的 ROS 软件包和所有配置文件。

（3）搭建上位机与移动平台通信环境

登录平台控制器→查看平台软件包→搭建上位机与平台控制器的通信环境

1）输入如下命令使上位机远程登录移动平台控制器，如图 10-37 所示。

$sudo ssh eaibot@ 192. 168. 31. 200

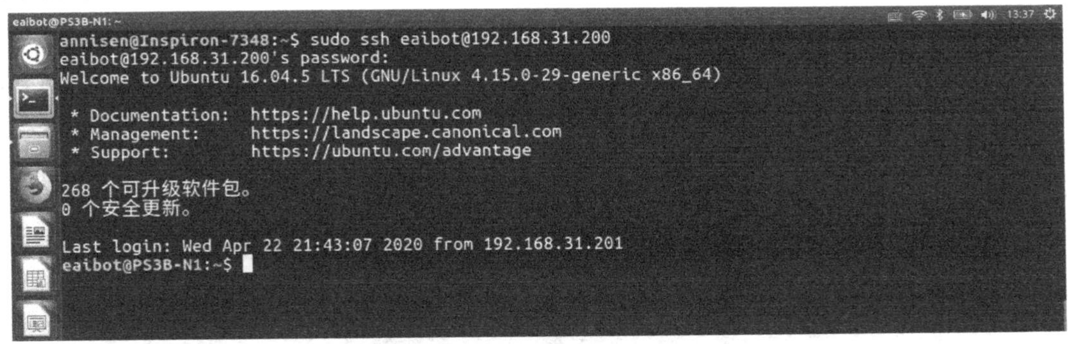

图 10-37　远程登录移动平台控制器

2）输入如下命令查看移动平台工作空间内的软件包，如图 10-38 所示。

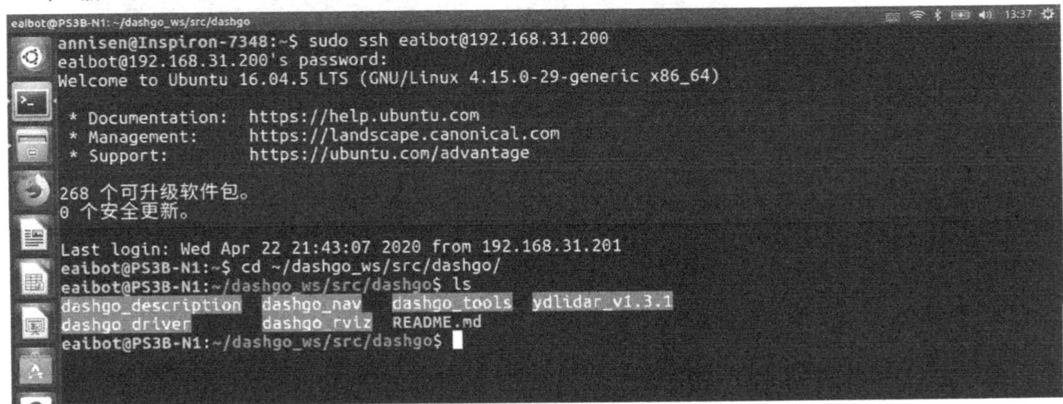

图 10-38　查看移动平台工作空间内的软件包

```
$cd ~/dashgo_ws/src/dashgo
$ls
```

3）搭建上位机和移动平台控制器的通信脚本环境。

在上位机系统终端输入如下命令：

```
$sudo nano /etc/hosts
```

打开上位机总 hosts 文件，在文件末尾添加“192.168.31.200 PS3B－N1”语句，如图 10-39所示。

```
GNU nano 2.5.3                文件:  /etc/hosts

127.0.0.1       localhost
127.0.1.1       Inspiron-7348

# The following lines are desirable for IPv6 capable hosts
::1     ip6-localhost ip6-loopback
fe00::0 ip6-localnet
ff00::0 ip6-mcastprefix
ff02::1 ip6-allnodes
ff02::2 ip6-allrouters
192.168.31.200 PS3B-N1
```

图 10-39　打开上位机总 hosts 文件

在上位机系统终端输入“$sudo ssh eaibot@192.168.31.200”命令登录 N1 移动平台，打开 N1 中的 hosts 文件。Inspiron－7348 为本实验上位机的设备名，使用者修改为自己的设备名称，IP 地址修改为自己的设备 IP，如图 10-40 所示。

```
$sudo ssh eaibot@192.168.31.200
$sudo nano /etc/hosts
```

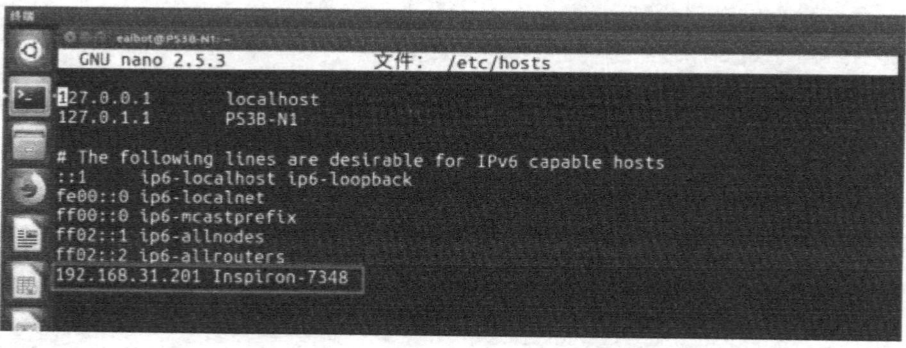

图 10-40　修改设备名称与 IP

（4）实现上位机操控移动平台

启动平台驱动文件→查看网络中话题列表→向话题 cmd_vel 发布 Twist 消息

1）输入如下命令在上位机新窗口启动 N1 移动平台驱动文件（实验过程中保持运行），如图 10-41 所示。

```
$sudo ssh eaibot@192.168.31.200
$roslaunch dashgo_driver driver_imu.launch
```

```
annisen@Inspiron-7348:~$ sudo ssh eaibot@192.168.31.200
eaibot@192.168.31.200's password:
Welcome to Ubuntu 16.04.5 LTS (GNU/Linux 4.15.0-29-generic x86_64)

 * Documentation:  https://help.ubuntu.com
 * Management:     https://landscape.canonical.com
 * Support:        https://ubuntu.com/advantage

268 个可升级软件包。
0 个安全更新。

Last login: Wed Apr 22 21:46:39 2020 from 192.168.31.201
eaibot@PS3B-N1:~$ roslaunch dashgo_driver driver_imu.launch
... logging to /home/eaibot/.ros/log/... -00e2691712fb/roslaunch-PS3B-N1-10244.log
Checking log directory for disk usage. This may take awhile.
Press Ctrl-C to interrupt
Done checking log file disk usage. Usage is <1GB.

started roslaunch server http://PS3B-N1:45177/
```

图 10-41　启动 N1 移动平台驱动文件

2）输入如下命令在上位机新窗口查看当前 ROS 网络中话题列表，如图 10-42 所示。

$sudo ssh eaibot@ 192. 168. 31. 200

$rostopic list

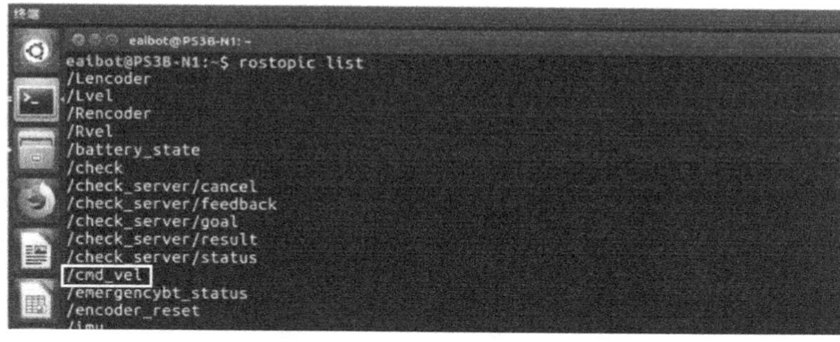

图 10-42　查看当前 ROS 网络中话题列表

3）输入如下命令在新窗口向话题 cmd_vel 发布 Twist 消息，如图 10-43 所示。

$sudo ssh eaibot@ 192. 168. 31. 200

$rostopic pub /cmd_vel geometry_msgs/Twist -r 1 -- '[0.5, 0.0, 0.0]' '[0.0, 0.0, 0.5]'

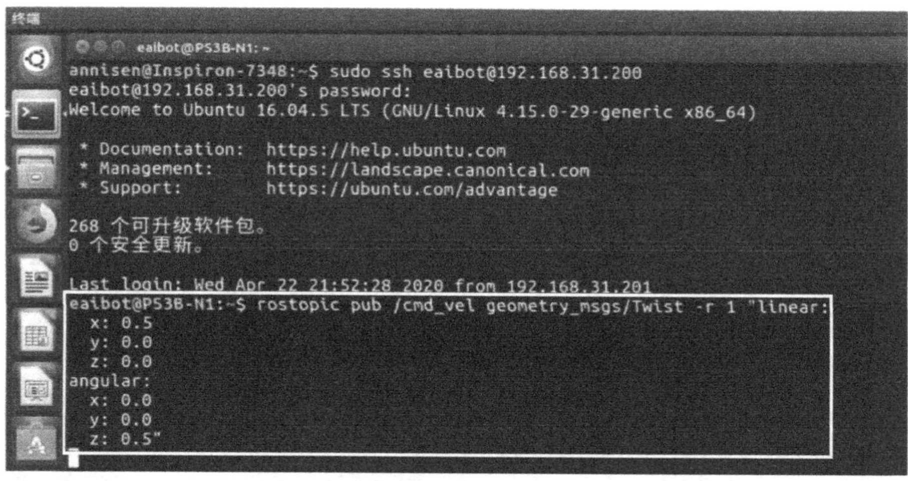

图 10-43　向话题 cmd_vel 发布 Twist 消息

4）关闭话题发布窗口，输入如下命令在上位机新窗口启动 1m 直线运动测试文件（保持驱动文件运行情况下），如图 10-44 和图 10-45 所示。

```
$sudo ssh eaibot@ 192. 168. 31. 200
$rosrun dashgo_tools check_linear_imu. py
```

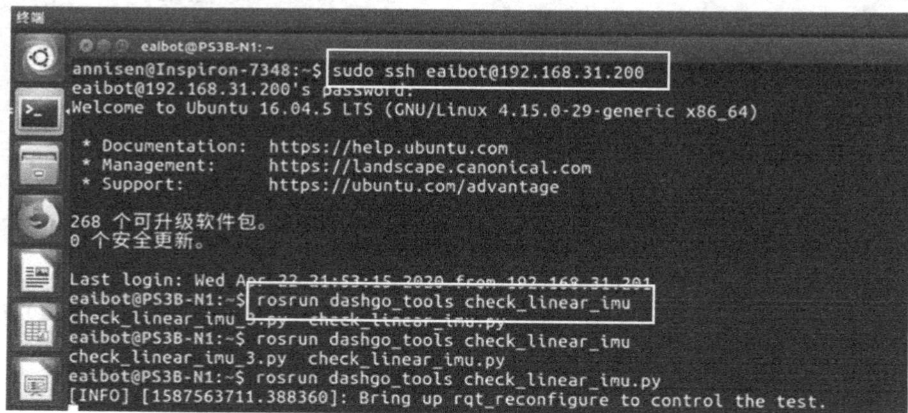

图 10-44　启动直线运动测试文件

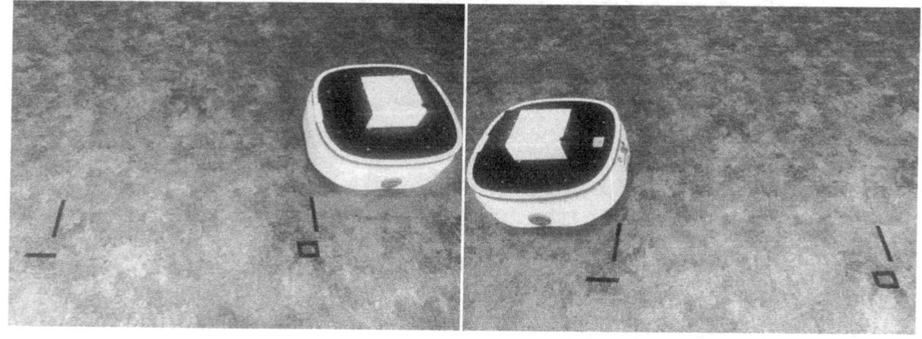

图 10-45　直线运动效果

5）关闭直线运动窗口，输入如下命令在上位机新窗口启动 360°旋转测试文件（保持驱动文件运行情况下），如图 10-46 和图 10-47 所示。

```
$sudo ssh eaibot@ 192. 168. 31. 200
$rosrun dashgo_tools check_angular_imu. py
```

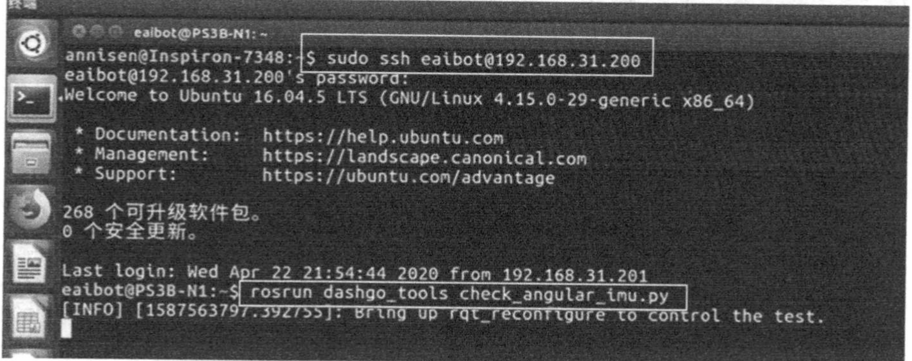

图 10-46　启动旋转运动测试文件

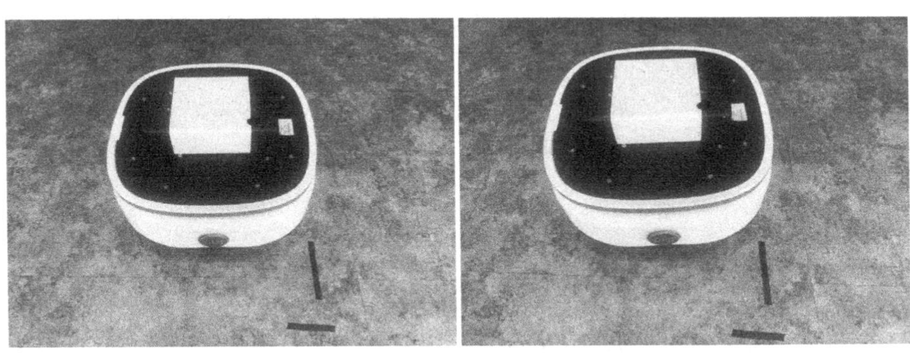

图 10-47　旋转运动效果

6）关闭360°旋转窗口，输入如下命令在上位机新窗口启动键盘控制文件（保持驱动文件运行情况下），通过窗口提示信息，按<u> <i> <o>等键盘按键控制移动底盘的运动，如图 10-48 所示。

```
$sudo ssh eaibot@192.168.31.200
$rosrun dashgo_tools teleop_twist_keyboard.py
```

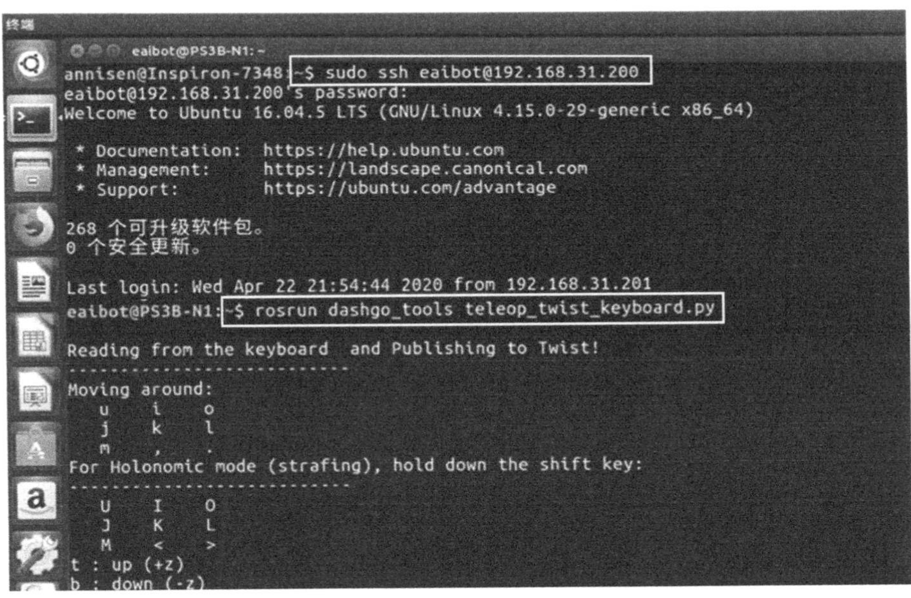

图 10-48　通过按键控制底盘运动

（5）移动平台实现轨迹“8”移动

编写“8”轨迹程序→查看网络中话题列表→向话题 cmd_vel 发布 Twist 消息

1）关闭上一步键盘控制窗口，在移动平台控制器 dashgo_tools/script 文件夹内新建 Python 文件。

```
$sudo ssh eaibot@192.168.31.200
$cd ~/dashgo_ws/src/dashgo/dashgo_tools/script
$touch moveight.py
```

2）在新打开的文件内编写程序控制移动平台按照特定的轨迹运动，轨迹为“8”字形。

```
#! /usr/bin/env python
import rospy
from geometry_msgs. msg import Twist

class Move_Eight( ):
    def_init_( self):
        rospy. init_node( 'Move_Eight', anonymous = False)
        rospy. loginfo( "To stop N1 CTRL + C")
        rospy. on_shutdown( self. shutdown)
        self. cmd_vel = rospy. Publisher( '/cmd_vel', Twist, queue_size = 10)
        zerone_cmd = Twist( )
        zerone_cmd. linear. x = 0. 3
        zerone_cmd. angular. z = 0. 2
        zerotwo_cmd = Twist( )
        zerotwo_cmd. linear. x = 0. 3
        zerotwo_cmd. angular. z = -0. 2
        while not rospy. is_shutdown( ):
            self. cmd_vel. publish( zerone_cmd)
            rospy. sleep( 15)
            self. cmd_vel. publish( zerotwo_cmd)
            rospy. sleep( 15)

    def shutdown( self):
        # stop N1
        self. cmd_vel. publish( Twist( ) )
        rospy. sleep( 1)
if _name_ = = '_main_':
    try:
        Move_Eight( )
    except:
        rospy. loginfo( " Move_Eight node terminated. ")
```

3）关闭程序窗口，在新窗口启动走“8”字形控制节点（保持驱动文件运行情况下）。

```
$sudo ssh eaibot@ 192. 168. 31. 200
$rosrun dashgo_tools moveight. py
```

5. 讨论与拓展

1）讨论：为什么在/cmd_vel 话题上发送 geometry_msgs 消息后移动平台就会移动？还可以通过哪些方法让移动平台移动？

2）拓展：编写程序，控制移动平台走更复杂的路径。

10.2.2 室内 SLAM 与导航

1. 实验目的及任务

1）掌握移动平台基于激光雷达的 SLAM 方法。

2）掌握移动平台单点自动导航的方法。

2. 实验仪器设备及软件

仪器设备：移动平台一台；装有 Ubuntu 16.04 和 ROS Kinetic 的 PC 上位机一台。

软件：Ubuntu16.04 和 ROS Kinetic。

3. 实验原理及方法

实验中要完成移动底盘基于 ROS 系统的控制。对移动底盘的要求：①底层运动算法、驱动已经集成好；②驱动系统对外留有软/硬件通信口，可通过通信协议下发命令来实现对底盘运动的控制；③可以输出里程计信息，常使用编码器获取；④配置有激光雷达或深度视觉传感器。符合以上基础条件的可以开始实验任务了。具体实验流程如下：

（1）搭建底盘控制系统　控制系统硬件可选择树莓派、NVIDIA Jetson Nano、工控机等。选定后，按图 10-49 所示的流程在硬件上搭建底盘的控制系统。

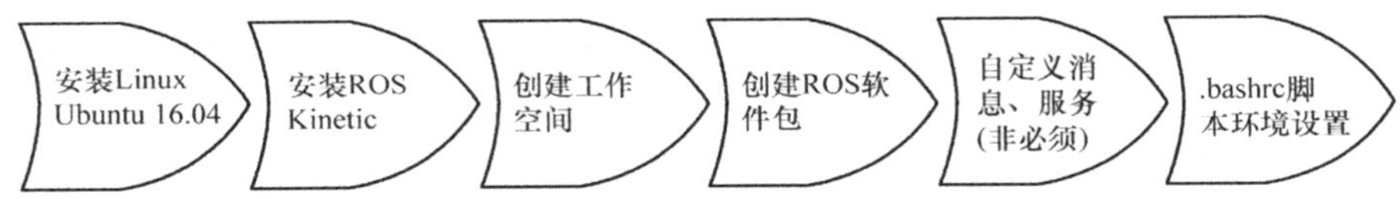

图 10-49　搭建底盘控制系统的流程

（2）移植 SLAM 软件包　ROS 中常用的开源 SLAM 软件包有 gmapping、hector 和 cartographer 等，可以非常方便地将其移植到自己的机器人上，避免了长久的开发周期，完美地体现了 ROS 的代码复用特点。移植流程图 10-50 所示（以 gmapping 为例）。

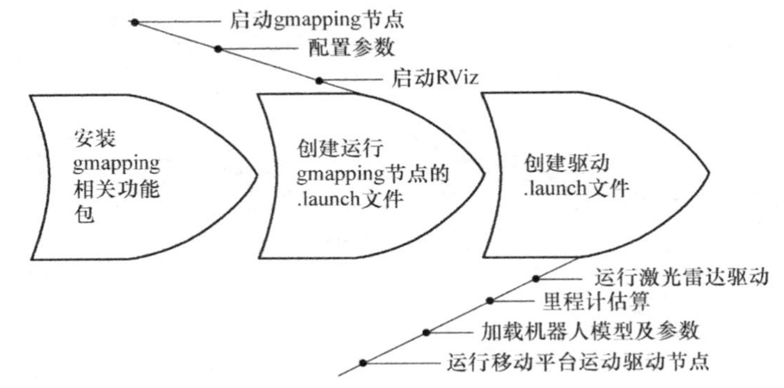

图 10-50　gmapping 软件包的移植流程

（3）自动导航软件包集移植　自动导航软件包集（navigation）由 10 多个软件包组成，每个软件包的功能和用法可参考第 9.2 节。与 SLAM 软件包一样，自动导航软件包集也可以很方便地移植到自己的机器人。移植流程如图 10-51 所示。

4. 实现过程

（1）选择底盘　底盘选择与第 10.2.1 小节的选择一样。本实验中主要用到 dashgo_nav

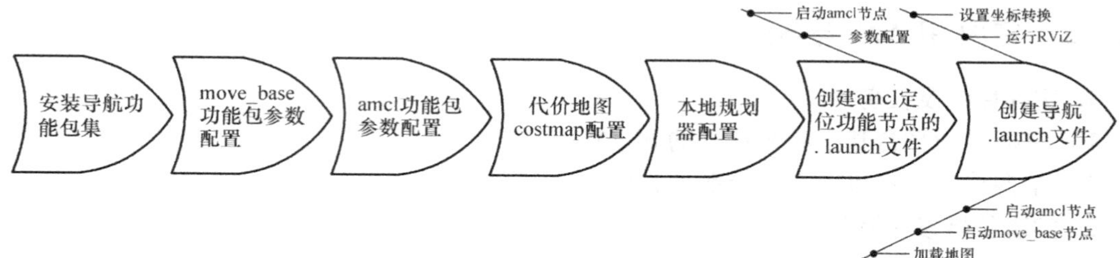

图 10-51　自动导航软件包集的移植流程

包中的 gmapping_imu. launch 文件和 dashgo_rviz 包中的 view_navigation. launch 文件。

（2）上位机系统和内部软件环境配置

上位机系统与实验所用的移动平台 N1 控制器一样运行 Ubuntu 16. 04 和 ROS Kinetic，并且创建的 ROS 工作空间内包含与移动平台相同的 ROS 软件包和所有配置文件（可参考第 9 章理论部分的介绍）。

（3）构建地图

上位机远程登录移动平台→启动 RViz 观察地图→启动键盘控制构建地图

1）输入如下命令使上位机远程登录移动平台控制器并启动 gmapping 的 . launch 文件，如图 10-52 所示。

```
$sudo ssh eaibot@192. 168. 31. 200
$roslaunch dashgo_nav gmapping_imu. launch
```


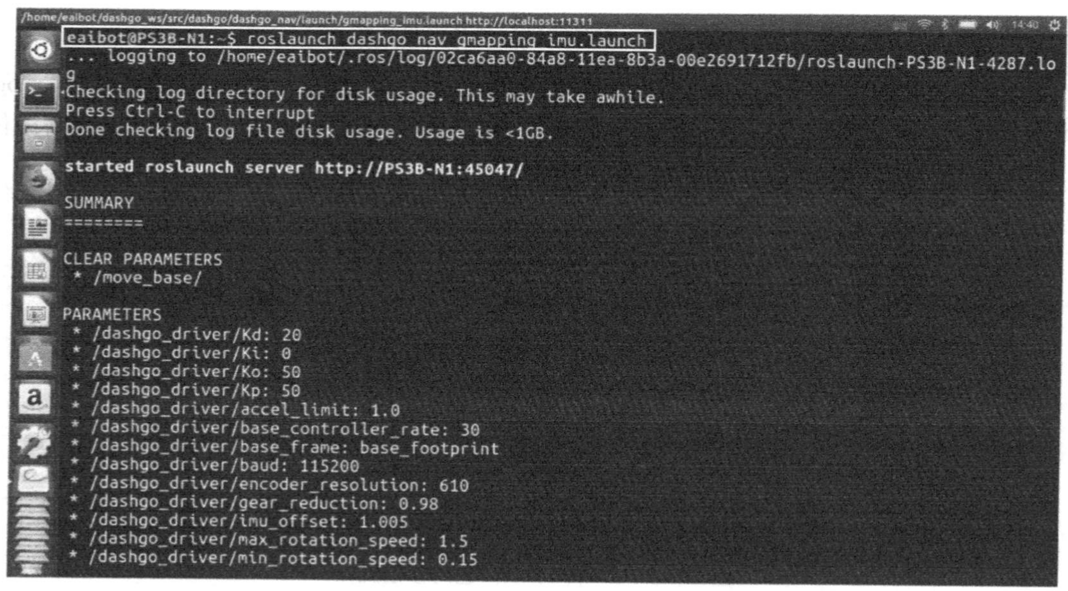

图 10-52　远程登录移动平台控制器

2）在上位机打开一个新窗口并启动 RViz 观察地图，如图 10-53 所示。

```
$export ROS_MASTER_URI = http://192. 168. 31. 200:11311
$roslaunch dashgo_rviz view_navigation. launch
```

3）在上位机打开一个新窗口启动键盘控制文件，控制移动平台运动，构建更大范围的

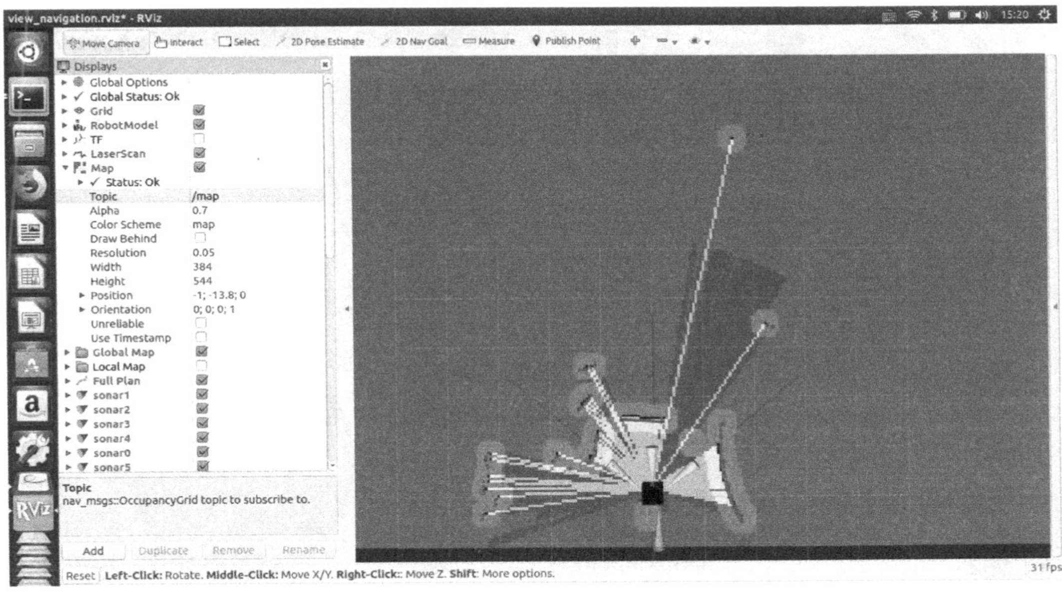

图 10-53　启动 RViz 观察地图

地图，如图 10-54 ~ 图 10-56 所示。

$sudo ssh eaibot@ 192. 168. 31. 200

$rosrun dashgo_tools teleop_twist_keyboard. py

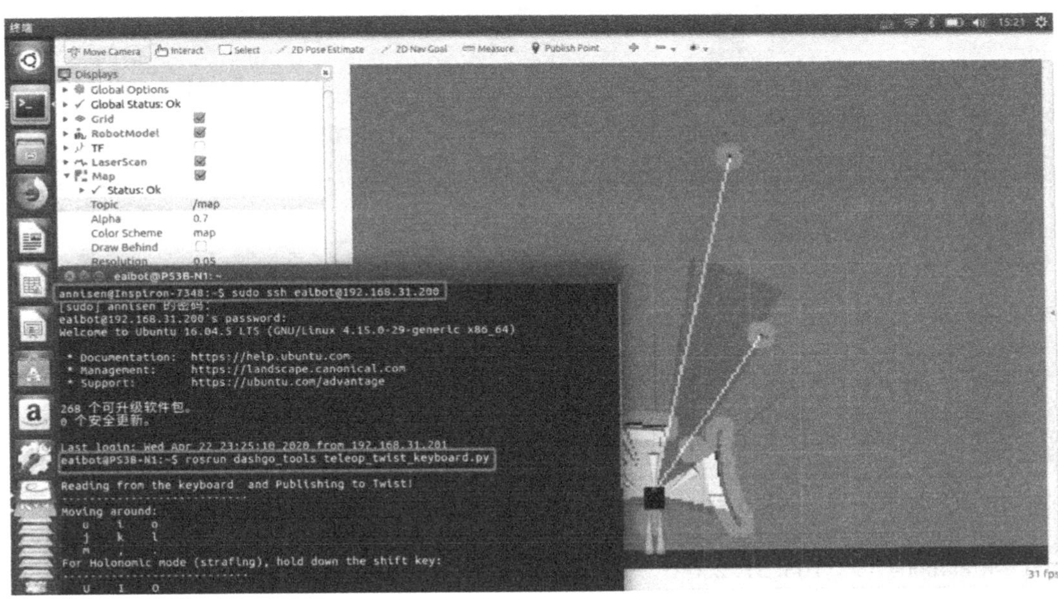

图 10-54　启动键盘控制文件

（4）保存地图　在上位机打开一个新窗口，登录移动平台，运行 map_saver 节点保存地图，成功后在用户根目录生成地图文件。将生成的 annisen. yaml 和 annisen. pgm 文件复制到/dashgo_nav/maps 目录下，如图 10-57 所示。

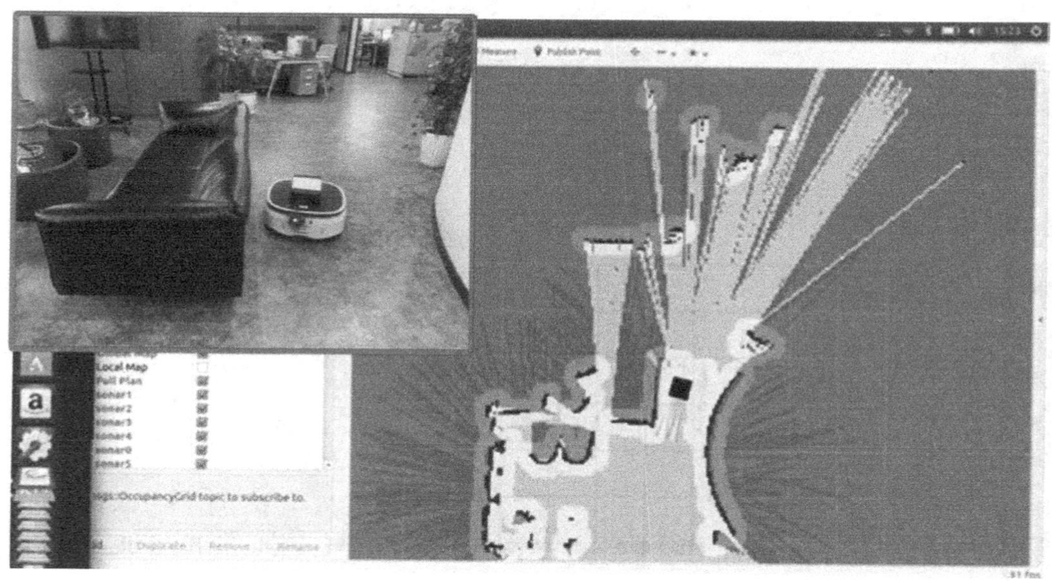

图 10-55　机器人在位置 1 时 RViz 中显示的地图

图 10-56　机器人在位置 2 时 RViz 中显示的地图


```
$sudo ssh eaibot@192.168.31.200
$rosrun map_server map_saver -f annisen
```

（5）导航调用的地图

修改地图→启动自动导航→启动 RViz→实现导航

1）打开/dashgo_nav/launch/navigation_imu_2.launch 文件，修改文件中的一句命令，将导入的地图文件修改为上一步创建的地图文件，如图 10-58 所示。

```
<arg name="map_file" default="$(find dashgo_nav)/maps/annisen.yaml"/>
```

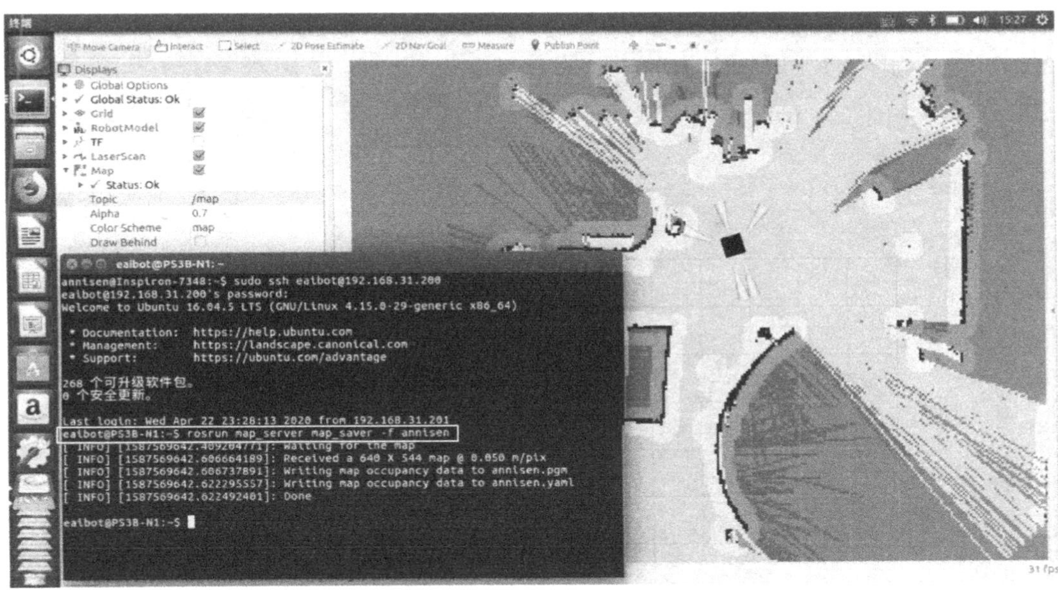

图 10-57 保存地图

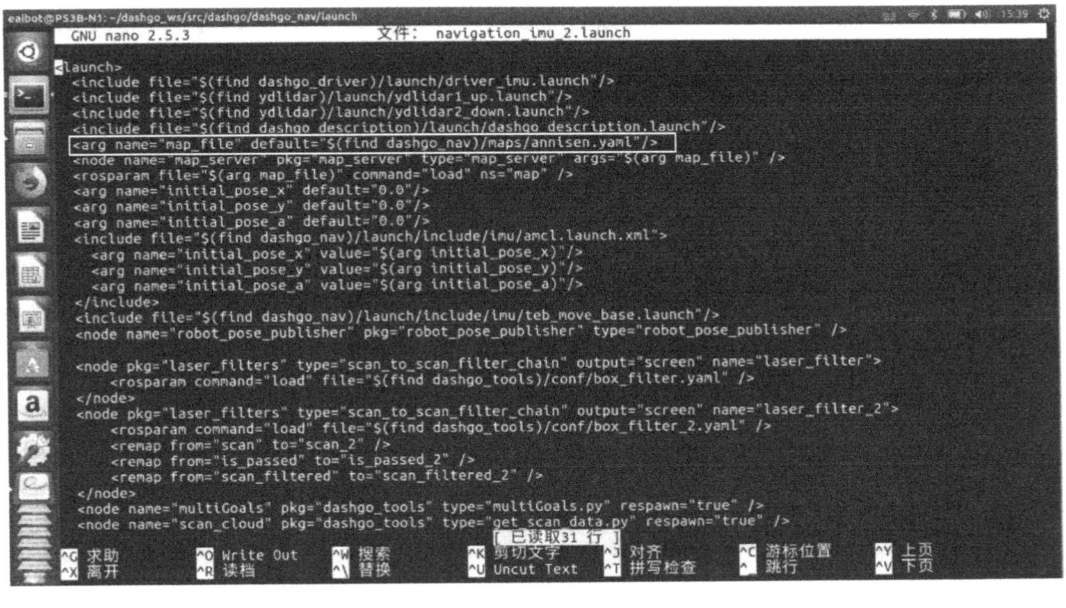

```
eaibot@PS3B-N1: ~/dashgo_ws/src/dashgo/dashgo_nav/launch
  GNU nano 2.5.3                    文件： navigation_imu_2.launch

<launch>
  <include file="$(find dashgo_driver)/launch/driver_imu.launch"/>
  <include file="$(find ydlidar)/launch/ydlidar1_up.launch"/>
  <include file="$(find ydlidar)/launch/ydlidar2_down.launch"/>
  <include file="$(find dashgo_description)/launch/dashgo_description.launch"/>
  <arg name="map_file" default="$(find dashgo_nav)/maps/annisen.yaml"/>
  <node name="map_server" pkg="map_server" type="map_server" args="$(arg map_file)" />
  <rosparam file="$(arg map_file)" command="load" ns="map" />
  <arg name="initial_pose_x" default="0.0"/>
  <arg name="initial_pose_y" default="0.0"/>
  <arg name="initial_pose_a" default="0.0"/>
  <include file="$(find dashgo_nav)/launch/include/imu/amcl.launch.xml">
    <arg name="initial_pose_x" value="$(arg initial_pose_x)"/>
    <arg name="initial_pose_y" value="$(arg initial_pose_y)"/>
    <arg name="initial_pose_a" value="$(arg initial_pose_a)"/>
  </include>
  <include file="$(find dashgo_nav)/launch/include/imu/teb_move_base.launch"/>
  <node name="robot_pose_publisher" pkg="robot_pose_publisher" type="robot_pose_publisher" />

  <node pkg="laser_filters" type="scan_to_scan_filter_chain" output="screen" name="laser_filter">
      <rosparam command="load" file="$(find dashgo_tools)/conf/box_filter.yaml" />
  </node>
  <node pkg="laser_filters" type="scan_to_scan_filter_chain" output="screen" name="laser_filter_2">
      <rosparam command="load" file="$(find dashgo_tools)/conf/box_filter_2.yaml" />
      <remap from="scan" to="scan_2" />
      <remap from="is_passed" to="is_passed_2" />
      <remap from="scan_filtered" to="scan_filtered_2" />
  </node>
  <node name="multiGoals" pkg="dashgo_tools" type="multiGoals.py" respawn="true" />
  <node name="scan_cloud" pkg="dashgo_tools" type="get_scan_data.py" respawn="true" />
                                 [ 已读取31 行 ]
^G 求助       ^O Write Out   ^W 搜索     ^K 剪切文字     ^J 对齐       ^C 游标位置   ^Y 上页
^X 离开       ^R 读档        ^\ 替换     ^U Uncut Text   ^T 拼写检查   ^_ 跳行       ^V 下页
```

图 10-58 打开地图

2）关闭以上所有窗口后，在上位机打开一个新窗口并启动自动导航文件，如图 10-59 所示。

$sudo ssh eaibot@ 192. 168. 31. 200

$roslaunch dashgo_nav navigation_imu_2. launch

3）在上位机打开一个新窗口，启动 RViz，如图 10-60 所示。

$export ROS_MASTER_URI = http://192. 168. 31. 200:11311

$roslaunch dashgo_rviz view_navigation. launch

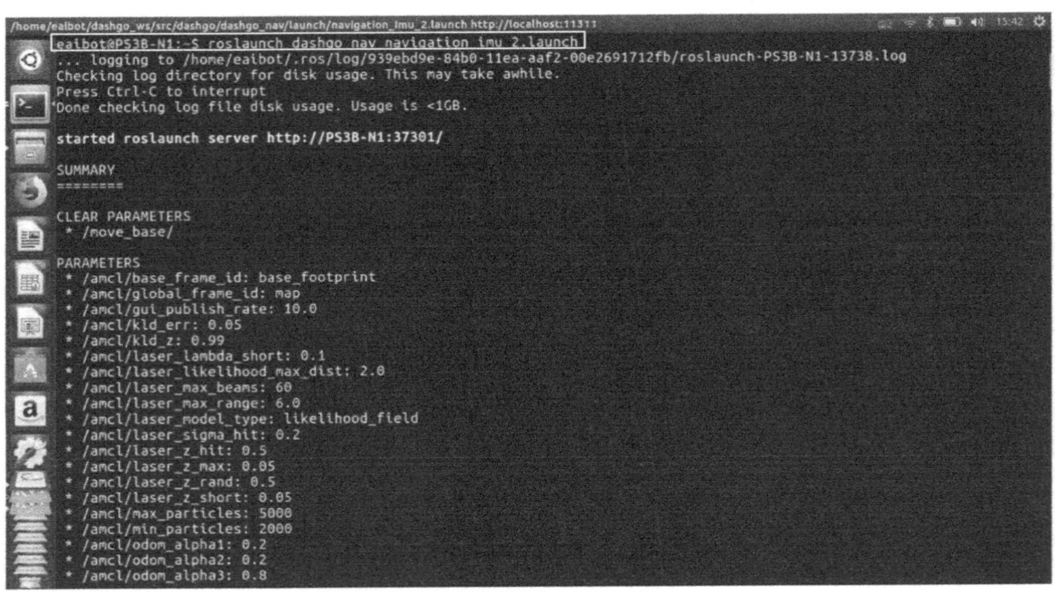

图 10-59　启动自动导航文件

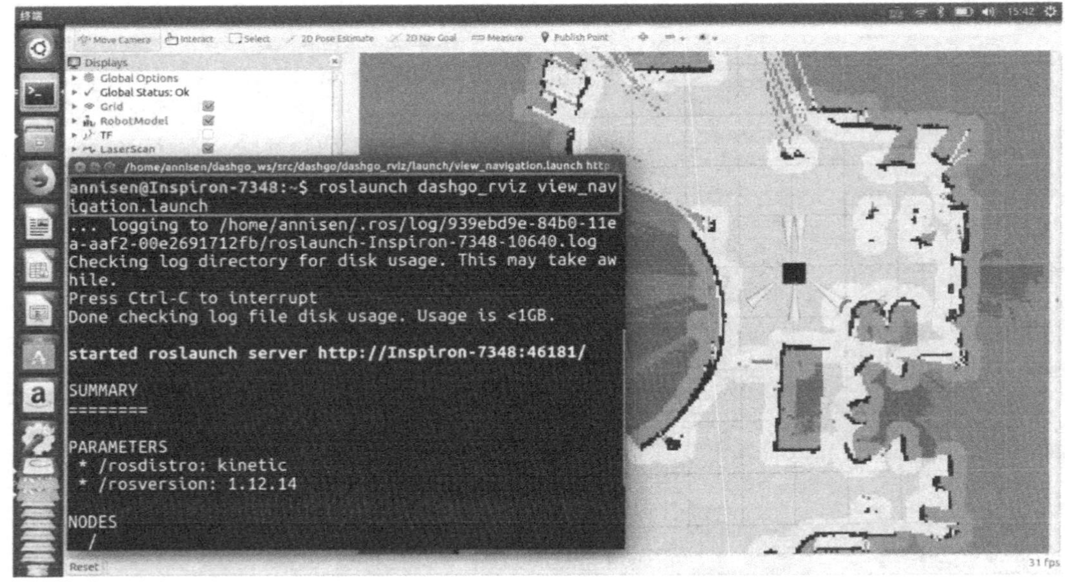

图 10-60　启动 RViz

4）初始化移动平台在地图中的位置与实际位置保持一致，设定导航目标点，观察导航效果，如图 10-61 所示。

5. 讨论与拓展

1）讨论：gmapping 基于什么算法实现？还有哪些开源 SLAM 算法？相互之间的优缺点和适用场景是什么？

2）拓展：完成 N1 移动平台基于深度视觉的 SLAM 和自动导航。

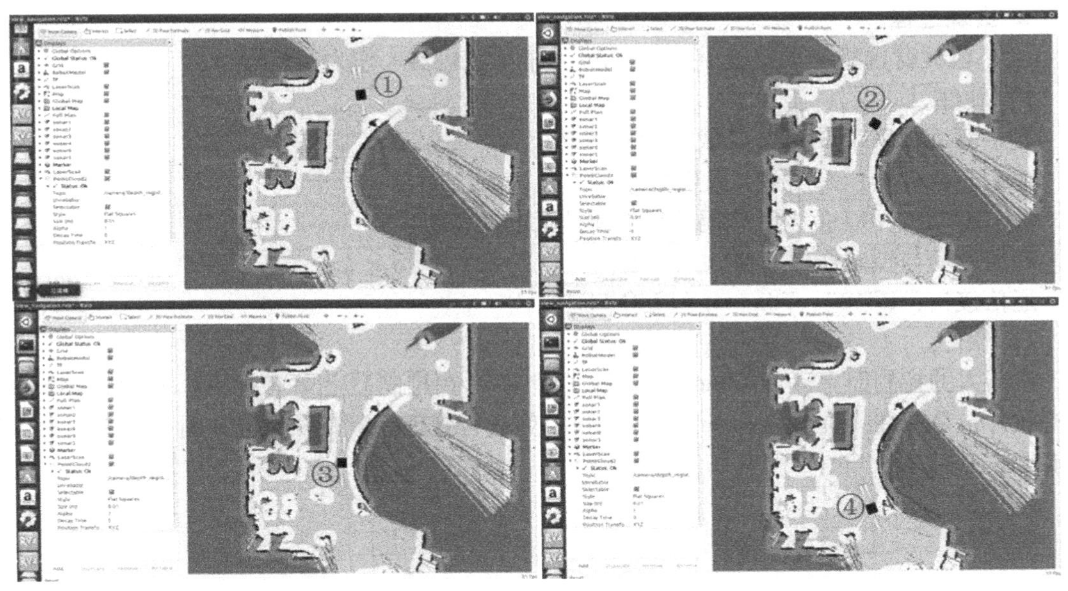

图 10-61 导航效果

10.2.3 串联机器人路径规划

1. 实验目的及任务

1）掌握导出 MoveIt！功能包的方法。

2）选择不同的运动规划器对串联机器人进行运动规划，观察并记录下结果，然后对比结果。

3）对串联机器人实体进行运动规划。

2. 实验仪器设备及软件

仪器设备：六轴串联机器人一套；装有 Ubuntu 16.04 和 ROS Kinetic 的 PC 上位机一台。

软件：Ubuntu 16.04 和 ROS Kinetic。

3. 实验原理及方法

本实验中要完成串联机器人路径规划。对串联机器人的要求：①底层运动算法、驱动已经集成好；②驱动系统对外留有软/硬件通信口，可通过通信协议下发命令来实现对底盘运动的控制；③手臂需要有关节零位，常用绝对式关节编码器实现找零。符合以上基础条件的就可以开始实验了。导出串联机器人 URDF 文件，具体实验流程如下：

根据机器人三维模型（通常厂家会提供）导出 URDF 文件的方法，ROS 官方提供一个插件 sw_urdf_exporter，可以从三维设计制图软件 SolidWorks 通过此插件导出 URDF 文件。导出 URDF 流程如图 10-62 所示。

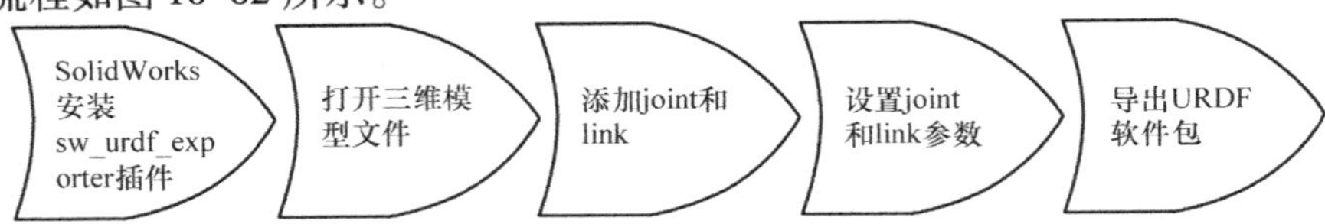

图 10-62 导出 URDF 流程

4. 实现过程

(1) 机械臂选择　本实验中选择 xarm 六轴串联机器人作为实验器材。

1) 硬件。

底层驱动：采用 STM32 集成电动机驱动板。

控制器处理器：采用 x86 通用框架。

关节电动机：17 位多圈编码器谐波减速无刷电动机。

底层驱动与控制器的通信方式：串口。

通信接口：RS485、Ethernet 和 I/O 口。

2) 软件。

机器人的控制器上运行 Ubuntu 16.04（固定 IP 在控制器上贴有标识）和 ROS Kinetic，所有软件包都放在一个名为 xarm_ws 的工作空间进行管理。所有软件包如图 10-63 所示，其功能见表 10-2。

图 10-63　xarm_ws 工作空间中的软件包

表 10-2　xarm_ws 工作空间中的软件包功能说明

软件包	功能描述
doc	管理说明文档和图片
xarm_api	为用户提供了 xarm SDK 中的 ROS 服务接口
xarm_msgs	管理了用户自定义的消息和服务
xarm_bringup	管理机器人的底层驱动文件，以实现对机器人的运动控制
xarm_controller	管理机器人的配置文件和 hardware_interface 接口
xarm_description	管理机器人描述文件 URDF 和配置文件
xarm_gazebo	管理仿真环境启动文件和仿真环境模型文件
xarm_gripper	管理配套夹爪的控制文件
xarm_planner	提供 Moveit！的编程接口
xarm6_moveit_config	管理机器人的 MoveIt！启动文件和参数文件

本实验中主要用到 xarm6_ moveit_config 包中的 realMove_exec. launch 文件。

（2）上位机系统和内部软件环境配置　上位机系统与实验所用的移动平台 N1 控制器一样运行 Ubuntu 16. 04 和 ROS Kinetic，并且创建的 ROS 工作空间内包含与移动平台相同的 ROS 软件包和所有配置文件（可参考第 9 章理论部分内容）。

（3）MoveIt 功能包的使用

导出 MoveIt！功能包→启动 MoveIt！文件

1）参考第 9. 3 节，导出 MoveIt！功能包并测试功能包。

2）在上位机打开一个新窗口并启动 xarm 机器人的 MoveIt 启动文件。命令中的 IP 地址为 xarm 机器人控制器的固定 IP 地址，查看控制器上贴有的 IP 标识即可，如图 10-64 所示。

$roslaunch xarm6_moveit_config realMove_exec. launch robot_ip：=192. 168. 1. 241

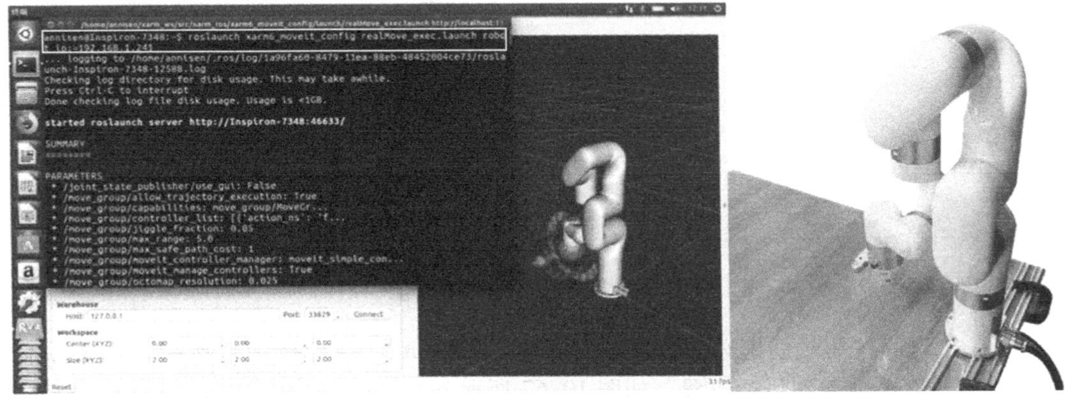

图 10-64　启动 MoveIt!

（4）MoveIt！功能包使用

选着规划算法→规划机器人运动→再现机械臂的运动

1）命令运行后 RViz 启动，在 Planning Library 选项区选择一个规划算法，如图 10-65 所示。

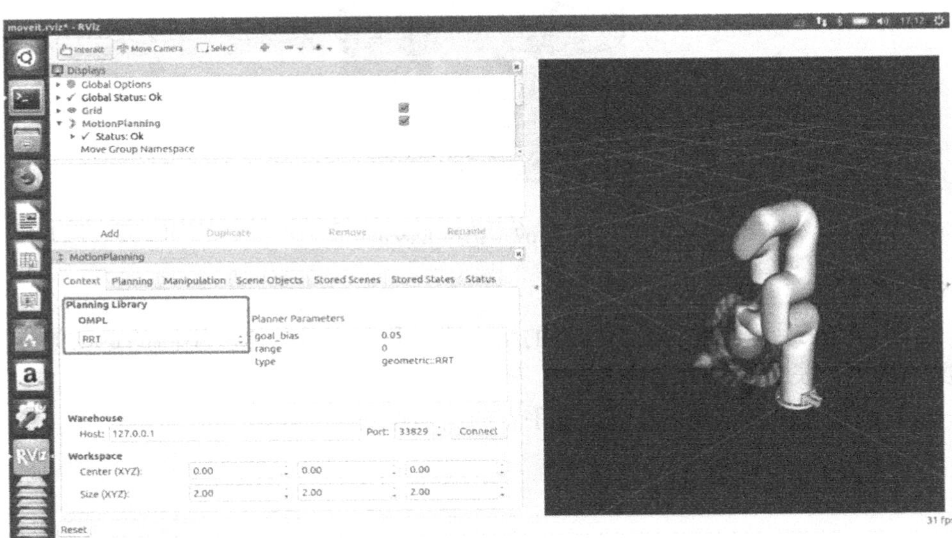

图 10-65　启动 RViz

2）切换到 Planning（规划）选项卡，拖动右侧虚拟手臂末端控制器改变手臂的姿态，如图 10-66 所示。

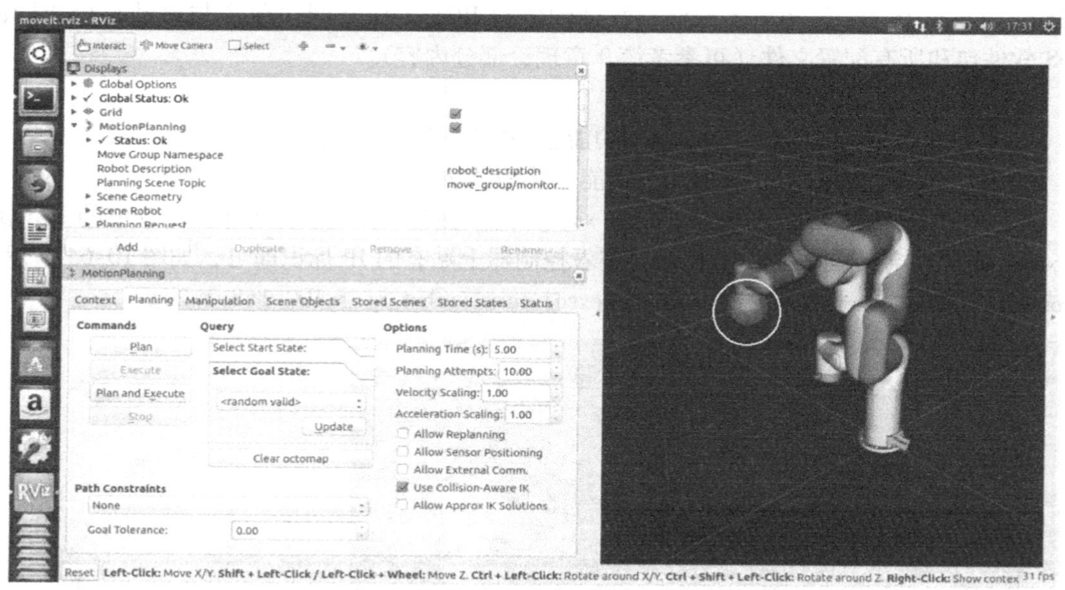

图 10-66　选择 Planning 功能

3）单击 Plan 按钮规划出运动轨迹，然后单击 Execute（执行按键）按钮，xarm 手臂会按照规划出的轨迹运动到目标位置，如图 10-67 所示。

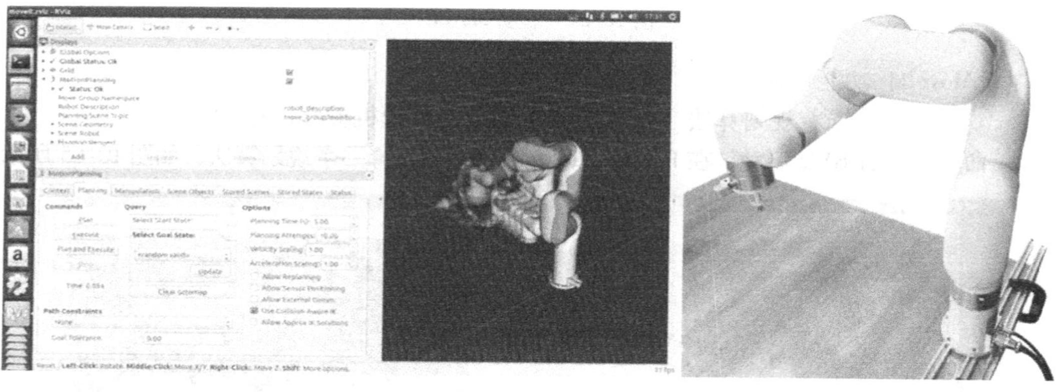

图 10-67　选择 Execute

5. 讨论与拓展

1）讨论：串联手臂和并联手臂各自的结构特点和区别是什么？不同的运动规划算法的适用情况和规划时长对比结果是什么？

2）拓展：完成五自由度和七自由度手臂的运动规划。

附录　常用指令表

命令类型	命令作用	章节号或表号
ROS 系统安装	添加软件源、密钥、安装、设置环境变量、初始化	第 1.2.2 小节
文件目录类命令	创建、查看、删除文件或目录	表 2-2
程序运行类命令	查看命令、帮助、加载环境变量	表 2-3
软件包管理命令	安装、卸载、更新、查找软件包	表 2-4
catkin 命令	创建、编译工作空间与功能包	第 4.2.1 小节
功能包命令	编辑、显示、查看、安装功能包	第 4.2.2 小节
节点命令	运行、显示、终止节点	第 4.3.1 小节
消息命令	查看、显示消息及消息内容	第 4.3.2 小节
主题命令	显示主题的消息类型、数据带宽、发布周期	第 4.3.3 小节
服务命令	显示服务信息、类型、参数	第 4.3.4 小节
参数服务器命令	获取、保存、设置、删除、罗列参数管理器的参数	第 4.3.6 小节
消息记录包命令	记录、查看、回放消息记录包文件	第 4.3.7 小节

参 考 文 献

[1] 张建伟，张立伟，胡颖，等. 开源机器人操作系统：ROS［M］. 北京：科学出版社，2012.

[2] MARTINEZ A，FERNÁNDEZE E. Learning ROS for robotics programming［M］. Birmingham：Packt Publishing，2013.

[3] ESTEFO P，SIMMONDS J，ROBBES R，et al. The robot operating system：Package reuse and community dynamics［J］. Journal of Systems and Software，2019，151（1）：226－242.

[4] 蔡自兴，等. 机器人学基础［M］. 2 版. 北京：机械工业出版社，2015.

[5] GUAN W，CHEN S，WEN S，et al. High－accuracy robot indoor localization scheme based on robot operating system using visible light positioning［J］. IEEE Photonics Journal，2020，12（2）：1－16.

[6] TSOLAKIS N，BECHTSIS D，BOCHTIS D. AgROS：A robot operating system based emulation tool for agricultural robotics［J］. Agronomy，2019，9（7）：403－423.

[7] ANIS K，Robot operating system（Ros）：The complete reference［M］. Berlin：Springer，2018.

[8] BIPIN K. Robot operating system cookbook［M］. Birmingham：Packt Publishing，2018.

[9] JIANG Z，GONG Y，ZHAI J，et al. Message passing optimization in robot operating system［J］. International Journal of Parallel Programming，2020，48（1）：119－136.

[10] QUIGLEY M，GERKEY B，SMART W D，et al. Programming robots with Ros：A practical introduction to the robot operating system［M］. New York：Simon & Schuster，2015.

[11] 周兴社，杨刚，王岚，等. 机器人操作系统 ROS 原理与应用［M］. 北京：机械工业出版社，2017.

[12] 胡春旭. ROS 机器人开发实践［M］. 北京：机械工业出版社，2018.

[13] 李振伟，陈萌，马庆华，等. ROS 入门与实战［M］. 北京：中国矿业大学出版社，2016.

[14] 古月居. ROS 探索总结［EB/OL］.［2020－06－11］. https：//blog. csdn. net/hcx25909/category_9261493. html.